分子标记在落叶松
遗传多样性研究中的应用

张含国 张 磊 著

科学出版社

北 京

内 容 简 介

本书以落叶松为研究对象，利用 RAPD、ISSR、SSR 等分子标记技术对落叶松进行鉴别，分析其群体遗传多样性，开展了遗传图谱构建及 QTL 定位的研究。根据内容分为 6 章：第 1 章为绪论，介绍了落叶松和分子标记研究的相关进展及开展相关研究的目的与意义；第 2 章介绍了兴安落叶松天然群体形态与 ISSR、RAPD 遗传多样性研究；第 3 章介绍了兴安落叶松基本群体和育种群体遗传多样性的分析；第 4 章介绍了日本落叶松×兴安落叶松 RAPD、SSR 遗传图谱构建及 QTL 定位；第 5 章介绍了长白落叶松初级无性系种子园 SSR 遗传多样性分析；第 6 章介绍了落叶松种间、无性系及杂种家系的鉴定。

本书可供从事林学、生态学和植物学相关领域的科研工作者，以及高等院校相关专业的师生参考阅读。

图书在版编目（CIP）数据

分子标记在落叶松遗传多样性研究中的应用/张含国，张磊著. —北京：科学出版社，2018.6
ISBN 978-7-03-058057-3

Ⅰ.①分… Ⅱ.①张… ②张… Ⅲ.①分子标记–应用–落叶松–遗传多样性–研究 Ⅳ.①S791.22

中国版本图书馆 CIP 数据核字(2018)第 132792 号

责任编辑：张会格 白 雪 / 责任校对：郑金红
责任印制：张 伟 / 封面设计：刘新新

科 学 出 版 社 出版
北京东黄城根北街 16 号
邮政编码：100717
http://www.sciencep.com

北京虎彩文化传播有限公司 印刷
科学出版社发行 各地新华书店经销
＊

2018 年 6 月第 一 版 开本：720×1000 B5
2018 年 6 月第一次印刷 印张：14 1/4
字数：287 000
定价：110.00 元

(如有印装质量问题，我社负责调换)

资助项目

"十二五"国家科技支撑计划项目

"寒温带落叶松、云杉育种技术研究"（2012BAD01B012）

科技部科技基础性工作专项

"东北林木良种基地种质资源现状调查"（2007FY110400-3）

林木遗传育种国家重点实验室创新课题

"长白落叶松材性候选基因单核苷酸多态性的研究"（3C04）

前　言

落叶松（*Larix* spp.）为松科落叶松属的落叶乔木，是中国东北、内蒙古林区的主要森林组成树种，是东北地区主要针叶用材林树种之一。落叶松树干通直，节少，材质坚韧，结构略粗，纹理直，是松科植物中耐腐性和力学性较强的木材，木材工艺价值高，适宜作建筑、电线杆、桥梁、枕木、矿柱、家具、器具及木纤维工业原料等材用。

分子标记（molecular marker）是以个体间遗传物质内核苷酸序列变异为基础的遗传标记，是 DNA 水平遗传多态性的直接反映。与其他几种遗传标记，如形态学标记、生物化学标记、细胞学标记相比，DNA 分子标记的优越性有：大多数分子标记为共显性，对隐性性状的选择十分便利；基因组变异极其丰富，分子标记的数量几乎是无限的；在生物发育的不同阶段，不同组织的 DNA 都可用于标记分析；分子标记揭示来自 DNA 的变异；表现为中性，不影响目标性状的表达；检测手段简单、迅速。随着分子生物学技术的发展，DNA 分子标记技术已有数十种，广泛应用于遗传育种、基因组作图、基因定位、物种亲缘关系鉴别、基因库构建、基因克隆等方面。

以往对落叶松的研究多集中在常规育种等方面，在选择育种、杂交育种、木材品质改良及良种繁育等方面取得了显著成果，获得了一批优良材料，为落叶松进一步深入开展林木遗传改良奠定良好基础，而利用分子标记手段对优良材料进行鉴别和群体遗传多样性分析的研究比较少见。本书以中国东北地区的主要代表树种——长白落叶松、兴安落叶松、日本落叶松及其杂种落叶松为研究对象，通过多种分子标记技术，如 ISSR、RAPD、SSR 等对不同种落叶松进行了鉴别，对不同类型的群体进行了遗传多样性分析，并进行了杂种落叶松遗传图谱的构建及 QTL 定位，可以为良种的早期鉴别，不同群体遗传多样性的评估，落叶松优良性状的分子基础研究提供理论依据。

本书撰写过程中得到了多方面的关心与帮助。感谢贯春雨、李雪峰、张振、姚宇等为本书提供了试验数据及分析结果，感谢东北林业大学林木遗传育种学科研究生于宏影、赵佳丽、张素芳、莫迟在书稿整理中所做的协助校对工作。

由于作者水平有限，书中存在的不足之处在所难免，恳请读者及各位同行提出宝贵意见。

著　者

2018 年 6 月

目　　录

1 绪　　论

1.1　引　　言

落叶松（*Larix* spp.）是我国东北、内蒙古林区的主要森林组成树种，是东北地区主要针叶用材林树种之一，具有极高的经济价值。分子标记（molecular marker）具有数量丰富、不受时间等因素影响、检测手段简单等优点。利用分子标记进行图谱构建、鉴别、遗传多样性分析等已广泛应用于各种动植物，包括农作物和林木等。

以往对落叶松的研究多集中在常规育种等方面，利用分子标记手段对其进行鉴别和遗传多样性分析的研究比较少见。本书以中国东北地区的主要代表树种——长白落叶松、兴安落叶松、日本落叶松及其杂交种杂种落叶松为研究对象，通过多种分子标记技术，如 ISSR（inter-simple sequence repeat）、RAPD（random amplified polymorphic DNA）、SSR（simple sequence repeat）等对不同种落叶松进行了鉴别，对不同类型的群体进行了遗传多样性分析，并进行了杂种落叶松遗传图谱的构建及数量性状基因座（quantitative trait locus，QTL）定位，可以为良种的早期鉴别，林木育种系统和良种遗传多样性的评估，落叶松进一步的遗传改良，落叶松优良性状的分子基础研究提供理论依据。

1.2　落叶松简介

落叶松属松科（Pinaceae）落叶松属，*n*=12（Nathalie et al.，2008；Sax，1993）。分布于北半球，在欧亚及北美洲均超越北回归线，达北纬 63°～72°30′，落叶松组分布区的南线约北纬 40°（马常耕，1992a）。落叶松属是松科中唯一落叶的，同时具有重要生态和经济价值的乔木树种。落叶松天然林主要分布在北半球北部及喜马拉雅山等寒冷和高山地带。

落叶松在我国经北部的恒山、五台山、吕梁山、秦岭至横断山、喜马拉雅山，可达北纬 20°10′（注：红杉组），我国东北地区分布着大面积的落叶松林，据不完全统计，落叶松人工林占黑龙江省总造林面积的 70%以上（赵溪竹等，2007；郭盛磊等，2005），是北方和山地寒温带干燥寒冷气候条件下寒湿性针叶林中代表性的主要树种之一。

落叶松树干通直，节少，心材与边材区别显著，材质坚韧，结构略粗，纹理直，是松科植物中耐腐性和力学性较强的木材，适宜作建筑、电线杆、桥梁、舟车、枕木、矿柱、家具、器具及木纤维工业原料等材用；落叶松还可以制作落叶松阿拉伯半乳聚糖；树皮含鞣质8%～16%，可提制栲胶；松脂可提取松节油，是生产油漆等的重要工业原料。

落叶松为耐寒、喜光、耐干旱瘠薄的浅根性树种，喜冷凉的气候，对土壤的适应性较强，有一定的耐水湿能力，但其生长速度与土壤的水肥条件关系密切，在土壤水分不足或土壤水分过多、通气不良的立地条件下，落叶松生长不好，甚至死亡，过酸、过碱的土壤均不适于其生长（董霞，2007）。落叶松通常形成纯林，有时与冷杉、云杉和耐寒的松树或阔叶树形成混交林。在中国分布较广的落叶松种有：兴安落叶松、华北落叶松、西伯利亚落叶松、红杉及其变种大果红杉等（张彩红，2007；曲丽娜等，2007；胡新生等，1999）。

落叶松属植物在古近纪就已出现在欧亚大陆（表1-1），到第四纪由于受气温下降的影响，落叶松的分布范围逐渐扩大，后随全新世气温的回升，其分布区逐渐向北退缩和向山地抬升，繁衍至今，形成目前的分布格局。在中国东北及华北平原（如呼玛、哈尔滨、饶河及北京等地）的晚更新世地层中也发现了落叶松的花粉与球果。

表 1-1　落叶松地理分布

地区	树种	拉丁学名
欧洲	欧洲落叶松	*L. deciduas*
亚洲	兴安落叶松	*L. gmelinii*
	长白落叶松	*L. olgensis*
	西伯利亚落叶松	*L. sibirica*
	华北落叶松	*L. principis-rupprechtii*
	日本落叶松	*L. kaempeferi*
	千岛落叶松	*L. kurilensis*
北美洲	美加落叶松	*L. laricina*
	高山落叶松	*L. lyalii*
	西方落叶松	*L. occidentalis*

1.2.1　长白落叶松

长白落叶松（*L. olgensis*），别名黄花落叶松、黄花松、朝鲜落叶松，属松科落叶松属。其树干通直，自然整枝良好，木质耐腐蚀，同时具有生长季节短、生长速度快、病虫害少的特点，既是我国优良的速生用材、纸浆材树种，也是东北地区森林更新和荒山造林的主要树种之一。

长白落叶松是针叶树种中最喜光的强阳性树种之一，性耐严寒，对土壤水分条件和养分条件的适应范围很广，其最适的土壤为灰化的火山堆积土，砂壤和石灰质土壤上也能良好生长。有一定的耐瘠薄、耐旱和耐水湿性，但对水分条件敏感，对土壤的适应性强，在常年积水的水湿地或低洼地、干旱瘠薄的山地阳坡也能生长，但发育不良。长白落叶松是浅根性树种，枝条萌芽力较强，对土壤的 pH 适应范围在 6～8，有一定的耐碱性，强于兴安落叶松。在自然分布区内，长白落叶松呈纯林或在混交林中居第一层，常生于红松、臭冷杉、紫椴、水曲柳等的针阔混交林中。长白落叶松的自然分布区属于内陆性冷凉气候带，气候寒温多雨，年均温 2.5～12℃，北界的平均最低气温为-9.4℃，南界的平均气温为 28.7～33.3℃，年降水量为 500～1400mm，雨热同季。

长白落叶松原产地在北纬 35°8′～38°10′，东经 136°45′～140°30′，垂直分布于海拔 900～2500m，主要分布于我国东北地区、朝鲜及俄罗斯（远东地区）。栽培于我国黑龙江省东南部的带岭、牡丹江、林口、尚志、哈尔滨等地；吉林省东部的延边和通化地区；辽宁省东南部的本溪、丹东、抚顺、铁岭和沈阳等地，南部的大连、旅顺、海城市，西部的赤峰喀喇沁旗；山东省的青岛崂山及沂蒙山区。

1.2.2 兴安落叶松

兴安落叶松（*L. gmelinii*）主要分布在我国黑龙江省的大、小兴安岭。在北纬 49°10′左右（内蒙古牙克石附近），以北为水平地带性植被，以南则为垂直地带性植被。兴安落叶松在小兴安岭多生长在低湿地，为阴域性植被，再往南到老爷岭山地则呈零星分布，北纬 42°30′为其南界。分布在大兴安岭山地的兴安落叶松一般在北部海拔 1200m 以下和南部 1400～1550m 以下的阳坡、半阳坡上部或分水岭上（李峰，2006）。兴安落叶松是一个年轻、较进化的树种，具有很高的生物群落稳定性，抗寒性好，适应力强（曲丽娜等，2007；杨丽君等，2006），在气候条件最严寒的地区明显表现出具有扩大自己分布区的能力。我国大兴安岭地区，生长期仅 100～120d，零摄氏度以下气温历时 7～8 个月，最低温度达-51℃，年降水量为 300～600mm，土壤 1m 以下为永冻层，但它生长很好，天然分布在生草灰化土或泥炭土上，在沼泽地也能生存，但生长不良。

1.2.3 日本落叶松

日本落叶松（*L. kaempefri*）原产于日本本州岛中部山区，在欧洲和北美洲的一些国家均有引种，西、北欧各国引种很早，目前对欧×日落叶松杂种十分重视（周显昌等，1999；张含国等，1998；潘本立等，1996）。俄罗斯是 19 世纪末期引种的。我国也是最早引种日本落叶松的国家之一，目前在中国引种和人工栽培的地区已十分广阔（彭文和等，2007；马顺兴，2006）。北起黑龙江省林口县青山林场，南至湖南省城步县和四川省雷波县高山均有栽培，计有 24 个省区，其范围为北纬 26°20′～45°15′、东经 101°25′～130°50′的广阔地区（贺义才，2007；马常耕，1992b；马常耕和王建华，1990）。在我国东北主栽在海拔 200～500m 山区，在秦岭-大巴山区和四川省西部，以 1200～2100m 的高海拔山区为主栽区。日本落叶松是我国主要针叶纸浆用材树种，以其适应性强、早期速生、成材快、用途广、材质优良的优势，正成为营造短周期工业用材林不可替代的树种（王文革和王春，2008）。

日本落叶松是落叶松属中天然分布最靠南端的一个种，它在日本极其有限的分布区域内存有特异的类型。日本落叶松天然分布在日本本州岛中部海拔 1000～2500m 的亚高山地带，分布北限是宫城县的马神岳。日本落叶松是日本高海拔地区的主要造林树种之一。

1.2.4 落叶松遗传改良简介

我国落叶松的遗传改良工作从 20 世纪 60 年代就已经开始，1965 年即开始进行选优和建园研究，在 70 年代选优、建园范围不断扩大，进行了落叶松种间杂种利用可行性探索。在 70 年代末至 80 年代，开展落叶松种源研究，并且全国各地开始营建各类落叶松子代测定林。

研究人员已进行了华北落叶松（傅辉恩和刘建勋，1987）、日本落叶松（王若森和倪柏春，2009）、欧洲落叶松（倪柏春等，2009）、西伯利亚落叶松（李岩等，2009）等落叶松种的引种工作；詹静和杨传平（1989）进行了兴安落叶松种源试验的研究；杜坤（2006）进行了日本落叶松种源林试验调查分析研究；张颂云（1982）进行了落叶松类型选择育种的研究；古越隆信等（1986）开展了落叶松材质育种研究；张含国和潘本立（1997）进行了中国兴安、长白落叶松遗传育种研究；张晓放等（2005）进行了日本落叶松育种研究；王军辉等（2008）进行了Pilodyn木材检测仪在日本落叶松材性育种中应用的初步研究；杜平（1999）进行了华北落叶松杂交育种研究。

关于家系选择的报道，于世权等（1996）开展了长白落叶松优良基因型选择改良及开发利用的研究；张含国等（2005）进行了落叶松杂种优势分析及家系选择研究；杨丽君等（2006）对兴安落叶松优良家系的早期选择进行了研究；马顺兴（2006）进行了日本落叶松无性系遗传变异及早期选择的研究；张正刚（2008）

进行了落叶松家系苗期生长性状遗传变异及家系选择研究；李艳霞等（2009）进行了杂种落叶松优良家系及优良单株的选择研究。

侯义梅等（2006）、王顺安和向金莲（2009）、杨秀艳等（2010）先后对日本落叶松自由授粉家系进行了遗传测定与子代优树选择；张景林等（1994）对兴安落叶松、长白落叶松子代进行了测定及对优良家系进行选择；李福强等（1990）对长白落叶松种子园自由授粉子代林进行测定。

王秋玉等（1996）进行了长白落叶松硬枝和嫩枝的扦插繁殖研究；李莉等（1990）开展了组培法繁殖落叶松杂种的研究，进行了兴安落叶松组培繁殖的研究；王力华等（2004）进行了日本落叶松微体繁殖及植株再生的研究；罗建勋（1997）进行了英国西加云杉和落叶松无性繁殖的研究；汪小雄等（2009）进行了日本落叶松胚性愈伤组织蛋白质组分双向电泳分析研究；张蕾（2008）开展了日本落叶松（*L. leptolepis*）× 华北落叶松（*L. principis-rupprechtii*）体细胞胚胎发生的生化机制和分子机制研究；罗建勋（1995）进行了杂交落叶松体细胞胚胎发生的初步研究；齐力旺等（2005）利用 2,4-D、BA 进行了杂种落叶松（日×华）体细胞胚胎发生过程中原胚发育与子叶胚形成关系的研究；冯健（2008）进行了日本落叶松×长白落叶松无性系间生根差异的分子机制研究；丁彪等（2006）进行了日本落叶松无性系化学组成遗传变异的研究；马顺兴等（2006）对日本落叶松无性系微纤丝角遗传变异进行了研究；孙晓梅等（2008）对日本落叶松×长白落叶松杂种组合间生根性状及幼林生长的遗传变异进行了研究。

关于不同种落叶松种子园的建立、开花散粉、结实、物候、经济效益、管理技术均有诸多报道。隋娟娟（2006）进行了日本落叶松种子园散粉特性与种子品质的研究；王有才等（2000）进行了日本落叶松种子园产量、结实规律的研究；孙丰胜等（1997）针对提高日本落叶松种子园种子质量进行了研究；王义录等（1997）对日本落叶松种子园利用价值进行了初步分析；崔宝禄等（2006）开展了华北落叶松种子园杂种配合力的研究；郭振启（2007）对华北落叶松种子园成本效益进行了分析并提出建议；张新波等（2001）进行了华北落叶松初级种子园物候观察的研究；杨俊明和李盼威（2004）开展了华北落叶松无性系结实能力变异与无性系再选择的研究；赵国军等（2000）发表了华北落叶松种子园选育报告；陈晓波等（1991）对长白落叶松种子园优树无性系进行了自然类型划分；胡立平和毛辉（2007）提出了长白落叶松第二代种子园子代测定技术；刘录等（1997）报道了兴安落叶松种子园无性系结实特性；张静等（1995）发表了兴安落叶松种子园结实研究初报；张颂云（1982）进行了华北、西伯利亚、日本落叶松种子园建立及经营管理技术的研究；王锐等（2004）提出了落叶松二代实生种子园营建技术；孙瑞英（1996）也提出了落叶松杂交种子园的营建方法；潘本立等（1993）对落叶松种子园经济效益进行了探讨。

关于落叶松遗传多样性的研究报道，王玲等（2009）进行了兴安落叶松等位酶水平的遗传多样性研究；那冬晨（2005）进行了兴安落叶松地理种源遗传多样性与利用研究；李雪峰（2009）对兴安落叶松种源、无性系遗传多样性进行了研究；张学科等（2002）进行了5种落叶松遗传关系的等位酶分析研究。

近年来我国落叶松遗传育种和改良的相关研究都相继开展，并取得了较大成果。落叶松在生产实践中，存在许多限制因素，如落叶松结实周期较长，5年有一次丰收，而且无性系间雌雄花量相差悬殊；生长、木材密度等性状家系间差异显著；落叶松流脂病比较严重等。因此，寻找控制性状的基因位点并加以定位，使提高落叶松材产量、材质、抗病能力等的早期选择成为可能，对于落叶松改良显得尤为重要。

1.3 分子标记简介

分子标记指能反映生物个体或种群间基因组中某种差异特征的 DNA 片段，它直接反映基因组 DNA 间的差异。与形态标记、细胞标记、生化标记相比较，分子标记具有许多明显的优越性，表现为：①直接以 DNA 的形式表现，在生物体的各个组织、各个发育阶段均可检测到，不受季节、环境限制，不存在表达与否等问题；②数量极多，遍布整个基因组，可检测座位几乎无限；③多态性高，自然界存在许多等位变异，无须人为创造；④表现为中性，不影响目标性状的表达；⑤许多标记表现为共显性的特点，能区别纯合体和杂合体。

分子标记一直处在不断发展之中，就目前看分子标记主要分为四大类，第一类是以 DNA-DNA 杂交为基础的分子标记，包括 RFLP（限制性片段长度多态性）标记等。第二类是以 PCR 为基础的分子标记，包括随机引物的 PCR 标记和特异引物的 PCR 标记，其中随机引物的 PCR 标记包括 RAPD（随机扩增多态性 DNA）、DAF（扩增产物指纹）、ISSR（简单重复序列中间区域）标记；特异引物的 PCR 标记包括 STS（序列标记位点）、SCAR（测序的扩增区段）、SSR（简单重复序列）标记等。第三类是以 mRNA 为基础的分子标记，包括 RT-PCR（逆转录 PCR）、DDRT-PCR（差异显示逆转录 PCR）、RAD（特征性差异分析）标记等。第四类是一些新型的分子标记，如 SNP（单核苷酸多态性）、EST（表达序列标签）标记等。

其中以 PCR 为基础的分子标记技术具有快捷、简易、灵敏等优点，应用广泛，对 DNA 标记技术的发展起到了巨大的推动作用。Acheré 等（2004）对叶绿体和线粒体进行分子检测来鉴定欧洲落叶松×日本落叶松的杂交种。Scheepers 等（2000）用 RAPD 方法鉴别欧洲落叶松、日本落叶松和其杂交种，找出 11 个 RAPD

标记区分两种落叶松，并评估了杂种优势。石福臣等（1998）用 RAPD 方法对中国东北落叶松属植物的亲缘关进行了研究，从 100 个引物中筛选出 41 个引物，检测出 120 个多态位点，计算了种群内和种群间的遗传距离，构建了系统树，并发现分布在长白山的落叶松应视为兴安落叶松种下的变种，分布在东京城的落叶松可能是兴安落叶松与长白山落叶松的杂交种。胡新生等（1999）从形态性状、染色体核型分析、同工酶变异、RAPD 分析、叶绿体 DNA 的 RFLP 分析，以及叶绿体 DNA 3 个非编码碱基序列方面对兴安落叶松、长白落叶松和华北落叶松三个落叶松种的遗传进化关系进行了详细的探讨和评述。Arcade 等（2000）用 AFLP 扩增片段长度多态性、RAPD 和 ISSR 标记绘制了欧洲落叶松和日本落叶松的基因图谱。Gros-Louis 等（2005）用 RAPD 和核 DNA、叶绿体 DNA、线粒体 DNA 的基因序列及它们的系统表达来鉴别落叶松属中的 4 种落叶松。

目前分子标记已广泛用于植物分子遗传图谱的构建，植物遗传多样性分析与种质鉴定，重要性状基因定位与图位克隆，转基因植物鉴定，分子标记辅助育种选择等方面。

除 ISSR 和 SCAR 标记技术之外，RAPD、AFLP、SSR 等分子标记技术都是进行植物鉴别常用的方法和手段。其主要技术特点的比较见表 1-2。

表 1-2　主要分子标记技术特点的比较

标记方法	遗传特点	一次检测的基因座位数	DNA 质量要求	DNA 数量要求/μg	是否使用同位素	所用探针或引物类型	时间因素	成本	可靠性
RFLP	共显性	1～3	高	2～10	用或不用	物种特异性低拷贝 gDNA 或 cDNA 探针	长费时	高	高
RAPD	大多数显性	1～10	低	10～15	不用	9～10 个寡核苷酸随机引物	短	较低	中等
AFLP	显性或共显性	100～200	低	2～5	用	16～20 个寡核苷酸专一引物	中等	较高	高
SSR	共显性	20～100	低	25～50	不用	14～16 个寡核苷酸专一引物	短	较高	高
ISSR	大多数显性	1～10	低	25～50	不用	16～18 个寡核苷酸专一引物	短	较低	高
SCAR	共显性	1	低	1～10	不用	20～24 个寡核苷酸专一引物	中等	高	高

1.3.1　ISSR 标记

ISSR 标记方法是近年来在微卫星技术上发展起来的一种新型分子标记技术。该技术在 SSR 序列的 5' 或 3' 端加上 2～4 个随机选择的核苷酸作为引物，以引起特定序列位点的退火，降低其他可能发生退火靶标的数目。该策略的优点是在基因组上只有与锚定的核苷酸匹配的那些位点才能被靶定，因而避免了引物在基因组上的滑动，可提高 PCR 扩增反应的专一性。这种方法可对反向排列、长度适中的重复序列间的基因组节段而非重复序列本身进行 PCR 扩增。ISSR 标记通常为显性标记，扩增反应所用的两翼引物中，可以是 ISSR 引物或是随机引物。

目前 ISSR 标记技术已广泛应用于分类学、品种鉴定、种群遗传学研究和遗传连锁图谱构建等生物学领域。Liu 等（2005）用 ISSR 标记分析了 12 种五针松的亲缘关系，用 12 个 ISSR 引物扩增出 117 个位点，根据遗传距离将 12 个种分成了两组。杨传平等（2005）用 ISSR 标记技术，筛选出 12 个引物，扩增出 136 个多态位点，划分了引种俄罗斯的西伯利亚红松不同地理分布区的 19 个种源。李岩等（2009）运用 ISSR 等分子标记技术对凉水国家级自然保护区的天然红松种群在时间尺度上的遗传多样性变化和遗传分化进行了分析。杨玉玲（2006）应用 ISSR 标记技术进行了不同杉木地理种源的遗传分析及无性系、杂交种的 ISSR 指纹鉴定，分析了不同种源杉木的遗传背景、遗传结构及种源间的亲缘关系，探讨了利用 ISSR 标记技术鉴别杉木无性系及杂交种的可行性。

ISSR 标记技术在同一块凝胶中可揭示多基因位点的信息，产生用于多样性分析和基因图谱构建的多态位点标记，提供了一种新的 DNA 指纹研究方法。它不仅可以在植物生长周期的任何阶段进行检测，实现染色体的无偏取样和无组织器官特异性，在试验过程中作为真核生物特有的序列防止细菌和其他原核生物的污染，而且因为 ISSR 属于微卫星标记，无须预先克隆和测序，既可以利用基因组中丰富的 SSR 序列信息，又克服了 RAPD 标记稳定性差、RFLP 技术费用高、AFLP 技术操作烦琐和 SSR 技术需要预先根据靶序列设计引物等缺点，其重复性和稳定性好，具有多态性水平高、DNA 用量少、成本低的特点。

1.3.2 SCAR 标记

SCAR（sequenced characterized amplified region）是由 Paran 在 1993 年提出的一种新型分子标记，属于位点特异的 PCR 标记。

SCAR 标记通常是由 RAPD 标记转化而来的。为了提高所找到的某一 RAPD 标记在应用上的稳定性，可将该 RAPD 标记片段从凝胶上回收并进行克隆和测序，根据其碱基序列设计一对特异引物（18~24 个碱基）。近年来，也有将 ISSR 标记转化为 SCAR 标记的研究，其原理和操作方法相同，目的同样是得到稳定性好、可重复性强的结果。

目前 SCAR 主要应用于杂种鉴定、植物抗病性鉴定、分子标记辅助选择、性别鉴定、基因定位等方面。Mehes（2007）用 ISSR 和 RAPD 标记技术对加拿大北美乔松和西部白松群体进行了分析，找到 6 个特异的 ISSR 标记和 4 个特异的

RAPD 标记，进行了克隆测序，并根据这些序列设计了成对的引物，转化成 SCAR 标记。Gosselin 等（2002）通过 RAPD、SCAR 和 ESTP 标记技术分析了双亲的单倍体雌配子体，建立了白云杉的遗传图谱，并找出相关差异。

1.3.3　RAPD 标记

RAPD 标记由 Williams 等于 1990 年创立。随机扩增多态性 DNA 是利用 PCR 技术对扩增的 DNA 片段分析多态性，由于片段被引物选择性地扩增，扩增了的片段能在凝胶上清晰地显现出来，这样就可以通过同种引物扩增条带的多态性反映出模板的多态性。这种方法以 PCR 为基础，但是不必预先知道 DNA 序列的信息。

RAPD 标记技术的基本原理是用一个随机引物（一般 8～10 个碱基）非定点地扩增基因组 DNA 片段，然后用凝胶电泳分开扩增片段来进行 DNA 多态性研究。遗传材料的基因组 DNA 如果在特定引物结合区域发生 DNA 片段插入、缺失或碱基突变，就有可能导致引物结合位点的分布发生相应的变化，导致 PCR 产物增加、缺少或发生分子质量变化。若 PCR 产物增加或缺少，则产生 RAPD 标记。

RAPD 扩增与经典 PCR 的区别主要体现在三个方面。

1）引物的数量和长度不同。经典 PCR 为两个引物，长度为 20bp 左右，而 RAPD 只用一个 10bp 左右的引物。

2）退火温度不同。经典 PCR 退火温度较高，一般 60℃左右，而 RAPD 退火温度一般在 40℃左右。

3）扩增产物的特点不同。经典 PCR 为特异性扩增，产物为特异性片段，而 RAPD 为随机引物，产物为随机片段。

与其他方法相比较，RAPD 具有以下优越性。

1）RAPD 不需使用同位素，减少对工作人员的危害。

2）RAPD 试验中 DNA 的用量很少，工作量减轻。

3）由于 RAPD 所用的试验材料不需经过有性世代，因此可以采用任何单一亲本，任何部位的材料，在没有有性世代的线粒体、叶绿体 DNA 研究中也可使用。但是有些试验为了满足遗传分析的需要，还需使用经过有性世代的材料，如 F1 分离群体、回交群体。

4）RAPD 引物为人工定序合成的，没有严格的种属界限，同一套 RAPD 引物可以用于任何一种植物的研究，具广泛性、通用性。因此，适合大规模生产和商品化，大大降低了研究费用。

5）它在基因定位上可以快速定向寻找同所定位基因相连锁的 DNA 标记，进而快速完成基因定位，这是利用 RFLP 等方法进行基因定位所不能做到的，并且它还可以有效地定向增加 RFLP 某一区域 DNA 标记。

6）RAPD 可以在对物种没有进行过任何分子生物学研究的情况下，对这个物种进行基因组指纹图谱的构建。

7）RAPD 可直接对基因组进行连锁标记，它避开了 RFLP 和重复序列基因组作图必须进行 DNA 标记克隆、多态性筛选或测序分析等一系列准备工作。

但 RAPD 也存在一些不足。

1）反应易受环境条件影响而导致重复性不好，但这可通过严格控制反应条件和反应体系得到改进。

2）同一引物扩增时，长度相近的片段有共带现象，这可通过提高电泳的分辨率来改进。

3）RAPD 为显性标记，其检测遗传多样性揭示的是每对等位位点中的一个等位基因，不能区分杂合子和显性纯合子基因型，在提供完整的遗传信息方面有一定的局限性。

1.3.4　SSR 标记

简单重复序列（SSR）又被称为微卫星 DNA（microsatellite DNA）或者 STMS（sequence-tagged microsatellite），也可称为 SSRP（simple sequence repeat polymorphism）。所谓微卫星是以少数几个核苷酸为单位，经过多次串联重复而成（Tautz，1989）。微卫星的产生是由 DNA 在复制和修复过程中发生碱基的错配、滑动或减数分裂过程中姐妹染色单体的不均等交换而引起的。最早在人类中发现微卫星标记，因微卫星序列在同一物种的不同基因型之间差异较大，这一技术很快发展为一种分子标记技术，目前在植物中发现了用于种质鉴定和遗传作图等的微卫星标记。近年来，林木中的微卫星标记技术发展较为突出，微卫星标记已在许多林木中发现，用于指纹分析、构建遗传连锁图谱、分析群体遗传结构等。微卫星标记的特征：①SSR 标记数量多，随机分布于植物基因组中；②可通过 PCR 技术快速测定，成本和技术难度低，重复性好；③多数 SSR 在品种间具广泛的位点变异，无功能作用，增减重复序列的频率较高；④SSR 标记位点无专化性，引物序列公开，易于交流；⑤微卫星标记符合孟德尔遗传规律，呈共显性遗传，可鉴别纯合子和杂合子，易于鉴定个体；⑥所需 DNA 模板量较少。

1.3.5　SNP 标记

SNP（single nucleotide polymorphism，单核苷酸多态性）标记技术是近年

来受到广泛关注和重视的一种新型分子标记方法。其本质上是 DNA 序列中单个碱基的置换，理论上任何用于检测单碱基突变或多态性的技术都可用于 SNP 标记的识别或检出。目前最常用的 2 种方法是 PAPD 法和 DNA 芯片检测法。SNP 标记数量多、分布广泛、密度高，是目前为止分布最为广泛、存在数量最多的一种遗传标记，SNP 标记又称为双等位基因分子标记。理论上，在一个二倍体的细胞中的特定氨基酸位置，SNP 可以由 2 个或多个等位基因构成，但实际上 3 个或 4 个等位基因的 SNP 标记很罕见，因此对基因组筛选时往往只需对 SNP 进行 A/B 的分析，而无须对 DNA 片段的长度进行分析。SNP 标记本身的特点使其具备了其他分子标记无可比拟的优越性，特别是随着高通量测序、质谱分析、基因芯片技术等高新技术的发展，使 SNP 标记技术实现自动化。SNP 分子标记还具有遗传分析重现性好、准确性高、双等位基因多态性等优点。其可以为任何一个待研究的基因内部或附近基因提供一系列标记，所以 SNP 技术是目前分析复杂性状连锁不平衡最好的工具。

1.4　研究的目的与意义

1.4.1　应用分子标记进行种间鉴别的目的与意义

　　长期以来，林木种子的真实性鉴定一直是种苗生产、贸易中的突出问题。农作物品种的真实性鉴定方面已有大量的研究，也有较为成熟的技术。国际种子检验协会（ISTA）已经出版了《品种鉴定检验手册》；北美官方种子检验者协会（AOSA）也出版了《品种纯度检验手册》。这些检验规程的鉴定程序主要包括种子形态快速测定、生长势测定和种子蛋白质电泳等，其所依赖的主要是同工酶技术。随着分子生物学的发展，对遗传背景一致的品种进行鉴别也有了更为成熟可靠的技术。但林业生产中，大多数树种的品系化或无性系化程度较差，而且在造林过程中，特别是在大规模的荒山绿化及飞播造林中，又多是使用种子，一些亲缘关系较近的种，如松属的某些种及落叶松属的某些种，其种子甚至幼苗的形态都非常相似，往往难以根据形态对其进行区分，所以在种的水平上进行遗传鉴别是林业生产中常常遇到的问题。林业生产周期长，真假混杂的种子和苗木给生产带来的后果更加不堪设想和难以补救，发展一整套实用、快速、准确的遗传鉴别技术是一项亟待解决的研究课题。传统上种的划分主要是根据形态性状。但若仅根据形态性状进行分类，一些近缘种的区分十分困难，甚至自相矛盾。

　　大规模进行落叶松遗传改良始于 20 世纪七八十年代，在引种、种源试验、优树选择、种子园营建、早期选择、无性繁殖、优良杂种选育、综合培育、病虫害防治及木材加工等方面做了很多工作，取得了一大批有重要理论和使用价值的成果。由于长期以来品种、家系的鉴别方法仍然停留在表型观察上，家系鉴别准确性差，给良种的选择和推广造成了很大的困难。以往从分子水平对树木进行鉴别主要是对种间、无性系间或品种间鉴别，家系间鉴别研究很少。对于主要靠有性繁殖的树种来说，进行优良家系（良种）鉴别必不可少。

本研究首次将分子标记应用到落叶松无性系及杂种家系的鉴别当中，并且在种的方面增加了对日本落叶松的鉴定，操作简便快捷，结果准确可靠。通过本研究，可以得出适用于落叶松种间、无性系和杂种家系的鉴别技术，加强对落叶松杂种优势早期预测、杂种优势机制的研究，并且为其他树种的良种鉴别提供方法，具有较大的理论和实际意义。

良种除具备一定的优良特性外，还必须具有自己的特异性，否则无法对该品种同其他品种区别，容易引起市场混乱，导致木材产量和质量下降，进而造成不应有的损失。本研究获得的鉴别技术，可以对杂种落叶松、日本落叶松、长白落叶松和兴安落叶松家系、无性系进行鉴别，为规范种苗市场提供经验。

1.4.2　应用分子标记研究遗传多样性的目的与意义

森林在整个地球生态系统中占有极其重要的地位并发挥很大的作用。在植物多样性的研究中，林木的多样性引起很大的重视。对林木遗传多样性的研究有助于人们更清楚地认识树种的起源和进化，了解树种的遗传背景、遗传结构及群体间的遗传距离，为树种的分类与进化研究、林木种质资源的利用与开发及育种材料的选择等提供可靠的信息资料，为林木的遗传改良奠定基础。另外，遗传多样性是植物育种和遗传改良的基础，是农林业持续发展的前提。对植物遗传多样性的研究，尤其是对栽培作物及其野生近缘种种群遗传结构的研究能使我们充分发现和利用种群中各种遗传资源，从而预测重要经济性状的变化并加以科学利用。对兴安落叶松种源遗传多样性的研究开始于 20 世纪 80 年代，已取得了较好的成果，确定了兴安落叶松生长性状的地理变异规律和模式，进行了种源区划、优良种源选择及种内同工酶分析等一系列工作。然而，地理种源是长期进化的产物，其稳定的生物学特性是在长期的系统发育过程中逐步形成的，对地理种源遗传多样性进行全面系统的研究是一项长期的连续的工作，只有通过连续的观测与统计分析，对地理种源的评价才能更精确、更真实、更客观（那冬晨，2005）。

应用不同分子标记方法并结合表型生长性状来对落叶松群体的遗传多样性进行分析，能更好地对地理种源进行精确、真实、客观的评价，并丰富落叶松地理种源间、群体间遗传变异的研究内容。

通过对 ISSR 和 RAPD 标记多态位点的统计与分析，从生长量和 DNA 分子水平方面对兴安落叶松种源无性系的遗传多样性进行全面研究，研究的目的和意义在于建立并优化适合于分析兴安落叶松的 ISSR 和 RAPD 反应体系，使其具有良好的重复性和稳定性，为兴安落叶松遗传多样性研究打下坚实的基础；通过对兴安落叶松遗传变异、遗传结构等遗传多样性的研究，为兴安落叶松遗传资源的保存、测定、评价和育种利用提供试验依据，为种源间亲缘关系的进一步研究，无性系鉴别，以及兴安落叶松遗传图谱构建奠定基础，为生长性状的早期选择和杂交育种等研究提供理论依据，同时为研究兴安落叶松的起源和进化提供了资料。

对兴安落叶松群体的遗传结构、遗传多样性和种质资源进行研究的主要目的和意义是通过 RAPD 和 SSR 两种分子标记方法对兴安落叶松 6 个基本群体的遗传多样性检测，从分子水平阐明其遗传变异水平和遗传结构，为兴安落叶松遗传资源的保存、评价、测定和育种提供可行性的理论依据。利用 RAPD 标记技术结合表型性状研究兴安落叶松基本群体的遗传多样性，探讨兴安落叶松在基本群体和育种群体方面的遗传关系，充分掌握兴安落叶松群体的遗传变异规律，发掘遗传潜力，为兴安落叶松的遗传改良工作提供理论依据。

林木种子园是林木遗传育种系统的重要组成部分，是连接育种与造林的重要桥梁和手段。种子园已经被确定为是生产高遗传品质并有适当遗传多样性组合的良种基地模式。良种的遗传多样性决定了它的适应性基础，影响形成林分的稳定和多种效益的发挥，因此，一个树种在持续改良中，维护育种群体较高的遗传多样性十分重要，研究和评价林木育种系统和良种的遗传多样性状况，对林木育种的理论与实践具有重要意义。

种子园亲本的遗传多样性是其子代遗传多样性的基础，而种子园子代的遗传多样性又直接影响今后人工林群体的可持续经营。然而，我国关于长白落叶松种子园亲、子代的遗传多样性的研究仍是空白。对同一长白落叶松种子园亲、子代遗传多样性进行研究，能够揭示该种子园亲、子代遗传多样性动态变化规律，以便为评价该种子园经营管理过程中其子代是否具有较广的遗传基础，人工林经营管理中是否存在风险等提供可靠依据。去劣疏伐是种子园经管中重要的手段之一，能够显著地提高种子园的遗传增益，其对遗传多样性的影响也不容忽视，但关于其对种子园遗传多样性的影响方面研究甚少。

利用 SSR 分子标记对黑龙江省苇河林业局青山林木种子园的长白落叶松初级种子园的亲、子代群体遗传多样性进行分析，可以评价该种子园在经营过程中是否具有较广的遗传基础，为利用该种子园的种子营建的人工林经营是否存在风险等提供可靠依据，也可为该种子园遗传资源的管理提供反馈，以使种子园的经营管理策略能够更加完善，为种子园高世代育种提供参考数据。同时利用 SSR 标记进行去劣疏伐对种子园遗传多样性影响的全面研究，分析不同疏伐强度下遗传多样性的变化，以及探讨无性系数量和遗传多样性的关系，试图找出最优的去劣疏伐强度和疏伐后各个无性系应保留的单株数量，以维护种子园无性系间及无性系内的遗传多样性，为营建去劣疏伐种子园或 1.5 代种子园提供亲本无性系配置及为种子园经营管理提供理论依据。

1.4.3　应用分子标记构建图谱和进行关联分析的目的与意义

林木周期长是林木遗传改良的一个最主要的限制因素，提高选择效率、缩短育种周期一直是林木育种者关注的问题，寻找有效的早期选择方法在林木育种中显得特别重要，分子标记技术为解决这一问题提供了一个有力的工具。通过构建高密度遗传图谱，建立性状与分子标记的连锁，进而确定控制性状的基因数目、效应值及基因间的相互作用，使在苗期进行性状的选择成为可能，也可以有预见地、更加科学合理地选配杂交亲本，不仅可以大大缩短选育时间，而且可显著提高选择精度并降低选育成本，大大提高林木育种的研究水平，因此，构建林木遗传图谱和定位数量性状基因位点具有重要的理论和实践意义。随着分子标记技术的发展，该技术在林木育种上的应用日益广泛。落叶松（*Larix* spp.）是中国主要用材和造林树种之一。落叶松在生产实践中，存在许多限制因素，寻找控制性状基因位点并加以定位，使提高落叶松材产量、材质等的早期选择成为可能，对于落叶松改良显得尤为重要。

分子标记技术以 DNA 分子多态性为基础，标记数量大，不具有生物功能活性，不会或极少受生物基因组内基因互作与外界自然环境及人为操作影响（Chang and Jung，2008；Lu et al.，2008；Edwards and Batley，2009）。分子标记在植物的遗传连锁图谱构建、数量性状与质量性状研究（Crespel et al.，2002）及基因定位和辅助选择育种等方面有着广泛应用，成为遗传变异研究的有效手段（Budahn et al.，2008；Lee and Neate，2007；Taguchi et al.，2009；Labonne et al.，2008；Schrag et al.，2009；Finkeldey et al.，2009；Kour et al.，2009；Lorenzana and Bernardo，2009；Gonzalez et al.，2009）。20 世纪 90 年代以来，基于分子标记的遗传图谱研究得到飞速发展，已对 13 个属约 40 个树种构建了遗传图谱。

松科植物染色体少，基因组大，这是遗传作图的难点。另外，目前已发表的图谱连锁群大都超过了染色体数目，且多数图谱包含的标记数量低于 300 个（Nelson et al.，1993；Devey et al.，1994；Kubisiak et al.，1995；Plomion et al.，1995）。Arcade 等（2000）应用 AFLP、RAPD 和 ISSR 标记，利用欧洲落叶松

（*Larix decidua* Mill.）×日本落叶松[*Larix kaempferi*（Lamb.）Carr.]的 112 个 F1 子代个体构建了欧洲落叶松和日本落叶松的遗传连锁框架图，共获得 266 个标记，连锁群数目为 17 个和 21 个，这是关于落叶松遗传图谱构建的首次报道，也是仅有的报道。目前关于兴安落叶松遗传图谱构建的研究未见报道。若对林木基因组进行深入研究，定位 QTL、构建遗传图谱是十分必要的。本研究采用两个物种的落叶松杂交 F1 群体，利用拟测交策略构建日本落叶松和兴安落叶松的遗传图谱，可用于检测基因位点贡献，数量性状的表达，寻找控制性状的基因位点并加以定位，为落叶松高产、优质等性状的早期选择，以及落叶松进一步的遗传改良提供理论依据。

2 兴安落叶松天然群体生长变异与 ISSR、RAPD 遗传多样性研究

2.1 兴安落叶松种源、无性系生长性状的遗传变异

林木的遗传变异是适应多种多样的外界环境的最重要先决条件。树高、胸径及材积是反映林木生长能力的最主要性状，生长性状的变异在很多树种中都是很重要的变异来源，兴安落叶松也不例外。通过对兴安落叶松种源、无性系生长性状间相关性进行研究，了解各性状间的相互关系，可为选择生长性状优异的种源、无性系提供依据。大量的研究表明，林木在许多性状上都存在明显的地理变异，弄清影响这些变异的主导地理和气候因子，并选择优良的种源、无性系在生产上加以利用，无疑将十分有助于提高林分的生产力。

2.1.1 试验材料与方法

2.1.1.1 试验材料

试验材料来源于黑龙江省牡丹江市林口县青山林场的兴安落叶松无性系收集区，49 区和 53 区于 1985 年 4 月定植，共 7 个种源，分别为阿尔山（ARS）、库都尔（KDR）、莫尔道嘎（MEDG）、甘河原江（GHYJ）、嫩江中央站（NJ）、友好（YH）和乌伊岭（WYL）。其中每个种源 15 个无性系。

2.1.1.2 试验方法

于 2007 年 10 月下旬，对试验地的 7 个种源的各 15 个无性系进行了树高和胸径调查。

分别对各种源、无性系进行了树高、胸径和材积的方差分析和多重比较。用统计软件 SPSS 11.0 进行分析。立木材积按平均实验形数法计算，公式为：$V=(h+3) g_{1.3} f_3$，其中落叶松平均实验形数 f_3 为 0.41，V 为树干材积，h 为树高，$g_{1.3}$ 为胸高处横断面积。

对各地理种源的生长性状与地理气象因子进行相关分析。相关分析采用 SPSS 11.0 的 Correlate 中 Bivariate 软件。

2.1.2 结果与分析

2.1.2.1 兴安落叶松种源生长性状分析

由表 2-1 中可以看出，兴安落叶松 7 个种源的树高、胸径、材积都存在较大的变异，变异系数分别为 12.69%～17.38%、18.03%～28.25%、41.67%～55.27%；变异幅度分别为 6.20～16.50m、4.80～28.90cm 及 0.01～0.47m^3。其中树高遗传变异较大的是嫩江中央站，变异系数为 17.38%，较小的是库都尔，变异系数为

表 2-1 兴安落叶松各种源树高、胸径、材积的比较

生长性状	种源	植株数	平均值	标准差	变异系数/%	标准误	变异幅度
树高/m	阿尔山 ARS	60	10.695	1.605	15.01	0.207	6.90～14.90
	库都尔 KDR	76	12.341	1.566	12.69	0.180	8.60～16.10
	莫尔道嘎 MRDG	76	10.962	1.593	14.54	0.183	6.60～14.30
	甘河原江 GHYJ	63	11.268	1.766	15.67	0.222	6.20～14.90
	嫩江中央站 NJ	74	11.455	1.991	17.38	0.231	7.00～16.50
	友好 YH	73	12.156	1.790	14.73	0.210	7.20～15.20
	乌伊岭 WYL	76	11.308	1.616	14.29	0.185	7.60～14.60
	总计	498	11.480	1.787	15.57	0.080	6.20～16.50
胸径/cm	阿尔山 ARS	60	16.458	3.586	21.79	0.463	8.80～25.50
	库都尔 KDR	76	18.729	3.377	18.03	0.387	7.40～28.20
	莫尔道嘎 MRDG	76	17.520	4.034	23.03	0.463	7.20～28.90
	甘河原江 GHYJ	63	17.465	3.611	20.68	0.455	8.10～25.10
	嫩江中央站 NJ	74	17.314	4.536	26.20	0.527	8.10～25.00
	友好 YH	73	17.921	5.062	28.25	0.592	4.80～28.90
	乌伊岭 WYL	76	17.379	3.298	18.98	0.378	9.10～24.60
	总计	498	17.576	4.012	22.83	0.180	4.80～28.90
材积/m^3	阿尔山 ARS	60	0.129	0.065	50.41	0.008	0.02～0.34
	库都尔 KDR	76	0.182	0.076	41.67	0.009	0.02～0.47
	莫尔道嘎 MRDG	76	0.149	0.076	50.55	0.009	0.02～0.38
	甘河原江 GHYJ	63	0.150	0.072	47.98	0.009	0.02～0.35
	嫩江中央站 NJ	74	0.155	0.084	54.54	0.010	0.02～0.35
	友好 YH	73	0.175	0.097	55.27	0.011	0.01～0.40
	乌伊岭 WYL	76	0.148	0.066	44.54	0.008	0.03～0.34
	总计	498	0.156	0.079	50.38	0.004	0.01～0.47

12.69%；胸径遗传变异较大的是友好，变异系数为 28.25%，较小的是库都尔，变异系数为 18.03%；材积遗传变异较大的是友好，变异系数为 55.27%，较小的是库都尔，变异系数为 41.67%。

由表 2-2～表 2-4 可知，兴安落叶松不同种源间的树高、材积在 $P=0.01$ 水平上差异极显著，而胸径差异不显著。

表 2-2　兴安落叶松种源树高方差分析

变异来源	自由度 df	平方 SS	均方 MS	F 值	P 值
种间	6	152.186	25.365	8.674	0.000
种内	491	1435.746	2.924		
总计	497	1587.933			

表 2-3　兴安落叶松种源胸径方差分析

变异来源	自由度 df	平方和 SS	均方 MS	F 值	P 值
种间	6	193.708	32.285	2.031	0.060
种内	491	7805.838	15.898		
总计	497	7899.546			

表 2-4　兴安落叶松种源材积方差分析

变异来源	自由度 df	平方和 SS	均方 MS	F 值	P 值
种间	6	0.133	0.022	3.689	0.001
种内	491	2.949	0.006		
总计	497	3.082			

为比较各种源之间的生长差异显著程度，对各种源的树高、胸径、材积做进一步的多重比较分析（表 2-5）。

表 2-5　兴安落叶松各种源生长性状的多重比较

种源	树高/m	$P=0.05$	种源	胸径/cm	$P=0.05$	种源	材积/m³	$P=0.05$
库都尔 KDR	12.34	a	库都尔 KDR	18.73	a	库都尔 KDR	0.1818	a
友好 YH	12.16	a	友好 YH	17.92	ab	友好 YH	0.1753	ab
嫩江中央站 NJ	11.46	b	莫尔道嘎 MEDG	17.52	ab	嫩江中央站 NJ	0.1545	bc
乌伊岭 WYL	11.31	bc	甘河原江 GHYJ	17.47	ab	甘河原江 GHYJ	0.1504	bc
甘河原江 GHYJ	11.27	bc	乌伊岭 WYL	17.38	ab	莫尔道嘎 MEDG	0.1495	bc
莫尔道嘎 MEDG	10.96	bc	嫩江中央站 NJ	17.31	ab	乌伊岭 WYL	0.1476	bc
阿尔山 ARS	10.70	c	阿尔山 ARS	16.46	b	阿尔山 ARS	0.1288	c

由各种源树高、胸径、材积的多重比较（表 2-5）可以看出，不同种源之间存在着很大差异。从树高看，库都尔和友好生长最快，与嫩江中央站、乌伊岭等 5 种源差异达到显著水平；从胸径看，库都尔与友好生长最好，且库都尔与胸径最小的阿尔山差异显著；从材积看，库都尔和友好最高，且库都尔与除友好外的其他 5 种源之间的差异均达到显著水平。

通过以上对各种源生长性状的分析，初步选定最佳种源为库都尔和友好，平均树高、胸径和材积分别为 12.34m、18.73cm、0.182m³ 和 12.16m、17.92cm、0.175m³；最差种源为阿尔山，其平均树高、胸径和材积分别是 10.70m、16.46cm 和 0.129m³；最佳种源库都尔和友好平均树高、胸径和材积分别超出种源平均值 7.49%、6.56%、16.67% 和 5.92%、1.99%、12.18%；分别超出最差种源 15.33%、13.79%、41.15% 和 13.64%、8.87%、36.10%。

2.1.2.2 兴安落叶松无性系生长状况分析

兴安落叶松无性系的树高、胸径、材积都存在丰富的变异（表 2-6），变异系数（CV）分别为 1.25%~26.69%、3.74%~46.43%、10.21%~94.25%。树高遗传变异

表 2-6 兴安落叶松无性系间材积的比较

无性系	样本数	均值	标准差	标准误	变异系数/%	无性系	样本数	均值	标准差	标准误	变异系数/%
1006	5	0.113	0.022	0.010	19.32	1127	3	0.154	0.039	0.023	25.35
1007	4	0.103	0.092	0.046	89.27	1128	4	0.212	0.029	0.014	13.60
1024	4	0.171	0.021	0.010	12.11	1133	5	0.152	0.035	0.016	23.17
1031	4	0.127	0.094	0.047	74.00	1134	5	0.179	0.060	0.027	33.48
1036	5	0.081	0.040	0.018	49.89	1136	5	0.196	0.048	0.021	24.35
1037	4	0.092	0.049	0.025	53.65	1138	6	0.140	0.048	0.019	34.03
1042	3	0.089	0.048	0.028	54.34	1140	6	0.202	0.080	0.033	39.59
1043	3	0.260	0.103	0.059	39.53	1144	6	0.312	0.109	0.045	34.96
1045	4	0.130	0.051	0.025	39.03	1147	4	0.164	0.090	0.045	55.03
1049	5	0.142	0.021	0.009	14.91	1204	5	0.080	0.034	0.015	43.03
1050	6	0.093	0.029	0.012	31.06	1207	5	0.165	0.048	0.021	29.15
1051	3	0.213	0.063	0.036	29.48	1210	7	0.198	0.087	0.033	43.86
1054	5	0.161	0.046	0.020	28.42	1219	5	0.163	0.078	0.035	47.72
1057	5	0.103	0.019	0.009	18.62	1231	6	0.106	0.062	0.025	58.71
1101	6	0.198	0.042	0.017	21.22	1235	5	0.187	0.043	0.019	23.25
1108	6	0.156	0.082	0.033	52.25	1238	4	0.196	0.049	0.025	25.10
1110	6	0.179	0.084	0.034	46.62	1239	7	0.188	0.085	0.032	45.30
1113	5	0.179	0.076	0.034	42.41	1241	5	0.175	0.033	0.015	18.85
1122	4	0.162	0.040	0.020	24.32	1250	5	0.097	0.016	0.007	16.13
1123	5	0.108	0.026	0.011	23.72	1251	5	0.182	0.128	0.057	70.08

续表

无性系	样本数	均值	标准差	标准误	变异系数/%	无性系	样本数	均值	标准差	标准误	变异系数/%
1257	5	0.151	0.089	0.040	59.14	1428	3	0.163	0.074	0.043	45.26
1264	7	0.108	0.069	0.026	63.72	1430	5	0.177	0.083	0.037	46.56
1267	5	0.096	0.042	0.019	43.78	1431	4	0.104	0.035	0.017	33.43
1305	4	0.071	0.042	0.021	59.29	1439	4	0.160	0.105	0.052	65.43
1308	5	0.193	0.115	0.051	59.55	1442	5	0.106	0.062	0.028	58.45
1310	6	0.181	0.099	0.040	54.76	1444	3	0.102	0.052	0.030	50.63
1311	3	0.152	0.035	0.014	23.17	1554	2	0.097	0.054	0.038	55.44
1312	4	0.156	0.072	0.036	46.24	1555	4	0.144	0.135	0.068	94.25
1313	6	0.138	0.049	0.020	35.65	1556	7	0.248	0.108	0.041	43.72
1323	5	0.146	0.060	0.027	41.02	1562	7	0.182	0.058	0.022	32.03
1331	3	0.08	0.014	0.008	17.23	1565	5	0.165	0.048	0.019	34.03
1332	5	0.210	0.064	0.029	30.51	1566	5	0.251	0.107	0.048	42.51
1335	6	0.150	0.059	0.024	39.62	1567	2	0.221	0.035	0.025	15.90
1345	4	0.187	0.100	0.050	53.33	1568	5	0.215	0.099	0.044	45.92
1350	4	0.086	0.045	0.022	52.00	1569	5	0.140	0.052	0.023	37.31
1353	6	0.171	0.019	0.008	10.94	1570	4	0.212	0.146	0.073	68.90
1360	5	0.131	0.023	0.010	17.31	1602	5	0.146	0.044	0.020	29.83
1407	4	0.084	0.052	0.026	61.9	1603	5	0.096	0.020	0.009	20.81
1411	6	0.114	0.037	0.015	32.32	1607	4	0.117	0.038	0.019	32.57
1413	5	0.160	0.041	0.018	25.63	1610	7	0.087	0.042	0.016	48.05
1414	6	0.190	0.032	0.013	16.82	1612	6	0.187	0.065	0.027	34.92
1415	5	0.182	0.107	0.048	58.76	1614	5	0.189	0.054	0.024	28.56
1446	4	0.173	0.096	0.048	55.47	1617	2	0.185	0.049	0.035	26.74
1454	5	0.115	0.068	0.030	59.08	1618	4	0.098	0.041	0.021	42.07
1461	6	0.258	0.037	0.015	14.33	1631	4	0.181	0.091	0.046	50.62
1464	4	0.305	0.031	0.016	10.21	1633	6	0.166	0.050	0.020	29.92
1531	6	0.172	0.123	0.050	71.19	1634	5	0.102	0.072	0.032	71.18
1537	4	0.171	0.026	0.013	15.05	1637	5	0.143	0.034	0.015	24.17
1540	6	0.168	0.057	0.023	34.04	1639	4	0.157	0.042	0.021	26.83
1542	5	0.180	0.112	0.050	62.09	1654	6	0.165	0.092	0.038	55.77
1547	3	0.072	0.047	0.027	65.16	1660	4	0.142	0.028	0.014	19.50
1553	8	0.107	0.080	0.028	74.17	1666	4	0.241	0.079	0.039	32.64
1422	5	0.051	0.023	0.010	45.83	总计	498	0.156	0.079	0.004	50.38

注：以10开头的无性系为阿尔山种源，以11开头的无性系为库都尔种源，以12开头的无性系为莫尔道嘎种源，以13开头的无性系为甘河原江种源，以14开头的无性系为嫩江中央站种源，以15开头的无性系为友好种源，以16开头的无性系为乌伊岭种源

系数平均为 15.57%，前十位无性系为 1042（26.69%）、1555（25.39%）、1350（25.33%）、1570（25.27%）、1031（24.41%）、1439（23.84%）、1454（21.88%）、1547（21.06%）、1610（20.89%）、1407（19.75%），其中友好 3 个，嫩江中央站 3 个，阿尔山 2 个，乌伊岭 1 个，甘河原江 1 个；后十位无性系有 1057（1.25%）、1353（1.86%）、1614（2.82%）、1049（3.22%）、1024（3.95%）、1617（4.25%）、1540（4.48%）、1054（4.72%）、1006（4.82%）、1602（4.97%），其中阿尔山 5 个，乌伊岭 3 个，甘河原江 1 个，友好 1 个。胸径遗传变异系数平均为 22.83%，前十位无性系为 1555（59.56%）、1570（46.43%）、1531（41.02%）、1007（38.95%）、1439（36.70%）、1031（35.38%）、1251（33.70%）、1542（33.60%）、1553（33.34%）、1415（33.20%），其中友好 5 个，嫩江中央站 2 个，阿尔山 2 个，莫尔道嘎 1 个；后十位无性系有 1464（3.74%）、1128（4.50%）、1353（5.01%）、1567（5.24%）、1024（5.29%）、1331（5.35%）、1049（6.30%）、1461（6.70%）、1414（7.13%）、1250（7.36%），其中阿尔山 2 个，嫩江中央站 3 个，甘河原江 2 个，库都尔 1 个，莫尔道嘎 1 个，友好 1 个。材积遗传变异系数平均为 50.38%，前十位无性系为 1555（94.25%）、1007（89.27%）、1553（74.17%）、1031（74.00%）、1531（71.19%）、1634（71.18%）、1251（70.08%）、1570（68.90%）、1439（65.43%）、1547（65.16%），其中友好 5 个，阿尔山 2 个，乌伊岭 1 个，嫩江中央站 1 个，莫尔道嘎 1 个；后十位无性系有 1464（10.21%）、1353（10.94%）、1024（12.11%）、1128（13.60%）、1461（14.33%）、1049（14.91%）、1537（15.05%）、1567（15.90%）、1250（16.13%）、1414（16.82%），其中嫩江中央站 3 个，阿尔山 2 个，友好 2 个，甘河 1 个，莫尔道嘎 1 个，库都尔 1 个。

为了解兴安落叶松所有无性系的生长状况，对 105 个无性系的生长性状进行了方差分析。由表 2-7～表 2-9 可知，兴安落叶松无性系间的树高、胸径、材积在 $P=0.01$ 水平上差异均达到了极显著水平。为比较无性系之间生长差异的显著程度，对无性系的树高、胸径、材积做进一步的多重比较分析。

表 2-7　兴安落叶松无性系树高方差分析

变异来源	自由度 df	平方和 SS	均方 MS	F 值	P 值
种间	104	784.683	7.693	3.783	0.000
种内	393	803.250	2.034		
总计	497	1587.933			

表 2-8　兴安落叶松无性系胸径方差分析

变异来源	自由度 df	平方和 SS	均方 MS	F 值	P 值
种间	104	2787.157	27.325	2.071	0.000
种内	393	5212.388	13.196		
总计	497	7999.546			

表 2-9 兴安落叶松无性系材积方差分析

变异来源	自由度 df	平方和 SS	均方 MS	F 值	P 值
种间	104	1.240	0.012	2.608	0.000
种内	393	1.842	0.005		
总计	497	3.082			

对兴安落叶松 7 个种源的 105 个无性系的生长性状（树高、胸径、材积）进行多重比较，结果如下。

树高前 20 名无性系中友好 6 个，库都尔 6 个，嫩江中央站 3 个，乌伊岭 3 个，甘河原江 2 个；后 20 名无性系中阿尔山 6 个，莫尔道嘎 5 个，甘河原江 5 个，嫩江中央站 2 个，乌伊岭 2 个。

胸径前 20 名无性系中库都尔 5 个，友好 4 个，乌伊岭 4 个，嫩江中央站 3 个，莫尔道嘎 2 个，甘河原江 1 个，阿尔山 1 个；后 20 名无性系中阿尔山 7 个，莫尔道嘎 4 个，甘河原江 3 个，嫩江中央站 2 个，莫尔道嘎 2 个，乌伊岭 2 个。

材积前 20 名无性系中库都尔 5 个，友好 5 个，嫩江中央站 3 个，乌伊岭 3 个，甘河原江 2 个，莫尔道嘎 2 个；后 20 名无性系中阿尔山 6 个，嫩江中央站 3 个，莫尔道嘎 3 个，甘河原江 3 个，乌伊岭 3 个，友好 1 个，库都尔 1 个。

其中较好的无性系 1144、1566、1556、1666 和 1128 的树高、胸径、材积分别为 13.93m、23.27cm、0.312m^3；13.75m、20.93cm、0.251m^3；13.22m、21.14cm、0.248m^3；13.50m、20.32cm、0.242m^3；13.82m、19.20cm、0.212m^3。较差的无性系 1036、1422、1037、1007、1204 的树高、胸径、材积分别为 8.80m、14.08cm、0.081m^3；8.92m、11.22cm、0.051m^3；10.00m、14.45cm、0.092m^3；9.37m、14.68cm、0.103m^3；10.44m、13.30cm、0.080m^3。

由兴安落叶松无性系间生长性状的方差分析和多重比较得知，树高、胸径和材积排名较前的无性系中以友好、库都尔居多，排名较差的无性系中以阿尔山居多，这与种源水平上生长性状的方差分析结果一致。

2.1.2.3 地理变异与气候因子的关系

不同种源的林木，因原产地地理气候因子的选择，导致在同一条件下，种内树高、胸径、材积等性状的反应往往也不同。为研究影响兴安落叶松变异的主导地理气候因子，对 7 个兴安落叶松种源的树高、胸径、材积与 3 个地理因子、10 个气候因子进行了相关分析。

兴安落叶松各种源原产地地理气候因子见表 2-10（数据来源于东北三省及内蒙古东部各气象因素统计资料）。

表 2-10　兴安落叶松各种源原产地地理气候因子

种源	北纬/(°)	东经/(°)	海拔/m	年均温/℃	1月均温/℃	7月均温/℃	≥10℃积温/℃	绝对湿度/%	相对湿度/%	年均降水量/mm	5～7月降水量/mm	日照时数/h	无霜期/d
阿尔山 ARS	47.17	119.95	1026.50	−3.30	−25.90	16.50	1354.30	5.40	70.00	425.10	222.40	2712.30	79.20
库都尔 KDR	49.78	121.88	820.00	−4.00	−27.50	19.20	1739.50	5.70	67.00	500.00	250.00	2565.80	92.00
莫尔道嘎 MEDG	51.25	120.58	900.00	−4.50	−30.00	17.00	1485.00	5.40	70.00	471.00	240.00	2600.00	90.00
甘河原江 GHYJ	50.58	123.22	490.70	−2.50	−25.70	17.80	1616.80	5.60	68.00	470.00	264.00	2563.00	91.30
嫩江中央站 NJ	50.45	125.20	230.00	−2.20	−26.90	17.70	1780.00	5.90	69.00	540.00	285.00	2500.00	100.00
友好 YH	47.80	128.83	240.00	−1.05	−26.38	19.55	2147.15	7.70	78.00	622.03	280.90	1902.00	117.00
乌伊岭 WYL	48.67	129.42	300.00	−0.94	−24.28	19.06	1851.22	6.60	72.60	650.54	277.14	2235.12	104.90

从表 2-11 中看出：兴安落叶松种源的树高与经度之间呈极显著的正相关，与海拔呈极显著的负相关。而胸径和材积与经度、纬度、海拔相关不显著。

表 2-11　兴安落叶松种源生长性状与地理因子之间的相关关系

性状	纬度	经度	海拔
树高	−0.019	0.122**	−0.123**
胸径	−0.046	0.022	−0.019
材积	−0.025	0.061	−0.065

**表示相关极显著，下同

从表 2-12 可以看出：树高、胸径和材积都与 7 月均温呈极显著的正相关，与日照时数呈显著的负相关；树高、材积与绝对湿度、5～7 月降水量、无霜期都表现出显著的正相关；此外，树高与年均降水量呈极显著正相关；而树高、胸径、材积都与年均温、1 月均温、相对湿度无显著相关性。

表 2-12　兴安落叶松种源生长性状与气候因子之间的相关关系

性状	年均温	1月均温	7月均温	≥10℃积温	绝对湿度	相对湿度	年均降水量	5～7月降水量	日照时数	无霜期
树高	0.075	0.037	0.264**	0.231**	0.166**	0.057	0.136**	0.153**	−0.163**	0.181*
胸径	−0.016	−0.030	0.111**	0.077	0.037	−0.012	0.038	0.041	−0.042*	0.056
材积	0.021	−0.016	0.164**	0.142**	0.095*	0.029	0.074	0.090*	−0.097*	0.113*

*表示相关显著，下同

2.1.3　小结与讨论

1）兴安落叶松 7 个种源的树高、胸径、材积都存在较大的变异，变异系数分别为 12.69%～17.38%、18.03%～28.25%、41.67%～55.27%；变异幅度分别为 6.20～16.5m、4.80～28.9cm 及 0.01～0.47m^3。其中树高遗传变异较大的是嫩江中央站，变异系数为 17.38%，较小的是库都尔，变异系数为 12.69%；胸径遗传变异较大的是友好，变异系数为 28.25%，较小的是库都尔，变异系数为 18.03%；材积遗传变异较大的是友好，变异系数为 55.27%，较小的是库都尔，变异系数为 41.67%。

2）兴安落叶松无性系的树高、胸径、材积也都存在丰富的变异，变异系数分别为 1.25%～26.69%、3.74%～46.43%、10.21%～94.25%。树高遗传变异系数平均为 15.57%，前十位无性系为 1042（26.69%）、1555（25.39%）、1350（25.33%）、1570（25.27%）、1031（24.41%）、1439（23.84%）、1454（21.88%）、1547（21.06%）、1610（20.89%）、1407（19.75%），其中友好 3 个，嫩江中央站 3 个，阿尔山 2 个，乌伊岭 1 个，甘河原江 1 个；后十位无性系有 1057（1.25%）、1353（1.86%）、1614（2.82%）、1049（3.22%）、1024（3.95%）、1617（4.25%）、1540（4.48%）、1054（4.72%）、1006（4.82%）、1602（4.97%），其中阿尔山 5 个，乌伊岭 3 个，甘河原江 1 个，友好 1 个。胸径遗传变异系数平均为 22.83%，前十位无性系为 1555（59.56%）、1570（46.43%）、1531（41.02%）、1007（38.95%）、1439（36.70%）、1031（35.38%）、1251（33.70%）、1542（33.60%）、1553（33.34%）、1415（33.20%），其中友好 5 个，嫩江中央站 2 个，阿尔山 2 个，莫尔道嘎 1 个；后十位无性系有 1464（3.74%）、1128（4.50%）、1353（5.01%）、1567（5.24%）、1024（5.29%）、1331（5.35%）、1049（6.30%）、1461（6.70%）、1414（7.13%）、1250（7.36%），其中阿尔山 2 个，嫩江中央站 3 个，甘河原江 2 个，库都尔 1 个，莫尔道嘎 1 个，友好 1 个。材积遗传变异系数平均为 50.38%，前十位无性系 1555（94.25%）、1007（89.27%）、1553（74.17%）、1031（74.00%）、1531（71.19%）、1634（71.18%）、1251（70.08%）、1570（68.90%）、1439（65.43%）、1547（65.16%），其中友好 5 个，阿尔山 2 个，乌伊岭 1 个，嫩江中央站 1 个，莫尔道嘎 1 个；后十位无性系有 1464（10.21%）、1353（10.94%）、1024（12.11%）、1128（13.60%）、1461（14.33%）、1049（14.91%）、1537（15.05%）、1567（15.90%）、1250（16.13%）、1414（16.82%），其中嫩江中央站 3 个，阿尔山 2 个，友好 2 个，甘河 1 个，莫尔道嘎 1 个，库都尔 1 个。

3）兴安落叶松种源间各生长性状存在着显著性差异。其中，库都尔的平均树高、胸径、材积均为最高，分别为 12.34m、18.73cm 和 0.182m^3，友好次之, 其树高、胸径、材积分别为 12.16m 17.92cm 0.175m³, 而阿尔山的树高、胸径、材积均为最小, 分别为 10.69m、16.46cm、0.129m³。最佳种源库都尔和友好平均树高、胸径和材积分别超出种源平均值 7.49%、6.56%、16.67% 和 5.92%、1.99%、12.18%; 分别超出最差种源 15.33%、13.79%、41.15% 和 13.64%、8.87%、36.10%。

兴安落叶松无性系间各生长性状同样存在着显著性差异, 生长量 (树高、胸径和材积) 排名较前的无性系中以友好、库都尔居多, 排名较差的无性系中以阿尔山居多, 这与种源水平上生长性状的方差分析结果一致。其中较好的无性系 1144、1566、1556、1666 和 1128 的树高、胸径、材积分别为 13.93m、23.27cm、0.312m³; 13.75m、20.93cm、0.251m³; 13.22m、21.14cm、0.248m³; 13.50m、20.32cm、0.242m³; 13.82m、19.20cm、0.212m³。较差的无性系 1036、1422、1037、1007、1204 的树高、胸径、材积分别为 8.80m、14.08cm、0.081m³; 8.92m、11.22cm、0.051m³; 10.00m、14.45cm、0.092m³; 9.37m、14.68cm、0.103m³; 10.44m、13.30cm、0.080m³。

4) 对兴安落叶松种源生长性状与地理因子进行相关分析, 兴安落叶松种源的树高、胸径、材积均与经度呈正相关, 与纬度、海拔呈负相关; 且树高与经度呈极显著正相关, 与海拔呈极显著负相关; 而胸径和材积未表现出显著的地理变异规律, 随机变异较突出。

5) 对兴安落叶松种源生长性状与气候因子进行相关分析, 兴安落叶松种源树高、胸径和材积都与 7 月均温呈极显著的正相关, 与日照时数呈显著的负相关; 树高、材积与绝对湿度、5～7 月降水量、无霜期都表现出显著的正相关; 此外, 树高与年均降水量呈极显著正相关; 而树高、胸径、材积都与年均温、1 月均温、相对湿度无显著相关性。

在一个树种分布区内, 不同地区的林木遗传性是有差异的, 主要是由分布区内地理气候条件的不同而造成的, 这种与地理分布相联系的变异, 即为地理种源变异。林木的地理种源变异是普遍存在的。本研究中兴安落叶松种源树高、胸径、材积的变异幅度较大, 且种源间差异显著, 表明了长期不同的自然环境条件的选择, 使兴安落叶松种源内发生了遗传结构变异, 这种变异为种源的进一步研究和最佳种源选择提供了必要条件。

兴安落叶松种源生长性状与地理、气候因子的相关分析结果表明, 各种源生长性状的变异主要受地理因子影响, 以经度和海拔为主, 纬度为辅, 在水平和垂直方向上有连续渐变的特点。与其他大多数树种一样, 水热因子是引起兴安落叶松发生地理变异的主要因子, 来自温度高、降水量大的地区的种源生长量大。这与前期对兴安落叶松地理种源变异的研究结果基本一致, 进一步证实了前人工作的正确性与科学性。

2.2 兴安落叶松种源 ISSR 遗传多样性

遗传多样性是生物多样性的重要组成部分，其本质是生物体在遗传物质上的变异，即编码遗传信息的核酸（DNA 或 RNA）在组成和结构上的变异。群体遗传多样性水平代表了一个物种在特定环境中基因的丰富程度，是物种适应和进化的遗传基础。DNA 标记直接检测 DNA 本身的序列变化，更直接、更精确，是目前最有效的遗传分析方法。ISSR 标记作为一种新型的分子标记，具有简便、快捷和开发成本低等特点，是一种很有潜力的标记，现已广泛应用于遗传多样性分析的研究中。

2.2.1 试验材料与方法

2.2.1.1 试验材料

试验材料同 2.1.1.1，共计 105 个样本。2007 年 6 月下旬采取当年生嫩叶（松针），用塑料袋封好，做好标记，置于冰上保存带回，采回后置于–70℃冰箱中保存，以备提取样本 DNA。

2.2.1.2 试验主要仪器及试剂

GBS-7500PC 凝胶成像系统（美国 UVP 公司）、SEX-2P 标准型超净工作台（AIRTECH 公司）、PCR 仪（GeneAmp PCR System 9700）、HH-42 快速恒温数显水箱（中国）、Milli-Q 纯水机（Millipore 公司）、核酸蛋白测定仪（Eppendorf，德国）、电泳仪（DYY-Ⅲ-12B 型，北京六一仪器厂）、AF-100 制冰机（德国）、微量移液器（Eppendorf，德国）。

1）CTAB 提取缓冲液：2%（w/V）CTAB（hexadecyl trimethyl ammounium bromide，十六烷基三乙基溴化铵），100mmol/L Tris-Cl（pH 8.0），20mmol/L EDTA（pH 8.0），1.4mol/L NaCl，高压灭菌（121℃，20min）去离子水（定容至 1L），可室温下保存，2% β-巯基乙醇（在使用前加入）。

2）Tris-Cl，1mol/L（pH 8.0）。

3）EDTA，0.5mol/L：在 700mL H_2O 中溶解 186.1g $Na_2EDTA \cdot 2H_2O$，用 10mol/L NaOH 调至 pH 8.0（约 50mL），补加灭菌去离子水至 1L。

4）TE 缓冲液。

5）50×TAE 电泳缓冲液（1L）：242g Tris 碱，57.1mL 冰醋酸，37.2g $Na_2EDTA \cdot 2H_2O$，加水定容至 1L。

6）1×TAE 缓冲液：Tris-Cl 1mo/L，EDTA 0.5mol/L。电泳时使用 1×TAE 工

作液。

7）溴化乙锭 EB（10mg/mL）：0.2g 溴化乙锭溶解于 20mL H_2O 中，混匀后于 4℃避光保存。

8）0.8%琼脂糖凝胶：30mL 1×TAE，0.24g 琼脂糖，EB 15μL。1.5%琼脂糖凝胶：30mL 1×TAE，0.45g 琼脂糖，EB 15μL。

9）氯仿：异戊醇（24∶1），75%乙醇，ddH$_2$O。

10）Taq DNA 聚合酶（MBI）、4×dNTP（宝生物）、Mg^{2+}（MBI）。

11）100bp plus DNA Ladder（购于北京全式金生物有限公司）。

12）引物［生工生物工程（上海）股份有限公司合成］。

2.2.1.3 试验方法

1. 基因组 DNA 提取

1）在 1.5mL 离心管中加入 700μL CTAB 抽提液和 20μLβ-巯基乙醇于 65℃ 预热。

2）称取落叶松叶子约 0.3g，放入消毒过的研钵中，加入液氮迅速研磨，重复操作直至将样品研磨成白色粉末。

3）将粉末移入预热的 CTAB 抽提液中，混匀，65℃恒温放置 30min，期间定时温和摇匀。

4）待离心管凉至室温，加入 700μL 氯仿：异戊醇（24∶1），轻轻摇匀，12 000r/min 离心 10min，抽取上清液，再重复两次。

5）加入 900μL 无水乙醇，混匀，12 000r/min 离心 15min，弃上清液。

6）75%乙醇洗两次，去除 DNA 表面的盐或试剂小分子物质，室温气干。

7）加入 50μL 灭菌的去离子水，使 DNA 充分溶解。

8）0.8%琼脂糖凝胶电泳检测，以电压 3～5V/cm 电泳约 20min。凝胶成像系统照相检测保存。

9）在上述样品中加入 2～3μL RNase（10μg/μL），5μL 10×buffer，37℃下反应 1～2h。

10）加入等体积氯仿，12 000r/min 离心 5min，抽取上清液。

11）加入 3 倍体积无水乙醇，混匀，12 000r/min 离心 15min，弃上清液。

12）室温气干，加入 30μL 灭菌的去离子水，使 DNA 充分溶解。

2. DNA 质量检测

用琼脂糖凝胶电泳及紫外分光光度法进行 DNA 质量的检测。

琼脂糖凝胶电泳是最常用的分离与鉴定 DNA 的简单而高效的方法，可用来检测 DNA 的完整性与含量。提取的植物基因组 DNA 的分子质量一般可和 λDNA（48kb）相比较。将提取的基因组 DNA 进行电泳，若是一条集中的窄带与 λDNA 分子质量大小相当，则 DNA 完整性较好；若点样孔处有拖尾现象，则 DNA 不纯；若呈弥散状，则说明 DNA 降解严重。

用 Eppendorf BioPhotometer 核酸蛋白测定仪测定所提 DNA 的纯度和浓度。根据样品 OD_{260}/OD_{280} 值分析纯度，以 1.8 左右为宜，若 OD_{260}/OD_{280} 值明显低于此值，说明有蛋白质或酚的污染。根据 OD_{260} 值计算样品 DNA 含量，并将浓度统一稀释至 30ng/μL。

3. ISSR-PCR 反应体系及反应程序

对模板 DNA 进行扩增，反应体系及反应程序参照林萍等（2005）采用正交设计优化的落叶松 ISSR-PCR 反应体系，具体情况如表 2-13 和表 2-14 所示。

表 2-13　落叶松 ISSR-PCR 反应体系

名称	dNTP	10×*Taq* buffer	Mg^{2+}	ISSR 引物	*Taq* DNA 聚合酶	模板 DNA
反应体系	0.2mol/L	2.0μL	2.5mmol/L	0.5μmol/L	1U	50ng

表 2-14　落叶松 ISSR-PCR 反应程序

名称	预变性	变性	退火	延伸	循环次数	延伸
反应	94℃	94℃	56℃	72℃	35	72℃
程序	3min	30s	45s	45s		7min

4. 引物筛选

本试验中用于初次筛选的 300 个引物来源于东北林业大学林木遗传育种学科所设计的 ISSR 引物和加拿大哥伦比亚大学（UBC）公布的第 9 套 ISSR 引物序列的部分。利用上述反应体系和反应程序，从 7 个种源中选取地理位置相对较远的 3 个种源，再分别随意选取 3 个无性系作为初步筛选引物的 DNA 模板，在优化好的反应体系中进行扩增筛选。

5. PCR 电泳检测

采用 1.5%琼脂糖凝胶电泳，0.5μg/mL EB（ethidium bromide）染色。电泳缓冲液为 1×TAE，电泳电压为 3～5V/cm，电泳时间为 2h。电泳结束后在凝胶成像仪内照相保存或直接在紫外灯仪上判读记录。

6. 分子标记数据统计与分析

电泳图谱中的每一条带均代表了引物与模板 DNA 互补的一对结合位点，可记为一个分子标记，根据标准分子质量对照反应产物在胶上的对应位置，估计扩增产物的分子质量大小，有带的记为"1"，无带的记为"0"。所得结果为一二元数据矩阵，利用 POPGENE 32 软件计算各种群的以下参数。

1）多态位点百分比（percentage of polymorphic loci，P）：

$$P=多态位点数/位点总数 \tag{2-1}$$

Nei（1975）将多态位点定义为：绝大多数等位基因的频率小于或等于 0.99 的位点，即当群体中某位点有 2 个以上的等位基因且每个等位基因的频率均在 0.01 以上时该位点上被认为是多态的，否则为单态的。多态位点是衡量一个种源遗传变异水平高低的一个重要指标，一个种源多态位点百分比高说明这个种源适应环境能力较强；反之，种源多态位点百分比低说明其适应环境的能力弱，在长期的进化过程中有被淘汰的可能。

2）有效等位基因数（effective number of allele，Ne）：结合每个位点上等位基因的平均数目及等位基因的频率，反映每个等位基因在遗传结构中的重要性（Hartl and Clark，1989）。

$$Ne=1/n\sum a_i \tag{2-2}$$

式中，a_i 为第 i 个位点上的等位基因数，n 为检测的位点总数。

3）Nei's 基因多样性指数（gene diversity，H）：当在多位点上研究等位基因频率时，一个群体的遗传变异范围通常由平均杂合度来度量，也称期望杂合度（expected heterozygosity）或平均遗传多样性（Nei and Li，1973），是根据 Hardy-Weinberg 平衡定律推算出来的理论杂合度，在随机交配的群体中 H 值就代表群体中杂合体的比例，而在非随机交配群体中 H 值只是杂合体的一个理想测度。

$$H=1-\sum P_i^2 \tag{2-3}$$

式中，P_i 为群体中第 i 个等位基因的频率。

4）群体总遗传多样性（total genetic diversity for species，Ht）：

$$Ht=1-\sum (P_i)^2 \tag{2-4}$$

式中，P_i 为所有种群 P 的平均值。

5）群体内遗传多样性（the mean heterozygosity within population，Hs）。

6）Shannon 多样性指数（Shannon's information index，I）：来源于信息论，表示多样性的一种测度（Lewontin，1972）。

$$I=-\sum P_i \log_2 P_i \tag{2-5}$$

式中，P_i 为群体中第 i 个等位基因的频率。

7）遗传分化系数（coefficient of gene differentiation，Gst）：用来估算种群之间的遗传分化程度，即种群间的遗传多样占总遗传多样性的比例。

$$Gst=(Ht-Hs)/Ht \tag{2-6}$$

8）基因流（gene flow，Nm）：用来估算群体之间基因交流的程度，即群体间每一个世代迁移的个体数（Wright，1978），是通过遗传分化系数（Gst）间接估算的数值。

$$Nm=0.5（1-Gst）/Gst \qquad (2-7)$$

Wright（1931）认为，当 Nm＞1 时，证明群体间存在一定的基因流动。理论上，如果 Nm≪1，群体会被强烈地分化；如果 Nm＞4，它们就是一个随机的单位。

9）遗传一致度（I）：两个亲缘关系越近的群体，在所有的位点上等位基因的频率越相近，遗传一致度接近 1；两个亲缘关系越远的群体，在所有的位点上等位基因的频率差别越大，遗传一致度接近 0。

10）遗传距离（D）：

$$D=-\ln I \qquad (2-8)$$

I 表示 x 和 y 两个群体所有基因位点的一致度，$I=1$，$D=0$ 时，表示两个群体间所有的基因位点完全一致；$I=0$，$D=\infty$ 时，表示两个群体间所有检测到的基因位点完全不同。

11）聚类分析：采用非加权配对算术平均（unweighted pair group with arithmetic average，UPGMA）法，对种群个体之间使用 Jaccard（1908）的相似性系数进行聚类分析，对群体间用 Nei（1978）的遗传距离进行聚类分析。

2.2.2　结果与分析

2.2.2.1　基因组 DNA 质量检测

使用改良后的 CTAB 法提取的基因组 DNA 经 0.8%琼脂糖凝胶电泳检测，如图 2-1 所示。结果表明，提取的基因组 DNA 为一条清晰、完整、明亮的带，迁移率与λDNA 一致，没有拖尾或弥散现象。随机抽取部分样品经紫外分光光度计检测，OD_{260}/OD_{280} 值在 1.8 左右。因此，本试验提取的 DNA 纯度高，完全符合本研究试验的要求。

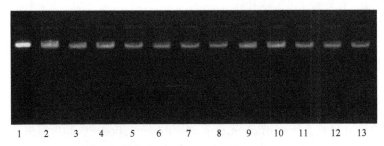

图 2-1　兴安落叶松基因组 DNA 琼脂糖检测结果

1 号为 105ng λDNA，2～13 号为不同样品 DNA

2.2.2.2 引物筛选

从 300 个 ISSR 引物中初步筛选出 100 个谱带清晰、差异明显的引物。再从 7 个种源中分别任意选取 3 个无性系作为 DNA 模板用于进一步的引物筛选，最终筛选出扩增稳定、重复性强、多态性高的 21 个引物用于全部 DNA 样品的扩增，引物序列见表 2-15。

表 2-15　ISSR 引物序号与序列

引物	序列 5′→3′	引物	序列 5′→3′
Y11	ACACACACACACACGAC	Y18R	ACACACACACACACACCG
Y22	ACACACACACACACGAG	Y23L	AGAGAGAGAGAGAGAGGG
Y24	ACACACACACACACGTA	Y38R	ACACACACACACACACGG
Y27	ACACACACACACACGTT	Y40R	ACACACACACACACACAAC
Y33	ACACACACACACACTAT	Y58R	ACACACACACACACACCTT
Y36	ACACACACACACACTGG	Y90R	ACACACACACACACACTTT
Y41	ACACACACACACACCCT	Y123R	ACACACACACACACACCGA
Y42	ACACACACACACACGAA	Y134R	ACACACACACACACACGTT
Y44	ACACACACACACACCTT	Y139R	ACACACACACACACACGGA
Y45	ACACACACACACACTAT	YS3	GACAGACAGACAGACA
Y14L	AGAGAGAGAGAGAGAGTC		

2.2.2.3 ISSR-PCR 扩增结果

利用筛选好的 21 个 ISSR 引物对 7 个兴安落叶松种源共计 105 个 DNA 样品进行 ISSR-PCR 扩增，共检测到 171 个位点，位点范围在 300～2300bp，平均每个引物扩增出 8.14 个条带。其中多态位点 169 个，多态位点百分比高达 98.83%。图 2-2 和图 2-3 为引物 Y24、Y45 号扩增部分样品的电泳图谱。

2.2.2.4 遗传多样性分析

用 POPGENE 32 软件对 7 个兴安落叶松群体的遗传多样性进行统计分析（表 2-16），由表 2-16 可知，友好多态位点最多，为 154 个，多态位点百分比为 90.06%；莫尔道嘎多态位点最少，为 145 个，多态位点百分比为 84.21%。按检测到的多态位点百分比大小排序，各群体顺序依次为：友好＞乌伊岭＞库都尔＞嫩江中央站＞甘河原江＞阿尔山＞莫尔道嘎。

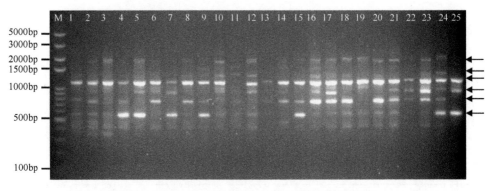

图 2-2 Y24 号引物扩增部分 DNA 样品的电泳图

1~15 号是阿尔山，16~25 号为库都尔，其中箭头所指位点为多态位点

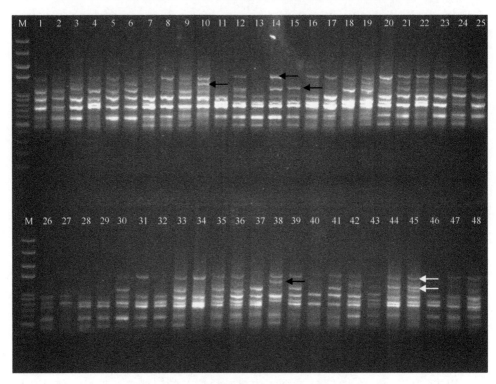

图 2-3 Y45 号引物扩增部分 DNA 样品的电泳图

1~15 号是阿尔山，16~30 号为库都尔，31~45 号为莫尔道嘎，46~48 号为甘河原江；M 为 100bp 的 Maker，
其中箭头所指位点为多态位点

群体等位基因平均数变动范围在 1.8421～1.9006，有效等位基因数变动范围在 1.5565～1.6417。其中，莫尔道嘎有效等位基因数最低，乌伊岭有效等位基因数最高。用 Shannon 多样性指数估算 7 个群体的遗传多样性，变化幅度为 0.4664～0.5221，用 Nei's 基因多样性指数估算的 7 个群体的遗传变异，变化幅度为

表 2-16 兴安落叶松 ISSR 群体遗传多样性

群体		等位基因平均数 Na	有效等位基因数 Ne	Nei's 基因多样性指数 H	Shannon 多样性指数 I	多态位点数 Np	多态位点百分比 P/%
阿尔山 ARS	平均值	1.8480	1.5879	0.3308	0.4841	145	84.80
	标准差	0.3601	0.3593	0.1781	0.2433		
库都尔 KDR	平均值	1.880	1.6048	0.3432	0.5035	151	88.30
	标准差	0.3223	0.3373	0.1642	0.2221		
莫尔道嘎 MEDG	平均值	1.8421	1.5565	0.3166	0.4664	144	84.21
	标准差	0.3657	0.3612	0.1805	0.2463		
甘河原江 GHYJ	平均值	1.8655	1.5842	0.3312	0.4865	148	86.55
	标准差	0.3422	0.3506	0.1736	0.2353		
嫩江中央站 NJ	平均值	1.8713	1.5842	0.3312	0.4873	149	87.13
	标准差	0.3358	0.3483	0.1728	0.2345		
友好 YH	平均值	1.9006	1.6221	0.3497	0.5116	154	90.06
	标准差	0.3001	0.3404	0.1649	0.2204		
乌伊岭 WYL	平均值	1.8947	1.6417	0.3584	0.5221	153	89.47
	标准差	0.3078	0.3381	0.1618	0.2173		
所有群体	平均值	1.9883	1.6539	0.3725	0.5492	169	98.83
	标准差	0.1078	0.2971	0.1299	0.1583		

0.3166~0.3584。7 个群体的遗传变异差别不大，所有群体根据 Nei's 基因多样性指数排列的顺序与根据 Shannon 多样性指数排列的顺序完全一致。

用 POPGENE 32 软件计算出供试品种群体总遗传多样性（total gene diversity，Ht）为 0.3724，群体内遗传多样性（gene diversity within population，Hs）为 0.3373，群体间遗传多样性（gene diversity among population，Dst=Ht–Hs）为 0.0351，可知 90.57% 的遗传变异存在于群体内，只有 9.43% 的遗传变异存在于群体之间，说明群体内变异是 ISSR 表型水平上遗传变异的主要成分，而群体间变异很小；同时群体间遗传分化系数（Gst）较小，为 0.0941；基因流（Nm）为 4.8118，说明种群间存在广泛的基因交流，抑制了群体分化（表 2-17）。

表 2-17 群体间的遗传分化分析

所有群体	群体总遗传多样性 Ht	群体内遗传多样性 Hs	遗传分化系数 Gst	基因流 Nm
均值	0.3724	0.3373	0.0941	4.8118
标准差	0.0168	0.0153		

遗传距离和遗传相似性是评价种群内和种群间遗传变异水平的重要指标，同时是用来判断群体之间亲缘关系的两个重要指标，当遗传一致度为 0 时，表明两群体完全不一样，无亲缘关系；当遗传一致度为 1 时，表明两个群体完全一样，而遗传距离的大小则直接反映亲缘关系的远近。

本研究按 Nei（1978）方法计算群体间的遗传一致度和遗传距离（表 2-18），并利用非加权配对算术平均（UPGMA）法进行遗传聚类分析，构建了群体遗传关系聚类图（图 2-4）。

表 2-18　兴安落叶松各群体间遗传一致度（右上角）和遗传距离（左下角）（ISSR）

群体	阿尔山 ARS	库都尔 KDR	莫尔道嘎 MRDG	甘河原江 GHYJ	嫩江中央站 NJ	友好 YH	乌伊岭 WYL
阿尔山 ARS		0.9445	0.9469	0.9289	0.9563	0.9311	0.9314
库都尔 KDR	0.0571		0.9484	0.9219	0.9479	0.9338	0.9441
莫尔道嘎 MRDG	0.0546	0.0530		0.9539	0.9426	0.9319	0.9364
甘河原江 GHYJ	0.0738	0.0814	0.0471		0.9327	0.9230	0.9305
嫩江中央站 NJ	0.0447	0.0535	0.0591	0.0697		0.9394	0.9444
友好 YH	0.0714	0.0685	0.0706	0.0801	0.0625		0.9353
乌伊岭 WYL	0.0711	0.0575	0.0657	0.0720	0.0572	0.0669	

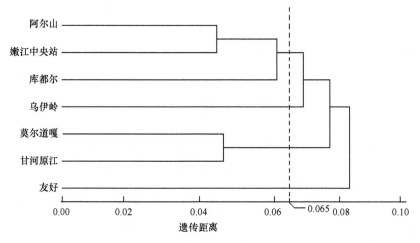

图 2-4　兴安落叶松群体遗传距离聚类图（ISSR）

由表 2-18 可知，遗传一致度变化范围在 0.9219～0.9563，遗传距离变化范围在 0.0447～0.0814，变化幅度小，说明 7 个群体的兴安落叶松亲缘关系较为接近。其中，阿尔山和嫩江中央站两个群体的遗传一致度最大（0.9563），遗传距离最近（0.0447），二者先聚在一起，说明阿尔山和嫩江中央站这两个群体遗传分化最小，亲缘关系最近；库都尔和甘河原江两个群体的遗传一致度最小（0.9219），遗传距离最远（0.0814），说明库都尔和甘河原江两个群体间遗传分化最大，亲缘关系最远。

从图 2-4 上看出：在 0.065 的遗传距离上，7 个兴安落叶松群体分为 4 个类群，阿尔山、嫩江中央站、库都尔为第 I 类；莫尔道嘎和甘河原江为第 II 类；乌伊岭为第 III 类；友好为第 IV 类。

2.2.2.5 地理种源间遗传距离与地理距离的相关分析

表 2-19 中兴安落叶松地理种源间遗传距离与地理距离的相关分析结果表明：兴安落叶松种源间遗传距离与地理距离呈正相关，相关系数 r=0.219。

表 2-19 兴安落叶松地理种源间遗传距离（左下角）与地理距离（右上角）

种源	阿尔山 ARS	库都尔 KDR	莫尔道嘎 MRDG	甘河 GHYJ	嫩江中央站 NJ	友好 YH	乌伊岭 WYL
阿尔山 ARS		5.75	7.90	7.50	8.90	11.25	12.15
库都尔 KDR	0.0571		2.50	2.05	4.55	10.00	10.15
莫尔道嘎 MRDG	0.0546	0.0530		2.70	5.50	11.80	11.65
甘河原江 GHYJ	0.0738	0.0814	0.0471		2.85	9.10	8.95
嫩江中央站 NJ	0.0447	0.0535	0.0591	0.0697		6.60	6.25
友好 YH	0.0714	0.0685	0.0706	0.0801	0.0625		1.60
乌伊岭 WYL	0.0711	0.0575	0.0657	0.0720	0.0572	0.0669	

2.2.2.6 多态位点百分比与地理气候因子的相关分析

多态位点是衡量一个种源遗传变异水平高低的一个重要指标，一个种源多态位点百分比高说明这个种源适应环境能力较强；反之，种源多态位点百分比低说明其适应环境的能力弱，在长期的进化过程中被淘汰的可能就大。

本研究对各种源的多态位点百分比与地理气候因子之间进行了相关分析（表 2-20），结果表明：各种源的多态位点百分比与纬度、海拔呈负相关，但相关性不显著，与经度呈正相关，且相关性显著，相关系数为 0.868，与年均温、7 月均温、≥10℃积温、绝对湿度、年均降水量和无霜期呈显著正相关，与日照时数呈显著负相关，相关系数分别为 0.758、0.951、0.922、0.839、0.870、0.841 和−0.829。

表 2-20 多态位点百分百分比与地理气候因子的相关分析

ISSR	纬度	经度	海拔	年均温	1 月均温	7 月均温	≥10℃积温	绝对湿度	相对湿度	年均降水量	5~7 月降水量	日照时数	无霜期
多态位点百分比 P	−0.334	0.868[*]	−0.730	0.758[*]	0.538	0.951[**]	0.922[**]	0.839[*]	0.544	0.870[*]	0.748	−0.829[*]	0.841[*]

2.2.3 小结与讨论

2.2.3.1 小结

1）利用筛选好的 21 个 ISSR 引物对 7 个兴安落叶松种源共计 105 个 DNA 样

品进行 ISSR-PCR 扩增，共检测到 171 个位点，位点范围在 300～2300bp，平均每个引物扩增出 8.14 个条带。其中多态位点 169 个，多态位点百分比高达 98.83%。按检测到的多态位点百分比大小排序，各群体顺序依次为：友好＞乌伊岭＞库都尔＞嫩江中央站＞甘河原江＞阿尔山＞莫尔道嘎。

2）用 Shannon 多样性指数估算 7 个群体的遗传多样性，变化幅度为 0.4664～0.5221，用 Nei's 基因多样性指数估算 7 个群体的遗传变异，变化幅度为 0.3166～0.3584。7 个群体的遗传变异差别不大，所有群体根据 Nei's 基因多样性指数排列的顺序与根据 Shannon 多样性指数排列的顺序完全一致。群体 Ht 为 0.3724，Hs 为 0.3373，Dst 为 0.0351，其中 90.57%的遗传变异存在于群体内，只有 9.43%的遗传变异存在于群体之间，说明群体内变异是 ISSR 表型水平上遗传变异的主要成分，而群体间变异很小。

3）7 个种源的兴安落叶松遗传一致度变化范围在 0.9219～0.9563，遗传距离变化范围在 0.0447～0.0814，变化幅度小，说明亲缘关系较为接近。其中，阿尔山和嫩江中央站两个群体的遗传一致度最大（0.9563），遗传距离最近（0.0447），二者先聚在一起，说明阿尔山和嫩江中央站这两个群体遗传分化最小，亲缘关系最近；库都尔和甘河原江两个群体的遗传一致度最小（0.9219），遗传距离最远（0.0814），说明库都尔和甘河原江两个群体间遗传分化最大，亲缘关系最远。在 0.065 的遗传距离上，7 个兴安落叶松群体分为 4 个类群，阿尔山、嫩江中央站、库都尔为第Ⅰ类；莫尔道嘎和甘河原江为第Ⅱ类；乌伊岭为第Ⅲ类；友好为第Ⅳ类。

4）兴安落叶松种源间遗传距离与地理距离呈正相关，相关系数 $r=0.219$，说明地理距离越近的种源遗传距离也越近。

5）各种源的多态位点百分比与纬度、海拔相关不显著，与经度呈显著正相关，相关系数为 0.868；并与年均温、7 月均温、≥10℃积温、绝对湿度、年均降水量和无霜期呈显著正相关，与日照时数呈显著负相关，相关系数分别为 0.758、0.951、0.922、0.839、0.870、0.841 和–0.829。

2.2.3.2 讨论

1. 多态位点百分比

在遗传育种工作中，多态位点百分比对选择育种具有一定的指导作用，选择遗传基础较宽（多态位点百分比较高）的群体作为基本群体，进一步扩大遗传多样性，有利于基因资源的保存和利用。兴安落叶松种源以小兴安岭东南部的友好和乌伊岭的多态位点百分比为最高，遗传分化最大，对环境条件的适应性比其他地区的种源好，说明该地区为兴安落叶松优良基因富集区，可作为选择育种的原始材料。

各种源的多态位点百分比与地理气候因子间的相关分析结果与那冬晨等（2006）用 ISSR 标记分析兴安落叶松种源遗传多样性得到的结果基本一致。

2. 遗传分化

ISSR 标记属于显性标记，不能区分纯合和杂合基因型。而 Shannon 多样性指数（I）则用某一扩增产物的存在频率作为该位点的表型频率来计算遗传多样性，在一定程度上避免了对扩增位点显隐性的探讨。Nei's 基因多样性指数（H）是假设在某一特定位点上有两个等位基因，根据各自的基因频率计算基因多样性，主要反映群体间变异在总变异中所占的比例。

本研究应用 Shannon 多样性指数和 Nei's 基因多样性指数对兴安落叶松各群体进行了遗传多样性分析，结果显示这两种指数的估测结果基本相同，所以用这两种指数估计兴安落叶松遗传多样性都是可行的。另外，本研究分析结果表明 90.57%的遗传变异存在于群体内，只有 9.43%的遗传变异存在于群体之间，这说明来自群体内的遗传变异大于群体间的变异，这与绝大多数林木群体遗传多样性的分析结果是一致的，且与前期对兴安落叶松种源遗传变异的研究结果相一致。

3. 遗传聚类分析

本研究表明兴安落叶松的地理种源间的亲缘关系较近（I=0.9219～0.9563），且地理距离越近的种源遗传距离也越近。这与绝大多数树种遗传变异规律的研究结论基本一致。

2.3　兴安落叶松种源 RAPD 遗传多样性

目前对兴安落叶松遗传多样性的研究主要是集中在分子水平上，只采用 ISSR 一种分子标记方法，存在一定的局限性。RAPD 标记是随机检测基因组 DNA 的序列信息，而 ISSR 标记是检测基因组 DNA 上简单重复序列之间的序列信息，从这个意义上讲，两种分子标记得到的信息应该比由单一标记获得的信息更为全面，因此，利用不同分子标记同时对植物种质资源进行分析，结果可能更接近于真实，能更好地对地理种源进行精确、真实、客观的评价，并且会丰富兴安落叶松地理种源遗传变异研究的内容。

2.3.1　试验材料与方法

2.3.1.1　试验材料

同 2.2.1.1。

2.3.1.2 试验主要仪器及试剂

同 2.2.1.2。

2.3.1.3 RAPD-PCR 反应体系的优化

针对影响 PCR 的 *Taq* DNA 酶、Mg^{2+}、dNTP、模板 DNA、引物 5 个因素，选用 $L_{16}(4^5)$ 正交表在 4 个水平上试验。设计 PCR 扩增体系各成分的因素-水平正交设计设计表（表 2-21）。表 2-21 中共有 16 个处理，每个处理做 3 个重复，共 48 管，按表 2-21 中的数据加样。在 GeneAmp PCR System 9700 扩增仪上进行扩增，反应体系为 20μL，除表 2-21 中所列因素外，每管还有 $1\times Taq$ buffer。初步反应程序参考落叶松 RAPD-PCR（曲丽娜，2006）：94℃预变性 3min，94℃变性 1min，37℃退火 1min，72℃延伸 2min，循环 40 次，72℃延伸 7min，4℃保存。PCR 产物用 1.5%琼脂糖凝胶电泳检测，EB 染色，Gene Genius 公司的 Bio-Imaging System 成像。对结果进行直观分析和利用软件进行方差分析，以得到兴安落叶松 RAPD-PCR 各影响因素的最佳水平。

表 2-21 PCR 扩增体系各成分因素-水平正交设计表 $L_{16}(4^5)$

编号	因素				
	Taq DNA 聚合酶/（U/20μL）	Mg^{2+}/（mmol/L）	dNTP/（mmol/L）	引物/（μmol/L）	模板 DNA/（ng/20μL）
1	0.5	1.5	0.15	0.4	30
2	0.5	2.0	0.20	0.5	60
3	0.5	2.5	0.25	0.6	90
4	0.5	3.0	0.30	0.7	120
5	1.0	1.5	0.20	0.6	120
6	1.0	2.0	0.15	0.7	90
7	1.0	2.5	0.30	0.4	60
8	1.0	3.0	0.25	0.5	30
9	1.5	1.5	0.25	0.7	60
10	1.5	2.0	0.30	0.6	30
11	1.5	2.5	0.15	0.5	120
12	1.5	3.0	0.20	0.4	90
13	2.0	1.5	0.30	0.5	90
14	2.0	2.0	0.25	0.4	120
15	2.0	2.5	0.20	0.7	30
16	2.0	3.0	0.15	0.6	60

根据所选引物序列计算理论退火温度，$T_m=4(G+C)+2(A+T)$（卢圣栋，1999），

再根据 T_m 值在 MJ Research PTC-200 扩增仪上设置合适的退火温度范围，仪器将自动形成 1～12 个梯度，通过电泳分析确定最佳退火温度。

在延伸时间上本试验进行了 45s、1min、1.5min 和 2min 4 个梯度的尝试（每个梯度 3 个重复），在循环次数上分别试验了 35 个、40 个、45 个循环对扩增结果的影响（每个梯度 3 个重复）。

本试验中用于初次筛选的 400 个 RAPD 引物购于生工生物工程（上海）股份有限公司。利用优化好的兴安落叶松反应体系和反应程序，从 7 个种源中选取地理位置相对较远的 3 个种源，再从选出的 3 个种源中分别随意选取 3 个无性系作为初步筛选引物的 DNA 模板，在优化好的反应体系中进行扩增筛选。

其余试验操作同 2.2.1.3。

2.3.2 结果与分析

2.3.2.1 RAPD-PCR 反应体系的优化

根据 L_{16}（4^5）正交试验 PCR 产物电泳结果（图 2-5），参照何正文等（1998）的方法，按本试验的目的即以后将要进行的遗传多样性分析要求，依扩增条带的敏感性与特异性即条带的强弱和杂带的多少，对 PCR 扩增结果从高到低依次打分。扩增性强、清晰度高、背景低的最佳产物记为 16 分，与此相反，最差的记为 1 分。3 次重复分别独立统计，依处理次序得到的 3 次分数依次为：5、4、14、8、3、13、16、15、12、6、11、10、9、1、7、2；5、6、13、8、3、14、16、15、11、4、12、10、9、1、7、2；以及 5、6、13、8、4、14、16、15、12、3、10、9、11、1、7、2。

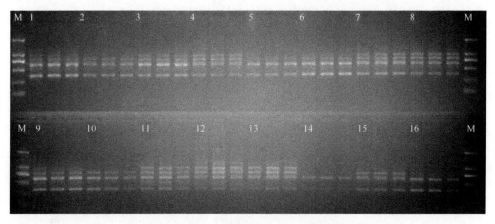

图 2-5　正交试验 PCR 产物电泳结果

1～16 代表处理编号，同表 2-21；M. 标准分子质量 DL2000

从电泳结果上可以直观地看出 7 号处理的 PCR 效果最好,初步确定 7 号反应体系较为理想,即在 20μL 的反应体系中,*Taq* DNA 聚合酶为 1U,Mg^{2+} 2.5mmol/L,dNTP 各 0.30mmol/L,引物 0.4μmol/L,模板 DNA 60ng,另外还有 1×*Taq* buffer。

参照林萍等(2005)的方法利用统计软件 MINITAB 14 将上述处理和评分结果进行方差分析,结果见表 2-22。

表 2-22　正交试验结果方差分析表

变异来源	自由度 d*f*	方差 SS	均方 MS	*F* 值	*P* 值
Taq DNA 聚合酶	3	310.500	103.500	216.00	0.000
Mg^{2+}	3	217.833	72.611	151.54	0.000
dNTP	3	109.167	36.389	75.94	0.000
引物	3	205.500	68.500	142.96	0.000
模板 DNA	3	161.667	53.889	112.46	0.000
误差	32	15.333	0.479		
总计	47	1020.000			

由 *F* 值可知,*Taq* DNA 聚合酶量对反应结果影响最大,dNTP 浓度影响最小,各因素水平变化对 PCR 的影响从大到小依次为:*Taq* DNA 聚合酶、Mg^{2+}、引物、模板 DNA、dNTP。由于所检测的 5 个因素不同水平间的差异都达到了极显著水平,因此对每个因素的不同水平间进行了进一步的多重比较。

各因素不同水平间的多重比较如下。

1. *Taq* DNA 聚合酶量对反应结果的影响

在 20μL 的体系中,*Taq* DNA 聚合酶在不同的反应梯度中只有 1.0U 和 1.5U 之间差异不显著。1.0U 与 0.5U 和 2.0U 之间的差异均达到了极显著水平。反应结果均值与酶量的关系见表 2-23。由表 2-23 中结果均值波动幅度较大可见,*Taq* DNA 聚合酶量对 PCR 结果影响较大,虽然 1.0U 和 1.5U 对反应结果的影响差异不大,但 *Taq* DNA 聚合酶在 1.0U 时结果均值最高,从经济的角度考虑 1.0U 也最合适。因此,可选择 *Taq* DNA 聚合酶为 1.0U。

表 2-23　结果均值与各因素水平之间的关系

因素	水平	结果均值	标准差	标准误
	0.5	7.9167	3.5280	1.0185
Taq DNA 聚合酶	1.0	12.0000	5.3087	1.5325
/(U/20μL)	1.5	9.1667	3.1286	0.9031
	2.0	4.9167	3.7528	1.0833
Mg^{2+}/(mmol/L)	1.5	7.4167	3.5792	1.0332
	2.0	6.0833	4.9444	1.4273

续表

因素	水平	结果均值	标准差	标准误
Mg^{2+}/（mmol/L）	2.5	11.8333	3.4859	1.0063
	3.0	8.6667	4.8492	1.3999
dNTP/（mmol/L）	0.15	7.9167	4.8703	1.4059
	0.20	6.3333	2.4985	0.7213
	0.25	10.2500	5.7228	1.6520
引物/（μmol/L）	0.3	9.5000	4.4823	1.2939
	0.4	7.9167	5.8381	1.6853
	0.5	10.2500	3.6958	1.0669
	0.6	5.7500	4.7122	1.3603
	0.7	10.0833	2.8431	0.8207
模板 DNA/（ng/20μL）	30	7.8333	4.4890	1.2959
	60	8.7500	5.7069	1.6474
	90	11.5833	2.1088	0.6088
	120	5.8333	4.1084	1.1860

2. Mg^{2+} 浓度对反应结果的影响

Mg^{2+}主要是通过改变聚合酶的活性对 PCR 结果产生影响，由表 2-23 可以清楚地看到，Mg^{2+}浓度对 PCR 结果的影响具有较明显的规律，反应体系中 Mg^{2+}浓度在 2.0～2.5mmol/L 时，反应结果均值随着 Mg^{2+}浓度的增加而递增。当 Mg^{2+}浓度超过 2.5mmol/L 时，由于 *Taq* DNA 聚合酶活性过高，结果均值呈下降趋势，且 Mg^{2+}浓度在 2.5mmol/L 时与其他三个梯度之间的差异均达到了显著水平。因此，在本试验所设的梯度中以 2.5mmol/L 为最佳。

3. dNTP 浓度对反应结果的影响

本试验所设的 4 个 dNTP 浓度梯度，结果均值之间的差异都不显著，表 2-23 中反映出 dNTP 在 0.25mmol/L 时结果均值最高，且考虑到 dNTP 作为 PCR 的原料，量太少会使扩增反应进行不完全；若多，dNTP 会对 Mg^{2+}产生拮抗作用，主要原因是 dNTP 分子中的磷酸基团能定量地与 Mg^{2+}结合，使实际反应体系中 Mg^{2+}的浓度下降而影响聚合酶的活力。因此，认为 dNTP 浓度在 0.25mmol/L 时为最佳。

4. 引物浓度对反应结果的影响

本试验设置 0.4μmol/L、0.5μmol/L、0.6μmol/L、0.7μmol/L 4 个引物浓度梯度，0.5μmol/L 与 0.6μmol/L 间反应结果均值的差异显著。0.4μmol/L、0.5μmol/L、0.7μmol/L 三者之间差异不显著。从表 2-23 中可以看到，引物浓度对 PCR 结果的影响具有较明显的规律，即引物浓度在 0.40～0.50μmol/L 整体效果较好，且反应结果均值呈上升趋势。随着引物浓度的增加，结果均值反而下降，PCR 结果较差。另外，考虑到引物在 PCR 中过少会导致扩增量不足，过多也会引起非特异性扩增形成背景。因此，选择峰值 0.5μmol/L 作为本试验中最佳引物浓度。

5. 模板 DNA 浓度对反应结果的影响

本试验所设的 30ng/20μL、60ng/20μL、90ng/20μL、120ng/20μL 4 个模板 DNA 浓度水平结果差异均不显著，所以对 PCR 结果没有明显影响，范围较宽，如表 2-23 所示，结果均值在 90ng/20μL 时最高。因此，本试验选定模板 DNA 浓度以 90ng/2μL 为最佳。

综上所述，由软件进行方差分析和多重比较得到的兴安落叶松 RAPD-PCR 的最佳体系：在 20μL 体系中，*Taq* DNA 聚合酶 1U，Mg^{2+} 2.5mmol/L，dNTP 各 0.25mmol/L，引物 0.5μmol/L，1×*Taq* buffer，模板 DNA 90ng。这与直接通过观察电泳结果得出的较好的 7 号反应体系在 dNTP（0.30mmol/L）和引物浓度（0.4μmol/L）上存在一定的差异。由上述对 dNTP 浓度对反应结果的影响及引物浓度对反应结果的影响的分析可知，dNTP 浓度在 0.25mmol/L 与 0.30mmol/L 时对 PCR 结果的影响差异不显著，引物浓度在 0.4μmol/L 与 0.5μmol/L 时对 PCR 结果的影响也不十分明显，这也说明在使用正交设计进行反应体系优化时，可根据电泳结果直接选择，也能够得到较好的反应体系。不过，根据直观表现进行的判断似乎对试验结果的判断缺少量化，缺乏一定的标准，且不能揭示各因素不同水平对 PCR 结果影响的内在规律性。因此，最终反应体系的确立以软件分析为准。

针对筛选出的引物逐个进行梯度退火温度试验，已确定引物的最佳退火温度。在 MJ Research PTC-200 扩增仪上设置退火温度在 30.0～40.0℃，扩增仪自动生成 12 个梯度。图 2-6 为引物 S481（GGGACGATGG）的梯度退火 PCR 电泳图，从中可以看出，退火温度过低，扩增特异性差，杂带较多，背景深；退火温度过高，引物与模板结合差，电泳条带弱，亮度小。在选择最佳退火温度时，如扩增结果相近，宜选择较高退火温度，以提高反应的特异性。由图 2-6 确定该引物的退火最佳温度为 38.5℃。

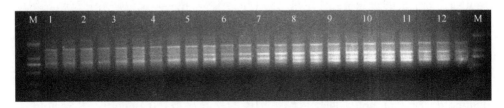

图 2-6　S481（GGGACGATGG）引物梯度退火电泳图

1～12 代表退火温度依次为 30℃、30.3℃、30.8℃、31.7℃、32.8℃、34.3℃、36.0℃、37.4℃、38.5℃、39.2℃、39.8℃、40℃；M. 标准分子质量 DL2000

在 RAPD-PCR 中延伸温度一般为 72℃，除了退火温度外，延伸时间是另外一个重要的影响因素。时间过短，无法完成扩增，产量低；时间过长，会产生非特异扩增。本试验进行了 45s、1min、1.5min 和 2min 4 个梯度的尝试（每个梯度 3 个重复），发现在 1.5min 时，获得了稳定扩增，见图 2-7。

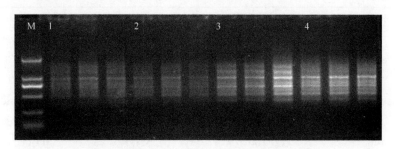

图 2-7　不同延伸时间 RAPD-PCR 电泳结果图

1～4 代表延伸时间分别为 45s、1min、1.5min、2min；M. 标准分子质量 DL2000

选择适宜的循环次数将会获得良好的扩增图谱。从理论上说，循环次数越多，扩增产物产率越高，但实际上会受到各反应成分的用量限制。在原来的反应程序的基础上，其他条件不变，分别试验了 35 个、40 个、45 个循环对扩增结果的影响。发现随着循环次数的增加，扩增产物的量也增多，相比之下，40 个循环得到的条带强弱合适，清晰可辨，为最佳循环次数（图 2-8）。

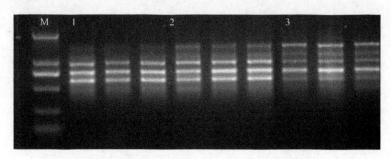

图 2-8　不同循环次数 RAPD-PCR 电泳结果

1～3 代表循环次数分别为 35 个、40 个、45 个；M. 标准分子质量 DL2000

从 400 个 RAPD 引物中初步筛选出 150 个谱带清晰、差异明显的引物。再从 7 个种源中分别任意选取 3 个无性系作为 DNA 模板用于进一步的引物筛选。最终筛选出扩增稳定、重复性强、多态性高的 23 个引物用于全部 DNA 样品的扩增。引物序列见表 2-24。

利用筛选好的 23 个 RAPD 引物对 7 个兴安落叶松种源共计 105 个 DNA 样品进行 RAPD-PCR 扩增，共检测到 189 个位点，位点范围在 300～3000bp，平均每个引物扩增出 8.22 个条带。其中多态位点 184 个，多态位点百分比高达 97.35%，说明群体内存在较大的遗传变异。图 2-9 和图 2-10 为引物 S1500 号、S1377 号扩增部分 DNA 样品的电泳图谱。

表 2-24　RAPD 引物名称及序列

引物	序列 5′→3′	引物	序列 5′→3′
S222	AGTCACTCCC	S1361	TCGGATCCGT
S228	GGACGGCGTT	S1371	TCCAGCGCGT
S282	CATCGCCGCA	S1377	CACGCAGATG
S320	CCCAGCTAGA	S1379	ACACTCTCGG
S362	GTCTCCGCAA	S1500	CTCCGCACAG
S369	CCCTACCGAC	S2141	CCGACTCTGG
S407	CCGTGACTCA	S2152	TCGCCTTGTC
S418	CACCATCCGT	S2156	CTGCGGGTTC
S477	TGACCCGCCT	OPA-15	TTCCGAACCC
S511	GTAGCCGTCT	OPD-06	ACCTGAACGG
S1135	TGATGCCGCT	OPD-15	CTCACGTTGG
OPN-01	CTCACGTTGG		

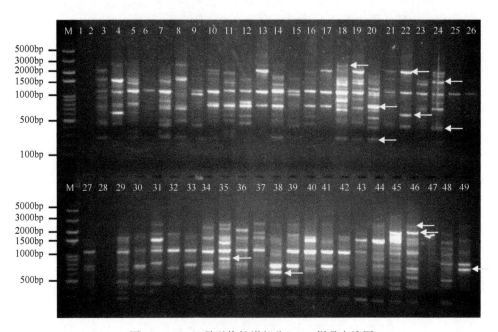

图 2-9　S1500 号引物扩增部分 DNA 样品电泳图

1～15 号为阿尔山，16～30 为库都尔，31～45 号为莫尔道嘎，46～49 号为甘河原江，
其中箭头所指位点为多态位点；M 为 Marker

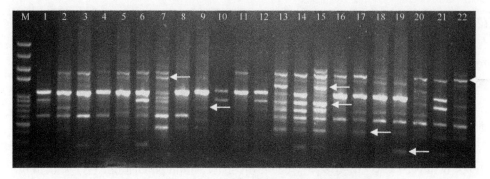

图 2-10　S1377 号引物扩增部分 DNA 样品电泳图

1~15 号为阿尔山，16~22 号为库都尔，M 为 100bp 的 Marker，其中箭头所指位点为多态位点

2.3.2.2　遗传多样性分析

用 POPGENE 32 软件对 7 个兴安落叶松群体的遗传多样性进行统计分析（表 2-25），由表 2-25 可知，库都尔多态位点最多，为 168 个，多态位点百分比为 88.89%；莫尔道嘎多态位点最少，为 157 个，多态位点百分比为 83.07%。按检测到的多态位点百分比大小排序，各群体顺序依次为：库都尔＞乌伊岭＞友好＞嫩江中央站＞甘河原江＞阿尔山＞莫尔道嘎。群体等位基因平均数变动范围

表 2-25　兴安落叶松群体 RAPD 遗传多样性

群体		等位基因平均数 Na	有效等位基因数 Ne	Nei's 基因多样性指数 H	Shannon 多样性指数 I	多态位点数 Np	多态位点百分比 P/%
阿尔山 ARS	平均值	1.8360	1.5432	0.3098	0.4578	158	83.60
	标准差	0.3713	0.3662	0.1818	0.2477		
库都尔 KDR	平均值	1.8889	1.5498	0.3200	0.4764	168	88.89
	标准差	0.3151	0.3346	0.1649	0.2219		
莫尔道嘎 MEDG	平均值	1.8307	1.5119	0.2948	0.4382	157	83.07
	标准差	0.3760	0.3664	0.1846	0.2524		
甘河原江 GHYJ	平均值	1.8413	1.5197	0.3001	0.4463	159	84.13
	标准差	0.3664	0.3596	0.1809	0.2466		
嫩江中央站 NJ	平均值	1.8466	1.5367	0.3067	0.4543	160	84.66
	标准差	0.3614	0.3668	0.1822	0.2475		
友好 YH	平均值	1.8624	1.5443	0.3114	0.4614	163	86.24
	标准差	0.3454	0.3615	0.1792	0.2422		
乌伊岭 WYL	平均值	1.8677	1.5433	0.3129	0.4642	164	86.77
	标准差	0.3397	0.3517	0.1754	0.2379		
所有群体	平均值	1.9735	1.5970	0.3445	0.5138	184	97.35
	标准差	0.1609	0.3262	0.1463	0.1820		

在 1.8307～1.8889，有效等位基因数变动范围在 1.5119～1.5498。其中，莫尔道嘎有效等位基因数最低，库都尔有效等位基因数最高。用 Shannon 多样性指数估算 7 个群体的遗传多样性，变化幅度为 0.4382～0.4764，用 Nei's 基因多样性指数估算 7 个群体的遗传变异，变化幅度为 0.2948～0.3200。7 个群体的遗传变异差别不大，所有群体根据 Nei's 基因多样性指数排列的顺序与根据 Shannon 多样性指数排列的顺序基本一致。

用 POPGENE 32 软件计算出供试品种群体总遗传多样性（total gene diversity，H_t）为 0.3441，群体内遗传多样性（gene diversity within population，H_s）为 0.3079，群体间遗传多样性（gene diversity among population，D_{st}；$D_{st}=H_t–H_s$）为 0.0362，可知 89.48% 的遗传变异存在于群体内，只有 10.52% 的遗传变异存在于群体之间，说明群体内变异是 RAPD 表型水平上遗传变异的主要成分，而群体间变异很小；同时群体间遗传分化系数（G_{st}）较小，为 0.1050；基因流（N_m）为 4.2626，说明群体间存在广泛的基因交流，抑制了群体分化（表 2-26）。

表 2-26　群体间的遗传分化分析

所有群体	群体总遗传多样性 Ht	群体内遗传多样性 Hs	遗传分化系数 Gst	基因流 Nm
均值	0.3441	0.3079	0.1050	4.2626
标准差	0.0214	0.0181		

本研究按 Nei（1978）方法计算群体间的遗传一致度和遗传距离（表 2-27），并利用非加权配对算术平均（UPGMA）法进行遗传聚类分析，构建了种群遗传关系聚类图（图 2-11）。

表 2-27　兴安落叶松各群体间遗传一致度（右上角）和遗传距离（左下角）（RAPD）

群体	阿尔山 ARS	库都尔 KDR	莫尔道嘎 MEDG	甘河原江 GHYJ	嫩江中央站 NJ	友好 YH	乌伊岭 WYL
阿尔山 ARS		0.9497	0.9326	0.9343	0.9357	0.9137	0.9181
库都尔 KDR	0.0516		0.9515	0.9601	0.9489	0.9323	0.9378
莫尔道嘎 MEDG	0.0697	0.0497		0.9482	0.9293	0.9454	0.9250
甘河原江 GHYJ	0.0680	0.0408	0.0532		0.9455	0.9396	0.9323
嫩江中央站 NJ	0.0664	0.0525	0.0733	0.0560		0.9459	0.9478
友好 YH	0.0903	0.0701	0.0562	0.0623	0.0556		0.9484
乌伊岭 WYL	0.0855	0.0642	0.0780	0.0700	0.0536	0.0530	

由表 2-27 可知，遗传一致度变化范围在 0.9137～0.9601，遗传距离变化范围在 0.0408～0.0903，变化幅度小，说明 7 个群体的兴安落叶松亲缘关系较为接近。其中，库都尔和甘河原江两个群体的遗传一致度最大（0.9601），遗传距离最近（0.0408），二者先聚在一起，说明库都尔和甘河原江这两个群体遗传分化最小，

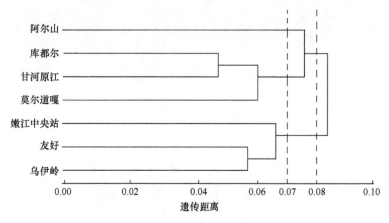

图 2-11 兴安落叶松群体遗传距离聚类图（RAPD）

亲缘关系最近；阿尔山和友好两个群体的遗传一致度最小（0.9137），遗传距离最远（0.0903），说明阿尔山和友好两个群体间遗传分化最大，亲缘关系最远。

从图 2-11 上看出：在 0.08 的遗传距离上，7 个兴安落叶松种群分为两个类群，阿尔山、库都尔、甘河原江、莫尔道嘎为第 I 类；嫩江中央站、友好、乌伊岭为第 II 类。在 0.07 的遗传距离上也可将 7 个兴安落叶松种群分为三个类群，阿尔山为第 I 类；库都尔、甘河原江、莫尔道嘎为第 II 类；嫩江中央站、友好、乌伊岭为第 III 类。

2.3.2.3 地理种源间遗传距离与地理距离的相关分析

表 2-28 中兴安落叶松地理种源间遗传距离与地理距离的相关分析结果表明：兴安落叶松种源间遗传距离与地理距离呈显著的正相关，相关系数为 $r^2=0.5661$，相关曲线见图 2-12，说明地理距离越近的种源遗传距离也越近。

表 2-28　兴安落叶松地理种源间遗传距离（左下角）与地理距离（右上角）

种源	阿尔山 ARS	库都尔 KDR	莫尔道嘎 MEDG	甘河原江 GHYJ	嫩江中央站 NJ	友好 YH	乌伊岭 WYL
阿尔山 ARS		5.75	7.90	7.50	8.90	11.25	12.15
库都尔 KDR	0.0516		2.50	2.05	4.55	10.00	10.15
莫尔道嘎 MEDG	0.0697	0.0497		2.70	5.50	11.80	11.65
甘河原江 GHYJ	0.0680	0.0408	0.0532		2.85	9.10	8.95
嫩江中央站 NJ	0.0664	0.0525	0.0733	0.0560		6.60	6.25
友好 YH	0.0903	0.0701	0.0562	0.0623	0.0556		1.60
乌伊岭 WYL	0.0855	0.0642	0.0780	0.0700	0.0536	0.0530	

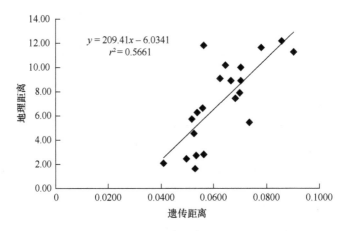

图 2-12　遗传距离与地理距离的相关分析

2.3.2.4　多态位点百分比与地理气候因子的相关分析

本研究对各种源的多态位点百分比与地理气候因子之间进行了相关分析（表 2-29），结果表明：各种源的多态位点百分比与经度呈正相关，与纬度、海拔、日照时数呈负相关，但相关性均不显著，与 7 月均温、年均降水量呈显著正相关，相关系数分别为 0.861 和 0.713，而与年均温、≥10℃积温等气候因子的相关性都不显著。

表 2-29　多态位点百分比与地理气候因子的相关分析

RAPD	纬度	经度	海拔	年均温	1月均温	7月均温	≥10℃积温	绝对湿度	相对湿度	年均降水量	5～7月降水量	日照时数	无霜期
多态位点百分比 P	−0.189	0.413	−0.242	0.231	0.268	0.861*	0.591	0.412	0.074	0.713*	0.334	−0.393	0.419

2.3.2.5　ISSR 和 RAPD 数据综合分析

将用 ISSR 和 RAPD 两种标记在物种水平上得到的遗传多样性各指数综合起来分析，为了便于比较，将所得数据列成表 2-30。

表 2-30　两种分子标记得到遗传多样性结果的比较（物种水平）

	方法	等位基因平均数 Na	有效等位基因数 Ne	Nei's 基因多样性指数 H	Shannon 多样性指数 I	多态位点百分比 P/%
ISSR	平均值	1.9883	1.6539	0.3725	0.5492	98.83
	标准差	0.1078	0.2971	0.1299	0.1583	
RAPD	平均值	1.9735	1.5970	0.3445	0.5138	97.35
	标准差	0.1609	0.3262	0.1463	0.1820	

由表 2-30 中的数据可以看出：由 ISSR 和 RAPD 标记所揭示的遗传多样性水平各指数值基本一致，且这两种标记检测到的多态位点百分比高达 90% 以上，说

明兴安落叶松具有较高水平的遗传变异，同时说明利用这两种标记对兴安落叶松进行遗传多样性检测是行之有效的。

从表 2-31 可以看出，由 ISSR 和 RAPD 分子标记得出的结果比较相似，即这 7 个兴安落叶松群体间有一定的遗传分化，但是遗传变异主要发生在群体内。

表 2-31　两种分子标记得到的群体间遗传分化值的比较

方法		群体总遗传多样性 Ht	群体内遗传多样性 Hs	遗传分化系数 Gst	基因流 Nm	种间变异 /%	种内变异 /%
ISSR	平均值	0.3724	0.3373	0.0941	4.8118	9.43	90.57
	标准差	0.0168	0.0153				
RAPD	平均值	0.3441	0.3079	0.1050	4.2626	10.52	89.48
	标准差	0.0214	0.0181				

为了检测 ISSR 和 RAPD 标记对 7 个兴安落叶松群体的遗传多样性分析的相关程度，用 SPSS 11.0 软件的双变量相关分析（Bivariate）法对两种标记估算的各种源多态位点百分比进行了相关分析（表 2-32）。

表 2-32　ISSR 和 RAPD 标记的多态位点百分比的相关分析

标记方法	相关系数	ISSR	RAPD
ISSR	皮尔森相关系数	1	0.782
	Sig.（2-tailed）	0	0.038*
	数量 N	7	7
RAPD	皮尔森相关系数	0.782	1
	Sig.（2-tailed）	0.038*	0
	数量 N	7	7

表 2-32 结果表明，ISSR 和 RAPD 标记分析结果的相关系数为 0.782，在 0.05 水平上呈显著正相关，表明应用这两种标记对兴安落叶松进行遗传多样性水平分析具有较高的一致性和可信度。

2.3.3　小结与讨论

2.3.3.1　小结

1）最佳的兴安落叶松 RAPD-PCR 的反应体系（20μL）中含有 90ngDNA 模板，0.5μmol/L 引物，1×*Taq*-buffer，dNTP 各为 0.25mmol/L，1U *Taq* DNA 聚合酶，Mg^{2+} 2.5mmol/L。扩增程序为：94℃预变性 3min；然后进行如下循环，94℃变性 1min，38.5℃退火 1min（以引物 S481 为例，引物不同，退火温度有差异）；72℃

延伸 1.5min，共进行 40 个循环，循环结束后 72℃延伸 7min。

2）用筛选好的 23 个 RAPD 引物对 7 个兴安落叶松种源共计 105 个 DNA 样品进行 RAPD-PCR 扩增，共检测到 189 个位点，位点范围在 300～3000bp，平均每个引物扩增出 8.22 个条带。其中多态位点 184 个，多态位点百分比高达 97.35%。按检测到的多态位点百分比大小排序，各群体顺序依次为：库都尔＞乌伊岭＞友好＞嫩江中央站＞甘河原江＞阿尔山＞莫尔道嘎。

3）群体 Ht 为 0.3441，Hs 为 0.3079，Dst 为 0.0362，89.48%的遗传变异存在于群体内，只有 10.52%的遗传变异存在于群体之间，说明群体内变异是 RAPD 表型水平上遗传变异的主要成分，而群体间变异很小。

4）7 个群体的兴安落叶松遗传一致度变化范围在 0.9137～0.9601，遗传距离变化范围在 0.0408～0.0903，变化幅度小，说明亲缘关系较为接近。其中，库都尔和甘河原江两个群体的遗传一致度最大（0.9601），遗传距离最近（0.0408），二者先聚在一起，说明库都尔和甘河原江这两个群体遗传分化最小，亲缘关系最近；阿尔山和友好两个群体的遗传一致度最小（0.9137），遗传距离最远（0.0903），说明阿尔山和友好两个群体间遗传分化最大，亲缘关系最远。从遗传距离的聚类分析图上看，在 0.08 的遗传距离上，7 个兴安落叶松群体分为两大类群，阿尔山、库都尔、甘河原江、莫尔道嘎为第Ⅰ类；嫩江中央站、友好、乌伊岭为第Ⅱ类。在 0.07 的遗传距离上也可将 7 个兴安落叶松群体分为三个类群，阿尔山为第Ⅰ类；库都尔、甘河原江、莫尔道嘎为第Ⅱ类；嫩江中央站、友好、乌伊岭为第Ⅲ类。

5）兴安落叶松种源间遗传距离与地理距离呈显著正相关，相关系数为 $r=0.752$。

6）各群体的多态位点百分比与经度呈正相关，与纬度、海拔、日照时数呈负相关，但相关性均不显著；与 7 月均温、年均降水量呈显著正相关，相关系数分别为 0.861 和 0.713，而与年均温、≥10℃积温等气候因子的相关性都不显著。

7）ISSR 和 RAPD 标记所揭示的兴安落叶松遗传多样性水平各指数值基本一致，且都表明兴安落叶松群体间有一定的遗传分化，但是遗传变异主要是发生在群体内。两种标记对兴安落叶松进行的遗传多样性分析具有较高的一致性和可信度。

2.3.3.2　讨论

1. RAPD 的稳定性和反应条件的优化

如果要求检测大量样本的遗传多样性，检测手段的试验稳定性是非常关键的问题。很多研究证明 RAPD 对 PCR 的条件比较敏感，条件稍有变化，便会对结果产生影响。ISSR 对 PCR 扩增条件的敏感性低于 RAPD，这是由于 ISSR 引物长度一般都在 15～24bp，反应退火温度较高，引物-模板复合物比较稳定，只要优化体系得到的扩增结果就相对比较稳定。因此，RAPD-PCR 反应体系和反应程序的条件优化至关重要。试验一旦确立了最佳反应条件，就不要轻易改变，尽可能地避免外界因素的干扰，使整个反应中所得的数据具有可比性。

Taq DNA 聚合酶的活性与用量是关系到扩增能否正常进行的重要因子，据报道，Taq DNA 聚合酶用量少会使扩增的条带变弱，用量过大，则非特异性扩增产物含量会增加。一般认为 Taq DNA 聚合酶的用量以 1U 左右扩增效果较好，这在本研究中也得到验证。

本试验和有关资料均表明（王跃进和 Lamikanra，1997；沙伟等，2004；张彦萍和刘海河，2005；陈析丰等，2007；王鑫等，2008），Mg^{2+} 浓度过高或过低均会影响扩增结果。Mg^{2+} 是 Taq DNA 聚合酶的激活剂，Mg^{2+} 浓度过低，对 Taq DNA 聚合酶的活化作用不够，过高又会抑制该酶的活性。选择合适的 Mg^{2+} 浓度，对 PCR 至关重要。在一般的 PCR 中，1.5～2.0mmol/L Mg^{2+} 是比较合适的。而本试验发现 Mg^{2+} 浓度在 2.5mmol/L 是最适合的。

底物 dNTP 浓度过高，会导致聚合酶错误地掺入，浓度过低，又会影响合成效率，甚至会因 dNTP 过早消耗完而使产物单链化，影响扩增效果。本研究设置了 0.15mmol/L、0.20mmol/L、0.25mmol/L、0.30mmol/L 4 个浓度梯度，结果表明，在 0.25mmol/L 时，PCR 的稳定性最好。这与曲丽娜（2006）在落叶松 RAPD-PCR 反应体系中的用量不一致。曲丽娜在其优化试验中，dNTP 的 3 个梯度为 0.14mmol/L、0.16mmol/L 和 0.20mmol/L，其所设梯度范围与本研究相比较小。

本试验经过分析得出在 20μL 的反应体系中引物浓度在 0.5μmol/L 时最佳，这与引物在 RAPD-PCR 反应体系中一般通用的浓度 0.5μmol/L 一致。

本试验所进行的多重比较中，DNA 浓度在 4 个水平之间的差异并不显著，说明 DNA 浓度对试验结果影响并不明显，范围较宽。这与尹佟明等（1999）在林木 RAPD 分析及试验条件的优化一文中指出的 RAPD 扩增对 DNA 浓度有较宽的耐受范围一致。但不同水平间仍有差异，考虑到 DNA 浓度过低会导致扩增结果不稳定；过高则导致引物或 dNTP 过早耗尽，出现扩增条带不稳定的现象，因此本试验选定模板 DNA 浓度以 90ng/20μL 为最佳。

总之本试验针对影响 PCR 的 Taq DNA 聚合酶、Mg^{2+}、dNTP、模板 DNA、引物 5 个因素选用 $L_{16}(4^5)$ 正交表在 4 个水平上进行优化试验。利用正交设计法，并通过直观分析和软件统计分析深入地探讨了各因素不同水平对反应结果影响的内在规律性，能够迅速获得满意的试验结果，使分析结果相对以往的 PCR 优化更科学、完善。但该方法也存在一定的局限性，如对试验结果本身的评价带有主观性，打分的先后会对分析结果有一定的误差影响。因此，如果能对 PCR 扩增结果建立客观的评价标准，该方法的应用将会得到进一步的提高。

2. 多态位点百分比

本研究中各群体多态位点百分比在 83.07%～88.89%，说明兴安落叶松群体具有较高水平的遗传变异，同时说明了利用 RAPD 标记对兴安落叶松进行遗传多样性检测是行之有效的。另外，多态位点百分比大小排列与 ISSR 标记的研究结果基本一致。本研究在分子水平上证明了兴安落叶松群体间具有丰富的遗传多样性，这些遗传变异为兴安落叶松优良种源选择提供了丰富的物质基础。

3. 遗传多样性水平

本研究通过两种分子标记分析得知不同落叶松种源的遗传多样性丰富，多态位点百分比 P、等位基因平均数 Na、有效等位基因数 Ne、Nei's 基因多样性指数 H、Shannon 多样性指数 I、在物种水平和群体水平均表现出较高的多样性。ISSR 研究：物种水平分别为 87.22%、1.8722、1.5973、0.3373、0.4945；群体水平分别为 98.83%、1.9883、1.6539、0.3725、0.5492。RAPD 研究：物种水平分别为 85.34%、1.8534、1.5356、0.3080、0.4596，群体水平分别为 97.35%、1.9735、1.5970、0.3445、0.5138。

两组数值基本趋于一致，且对由两种分子标记得到的多态位点百分比进行了相关分析，结果表明两标记呈显著正相关，更有力地说明了 ISSR 和 RAPD 两种分子标记在检测遗传多样性水平方面结果具有一致性和可靠性。因此这两种方法都是评估兴安落叶松遗传多样性的有效方法。

4. 遗传结构和遗传分化

本研究所用的 ISSR 和 RAPD 两种标记都表明兴安落叶松群体遗传变异主要是发生在群体内，群体间的遗传分化不明显。这与绝大多数林木群体遗传多样性的分析结果是一致的。

5. 遗传相似性评价

ISSR 和 RAPD 两种标记所得到的遗传一致度 I 的范围差异很小，表明兴安落叶松各群体间的亲缘关系较近，该结论与那冬晨等（2006）研究兴安落叶松群体遗传多样性的结果一致。两种标记所得到的聚类结果相似，但存在一定的差异，这可能是由引物检测机制不同而引起的：①ISSR 标记和 RAPD 标记所检测的基因座位不同，RAPD 标记检测的是颠倒重复序列及其间片段，而 ISSR 标记检测的是重复序列间片段；②和所使用的引物有关，RAPD 引物是任意序列的 10 个碱基，而 ISSR 引物是 15～24 个碱基重复锚定的引物，因为引物不同检测得到的多态性不一样，而且多态性片段数随着引物数量的增加而增加，必然引起遗传距离的变化；③试验误差。产生一定的差异是可以理解的，很多研究也证实不同的分子标记在同一植物上得出的分类结果往往不同。

　　本研究进一步对 ISSR 和 RAPD 两种标记所得到的遗传距离分别和地理距离做了相关分析，结果表明，ISSR 分析所得到的遗传距离与地理距离相关性不显著，而 RAPD 分析所得到的遗传距离与地理距离呈显著的正相关。说明地理距离越近的种源遗传距离也越近，这与绝大多数树种遗传变异规律的研究结论基本一致。因此，在遗传聚类分析上，RAPD 标记更合理一些。在利用分子标记技术研究种质资源遗传多样性时应选择各具特点的多种类型的标记，以获取尽量全面的 DNA 序列信息，这样获得的聚类分析结果才可能更为真实。

3 兴安落叶松基本群体和育种群体
遗传多样性的分析

3.1 基于 RAPD 标记的兴安落叶松
基本群体遗传多样性分析

3.1.1 试验材料与方法

3.1.1.1 试验材料

本研究的材料采自嫩江中央站（NJ）、库都尔（KDR）、阿尔山（ARS）、乌伊岭（WYL）、甘河原江（GHYJ）、莫尔道嘎（MRGD）共 6 个兴安落叶松天然群体，在每个群体内设置 3 个小群体，各小群体间相距大于 3km，每个小群体随机采取 15 个样本，样本间距大于 50m，共计 270 个样本。林分密度为每公顷 400 株左右，树龄为 40～60 年。采集当年生位于林冠上层的嫩叶，分别包装、标号，置于冰袋内保存带回，采回后放置在-80℃冰箱中保存，以备提取植株 DNA。

3.1.1.2 试验主要试剂

1）RAPD 引物［生工生物工程（上海）股份有限公司合成，编号为"S"，2OD］。

2）CTAB 提取缓冲液：2%（w/V）CTAB，100mmol/L Tris-Cl（pH 8.0），20mmol/L EDTA（pH 8.0），1.4mol/L NaCl，2%～5% β-巯基乙醇。

3）0.5mol/L EDTA 配制（pH 8.0）：称取 Na$_2$EDTA·2H$_2$O 186.1g，加入去离子水约 600mL，用固体 NaOH（15～20g）调 pH 至 8.0，加去离子水定容至 1000mL，高压灭菌。

4）10mg/mL RNase：将 RNA 酶溶于 10mmol/L Tris-HCl（pH 7.5）、15mmol/L NaCl 中，100℃加热 15min，缓慢冷却至室温，-20℃保存。

5）1mol/L Tris-Cl（pH 8.0）：121.1g Tris 加去离子水定容至 1000mL。

6）TE 缓冲液，10mmol/L Tris-Cl（pH 8.0），1mmol/L EDTA，pH 8.0。

7）50×TAE 电泳缓冲液（100mL）：24.2g Tris，5.7mL 冰醋酸，10mL 0.5mol/L EDTA（pH 8.0），电泳时使用 1×TAE 工作液。

8）0.8%琼脂糖凝胶：40mL 1×TAE，0.32g 琼脂糖。

9）6×琼脂糖凝胶电泳加样缓冲液：蔗糖 40%（w/V），溴酚蓝 0.25%，4℃保存。

10）PCR 扩增用试剂：10×*Taq* buffer（MBI），4×dNTP（MBI），*Taq* DNA 聚合酶（MBI），Mg^{2+}（MBI），20℃保存。

11）GelRed（BIOTIUM，USA）。

12）氯仿：异戊醇（24：1，V/V）。

13）酚：氯仿：异戊醇（25：24：1，$V/V/V$），无水乙醇，3mol/L NaAc，Tris 饱和酚，75%乙醇。

3.1.1.3　主要仪器

PCR 仪（GeneAmp PCR System 9700、PTC-200 peltier Thermal Cycler）、紫外透射仪（ZF 型）、核酸蛋白测定仪（Eppendorf）、电泳仪（DYY-III-12B 型、DYY III-8B 型），SEX-2P 标准型超净工作台、–80℃超低温冰箱（Harris 公司）、DK-8D 型电热恒温水槽（北京六一仪器厂）。

3.1.1.4　试验方法

1. 基因组 DNA 提取

1）在 1.5mL 离心管中加入 700μL CTAB 抽提液和 20μL β-巯基乙醇于 65℃ 预热。

2）称取落叶松针叶样品约 1.0g，放入消毒过的研钵中，加入液氮迅速研磨，直至将样品研磨成白色粉末。在 65℃预热的 CTAB 提取缓冲液中加入研磨好的粉末，混合均匀，65℃恒温水浴 30min，期间用手腕数次缓慢混匀离心管。

3）水浴 30min 后，待离心管凉至室温（室温应大于 15℃，否则 CTAB-核酸复合物会发生沉淀），加入 700μL 氯仿：异戊醇（24：1），缓慢摇匀离心管内的混合物，在离心机上于 12 000r/min 离心 10min，重复抽提两次上清液。

4）在抽提的上清液中加入 1.5 倍体积的无水乙醇，室温放置 10～20min，期间用手腕反复轻轻混匀，使 DNA 充分沉淀，12 000r/min 离心 10min，弃上清液，用 2 倍体积的 75%乙醇洗涤两次以除去残留的盐，室温气干，将沉淀物溶于 200μL 灭菌去离子水中。

5）8%琼脂糖凝胶电泳检测，以 3～5V/cm 电泳约 20 min，凝胶成像系统检测照相保存。

6）加入 RNase A 至终浓度为 10μg/mL，37℃保温 2h，加入 200μL 灭菌去离子水，增加体积以减少下一步抽提过程中 DNA 的损失，在离心管中加入相同体积的酚抽提 1 次，氯仿/异戊醇（24：1）抽提 2～3 次，12 000r/min 离心 10min，吸取上清液。

7）加入 1/10 体积 3mol/L NaAc 溶液于离心管中，均匀混合后加入 2 倍体积的无水乙醇，放置 30min 后，12 000r/min、4℃离心 10min，沉淀 DNA。用预冷的 75%乙醇洗 2 次，室温气干溶于适量的 TE 中备用。

2. DNA 质量检测

采用紫外分光光度法与琼脂糖凝胶电泳检测核酸的质量。核酸样品可用紫外分光光度法测定碱基的紫外线吸收，即在波长 260nm 紫外线下，1OD 值的吸光度相当于双链 DNA 浓度为 50μg/mL，由此计算核酸样品的浓度。根据样品 OD_{260}/OD_{280} 值分析纯度，以 1.8 左右为宜，若 OD_{260}/OD_{280} 值明显低于此值，则说明有蛋白质或酚的污染。用琼脂糖凝胶电泳进一步确定 DNA 的纯度和完整性。

3. RAPD-PCR 反应体系及反应程序

RAPD-PCR 扩增在 GeneAmp PCR System 9700 扩增仪上进行，试验采用 RAPD-PCR 反应体系（详见第二章）（表 3-1），经过比较和优化确定最佳的 RAPD 扩增程序，即 94℃预变性 3min，之后进行如下的循环：94℃变性 60s，38.5℃退火 60s，72℃延伸 1.5min，共 40 个循环，之后 72℃延伸 7min，使 DNA 产物延伸彻底（表 3-2）。全部体系的 PCR 扩增产物经 GelRed 染色，使用浓度 1.5%琼脂糖凝胶电泳检测，紫外线下用 UVP 凝胶成像系统观察并成像。

表 3-1　落叶松 RAPD-PCR 反应体系

成分	用量	浓度	终浓度
模板 DNA	1.0μL	50ng/μL	90.0ng/20μL
引物	2.0μL	5μmol/L	0.50μmol/L
dNTP	2.0μL	2.5mmol/L	0.25mmol/L
Mg^{2+}	2.0μL	25mmol/L	2.5mmol/L
Taq DNA 聚合酶	0.2μL	5U/μL	1.0U/20μL
10×*Taq* buffer	2.0μL		
去离子水	10.8μL		
总计	20μL		

表 3-2　RAPD-PCR 反应程序

	温度条件	时间
	94℃预变性	3min
	94℃变性	60s
40 个循环	退火温度	60s
	72℃延伸	1.5min
	72℃延伸	7min
	4℃	存放

试验中的 RAPD 引物购于生工生物工程（上海）股份有限公司。首先从 450 个 RAPD 引物中初步筛选出 150 个有扩增条带、谱带清晰、差异明显的引物。然后用地理位置相距较远的 3 个兴安落叶松种源的 DNA 样品在 150 个引物中筛选出扩增稳定、重复性强、多态性高的 31 个引物（表 3-3），用于扩增植株总 DNA 样品。利用 31 个 10bp 单链 RAPD 引物，对群体总 DNA 样本进行 PCR 扩增，以琼脂糖凝胶电泳检测多态性，经 GelRed 染色检测扩增产物的多态性。

表 3-3　31 个 RAPD 引物序列

引物	序列 5′→3′	引物	序列 5′→3′
S228	GGACGGCGTT	S1377	CACGCAGATG
S320	CCCAGCTAGA	S1379	ACACTCTCGG
S369	CCCTACCGAC	S1371	TCCAGCGCGT
S477	TGACCCGCCT	S1500	CTCCGCACAG
S362	GTGTCCGCAA	S2152	TCGCCTTGTC
S222	AGTCACTCCC	S2141	CCGACTCTGG
S407	CCGTCACTCA	S2156	CTGCGGGTTC
S418	CACCATCCGT	S1135	TGATGCCGCT
S511	GTAGCCGTCT	S1361	TCGGATCCGT
S282	CATCGCCGCA	OPA-15	TTCCGAACCC
OPN-01	CTGACGTTGG	OPD-15	CTCACGTTGG
OPD-06	CTCACGTTGG	OPD-05	TGAGCGGACA
S486	GAGCGCCTTG	OPN-09	TGCCGGCTTG
S1483	GAAGGAGGCA	S1172	GTCTTACCCC
S2048	GGTCTTCCCT	S1142	AATCCGCTGG
S1361	TCGGATCCGT		

3.1.1.5　数据统计分析

RAPD 是显性标记，按照相同 RAPD 引物扩增产物大小与标准分子质量 DNA 比较，电泳迁移率相一致的条带被认为是具有同源性的。电泳图谱中扩增的每一条带（DNA 片段）均能代表引物与模板 DNA 互补的一对结合位点，可记为一个分子标记，并代表一个引物结合位点，根据标准分子质量对照反应产物在胶上的位置，估计扩增产物的分子质量大小，有带的记为 "1"，无带的记为 "0"，所得结果为一二元数据矩阵，利用 POPGENE 32 软件对数据进行分析。

采用 POPGENE 32 软件进行群体遗传参数分析，分别计算多态位点百分比（P）、有效等位基因数（Ne）、Shannon 多样性指数（I）和 Nei's 基因多样性指数（H）来估算遗传多样性，根据基因频率矩阵，利用 POPGENE 32 软件计算群体总遗传多样性（Ht）、群体内遗传多样性（Hs）、遗传分化系数（Gst）、基因流（Nm），为分析群体间遗传关系，计算了遗传一致度（I）和遗传距离（D），根据群体间的遗传距离，采用 UPGMA 法对各群体进行聚类分析。采用 SPSS 18.0 软件检验各群体的遗传距离和地理距离的相关性。

3.1.2 结果与分析

3.1.2.1 基因组 DNA 质量检测

采用改良的 CTAB 法提取兴安落叶松植株总 DNA，图 3-1 为检测提取部分 DNA 样本电泳图。

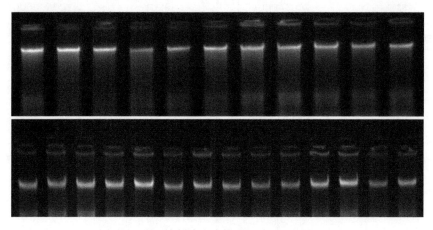

图 3-1 琼脂糖凝胶电泳检测部分 DNA 样品图

3.1.2.2 RAPD 引物多态性

本试验对 450 个 RAPD 随机引物进行筛选，共获得 31 个具多态性、条带清晰稳定的引物。利用筛选好的 31 个 RAPD 引物对 6 个兴安落叶松基本群体 270 个样本进行 RAPD 分析，共检测到 244 个位点，位点范围在 250～2000bp，平均每个引物扩增出 7.87 个条带。其中多态位点 237 个，多态位点百分比为 97.13%。图 3-2 和图 3-3 分别为引物 S1142 号、OPD-05 号扩增部分 DNA 样品图谱。

3.1.2.3 RAPD 遗传多样性分析

利用 POPGENE 32 软件对 6 个兴安落叶松基本群体遗传多样性统计分析，237 个为多态性条带，多态位点百分比为 97.13%，库都尔多态位点最多，为 218 个，多态位点百分比为 89.34%，莫尔道嘎多态位点最少，为 211 个，多态位点百分比为 86.48%，各群体多态位点百分比为 86.48%～89.34%，平均值为

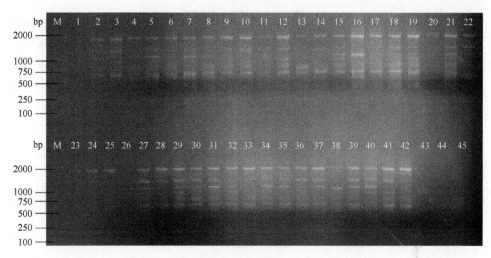

图 3-2 S1142 号引物扩增部分 DNA 样品的电泳图

1~15 号为乌伊岭的 I-1~I-15，16~30 号为甘河原江的 I-1~I-15，31~45 号为嫩江中央站的 I-1~I-15；
M. 标准分子质量 DL2000

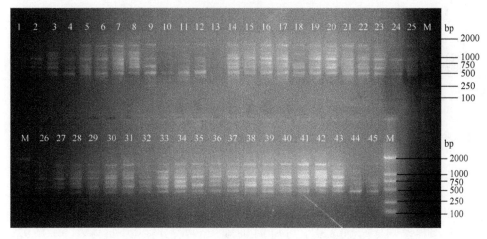

图 3-3 OPD-05 号引物扩增部分 DNA 样品的电泳图

1~15 号为库都尔的 I-1~I-15，16~30 号为莫尔道嘎的 I-1~I-15，31~45 号为阿尔山的 I-1~I-15；
M. 标准分子质量 DL2000

87.98%，按检测到的多态位点百分比大小排序，各群体顺序依次为：库都尔＞甘河原江＞嫩江中央站＞乌伊岭＞阿尔山＞莫尔道嘎。群体等位基因平均数在 1.8648~1.8934，平均值为 1.8798，有效等位基因数在 1.5296~1.5630，平均值为 1.5482。用 Shannon 多样性指数估算 6 个群体的遗传多样性，变化幅度为 0.4679~0.4887，平均值为 0.4766，用 Nei's 基因多样性指数估算 6 个群体的遗传变异，变化范围为 0.3132~0.3288，平均值为 0.3202。6 个群体的 Shannon 多样性指数和 Nei's 基因多样性指数所体现的遗传多样性变化规律一致，乌伊岭、嫩江中央站、莫尔道嘎 3 个群体的 H 和 I 都低于平均值（乌伊岭：H=0.3169，I=0.4710；嫩江中央站：H=0.3140，I=0.4680，莫尔道嘎：H=0.3132，I=0.4679），莫尔道嘎的 H 和 I（H=0.3132，I=0.4679）最低。31 个引物扩增 270 个样本揭示了物种水平的遗传多样性，表明兴安落叶松物种水平的遗传多样性（P=97.13%，Ne=1.6647，H=0.3807，I=0.5592）比基本群体水平遗传多样性高（P=87.98%，Ne=1.5482，H=0.3202，I=0.4766）（表 3-4）。

表 3-4　兴安落叶松基本群体遗传多样性

群体		等位基因平均数 Na	有效等位基因数 Ne	Net's 基因多样性指数 H	Shannon 多样性指数 I	多态位点数	多态位点百分比 P/%
乌伊岭 WYL	平均值	1.8770	1.5483	0.3169	0.4710	214	87.70
	标准差	0.3291	0.3465	0.1701	0.2291		
嫩江中央站 NJ	平均值	1.8811	1.5392	0.3140	0.4680	215	88.11
	标准差	0.3243	0.3404	0.1682	0.2273		
甘河原江 GHYJ	平均值	1.8893	1.5630	0.3288	0.4887	217	88.90
	标准差	0.3144	0.3207	0.1568	0.2123		
库都尔 KDR	平均值	1.8934	1.5595	0.3264	0.4858	218	89.34
	标准差	0.3092	0.3269	0.1584	0.2130		
莫尔道嘎 MEDG	平均值	1.8648	1.5296	0.3132	0.4679	211	86.48
	标准差	0.3427	0.3206	0.1615	0.2217		
阿尔山 ARS	平均值	1.8730	1.5498	0.3217	0.4784	213	87.30
	标准差	0.3337	0.3245	0.1616	0.2208		
群体水平	平均值	1.8798	1.5482	0.3202	0.4766		87.98
	标准差	0.3256	0.3299	0.1628	0.2207		
物种水平	平均值	1.9713	1.6647	0.3807	0.5592	237	97.13
	标准差	0.1673	0.2693	0.1176	0.1482		

采用 POPGENE 32 软件计算出基本群体总遗传多样性（Ht）为 0.3807，群体内遗传多样性（Hs）为 0.3201，可知 84.08%的遗传变异存在于群体内，有 15.92%的遗传变异存在于群体之间，群体间遗传分化系数（Gst）为 0.1592，基因流 Nm 为 2.6416（表 3-5）。

表 3-5　基本群体间的遗传分化分析

所有种源	群体总遗传多样性 Ht	群体内遗传多样性 Hs	遗传分化系数 Gst	基因流 Nm
均值	0.3807	0.3201	0.1592	2.6416
标准差	0.0138	0.0113		

通过计算基本群体间的遗传距离和遗传一致度（表 3-6），进一步分析群体之间的遗传分化程度。6 个群体的遗传一致度变化范围在 0.8577～0.9593，遗传距离变化范围在 0.0415～0.1534。其中乌伊岭与嫩江中央站两个群体的遗传一致度最

大（0.9593），遗传距离最近（0.0415），说明乌伊岭与嫩江中央站这两个群体的遗传分化最小，亲缘关系最近；莫尔道嘎和乌伊岭两个群体的遗传一致度最小（0.8577），遗传距离最远（0.1534），说明莫尔道嘎和乌伊岭两个种群间遗传分化最大，亲缘关系最远。根据 I 值利用 UPGMA 法构建群体遗传关系聚类图，如图 3-4 所示，从中看出，在 0.11 的遗传距离上，将 6 个兴安落叶松群体分为三个类群，库都尔、莫尔道嘎、甘河原江为第 I 类，阿尔山为第 II 类，嫩江中央站、乌伊岭为第 III 类。

表3-6　兴安落叶松各群体间遗传一致度（右上角）和遗传距离（左下角）

群体	乌伊岭 WYL	嫩江中央站 NJ	甘河原江 GHYJ	库都尔 KDR	莫尔道嘎 MEDG	阿尔山 ARS
乌伊岭 WYL		0.9593	0.8726	0.8596	0.8577	0.8581
嫩江中央站 NJ	0.0415		0.9029	0.8741	0.8805	0.8747
甘河原江 GHYJ	0.1363	0.1021		0.9198	0.9165	0.8820
库都尔 KDR	0.1513	0.1346	0.0836		0.9305	0.8893
莫尔道嘎 MEDG	0.1534	0.1273	0.0872	0.0721		0.9183
阿尔山 ARS	0.1530	0.1339	0.1256	0.1173	0.0852	

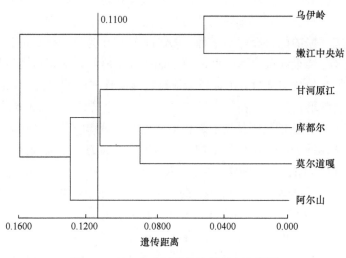

图 3-4　兴安落叶松群体遗传距离聚类图

用 SPSS 18.0 软件检测遗传距离与地理距离（表 3-7）的相关性，分析结果表明：兴安落叶松基本群体间遗传距离和地理距离呈正相关，相关关系不显著。

3.1.3　小结与讨论

采用 RAPD 分子标记揭示出了兴安落叶松基本群体具有丰富的遗传变异。31

表 3-7　兴安落叶松群体间遗传距离（左下角）与地理距离（右上角）

种源	乌伊岭 WYL	嫩江中央站 NJ	甘河原江 GHYJ	库都尔 KDR	莫尔道嘎 MEDG	阿尔山 ARS
乌伊岭 WYL		538.00	323.78	563.81	712.50	702.58
嫩江中央站 NJ	0.0415		219.93	153.54	181.87	470.61
甘河原江 GHYJ	0.1363	0.1021		305.78	401.80	563.96
库都尔 KDR	0.1513	0.1346	0.0836		197.36	328.74
莫尔道嘎 MEDG	0.1534	0.1273	0.0872	0.0721		481.20
阿尔山 ARS	0.1530	0.1339	0.1256	0.1173	0.0852	

个 RAPD 引物对 6 个兴安落叶松基本群体 270 个样本进行分析，共检测到 244 个位点，平均每个引物扩增出 7.87 个条带，其中多态位点 237 个，多态位点百分比为 97.13%。库都尔多态位点最多，为 218 个，多态位点百分比为 89.34%，莫尔道嘎多态位点最少，为 211 个，多态位点百分比为 86.48%，各群体多态位点百分比为 86.48%～89.34%，平均值为 87.98%。多态位点百分比是度量群体遗传变异水平高低的重要指标，若群体的多态位点百分比高说明这个适应环境的能力强，在长期的进化过程中不易被淘汰，本研究中，库都尔多态位点最多，位于大兴安岭中部，具有较好的适应环境的能力，莫尔道嘎和阿尔山、乌伊岭均低于平均水平，其中莫尔道嘎位于大兴安岭北部边缘，阿尔山位于大兴安岭南麓，随着长期的进化，适应环境的能力会逐渐下降。RAPD 标记作为显性标记，其很大的一个缺陷是不能区分纯合和杂合基因型，而 Shannon 多样性指数可以通过扩增产物的基因频率计算其遗传多样性，可以适量地避免显隐性方面的探讨，Nei's 基因多样性指数主要反映群体间变异在总变异中的比例，6 个群体的 Shannon 多样性指数和 Nei's 基因多样性指数所体现的遗传多样性变化规律一致，乌伊岭、嫩江、莫尔道嘎 3 个群体的 H 和 I 都低于平均值，莫尔道嘎的 H 和 I 最低。基本群体的群体总遗传多样性（Ht）为 0.3807，群体内遗传多样性（Hs）为 0.3201，可知 84.08% 的遗传变异存在于群体内，有 15.92% 的遗传变异存在于群体之间，群体间遗传分化系数（Gst）为 0.1592，基因流 Nm 为 2.6416，说明兴安落叶松基本群体的遗传变异主要存在于群体内，同时群体间存在一定的基因交流，抑制了基因分化。利用相同的 RAPD 标记研究兴安落叶松的遗传多样性时，得出基本群体的遗传变异主要存在于群体内，兴安落叶松具有较高的遗传多样性，RAPD 分子标记能够较好地检测兴安落叶松基本群体的遗传多样性（详见第二章）。利用不同的标记方法也证实上述结论，如那冬晨（2005）、王玲等（2009）、贯春雨（2010）。

6 个群体的遗传一致度变化范围在 0.8577～0.9593，遗传距离变化范围为 0.0415～0.1534。在 0.11 的遗传距离上，将 6 个兴安落叶松群体分为三个类群，库都尔、莫尔道嘎、甘河原江为第 I 类，阿尔山为第 II 类；嫩江中央站、乌伊岭为第 III 类。

3.2 兴安落叶松基本群体与育种群体 RAPD 遗传多样性分析

3.2.1 试验材料与方法

3.2.1.1 试验材料

基本群体试验材料详见 3.1.1（基本群体地理位置与气候条件见表 3-8）。育种群体试验材料采自黑龙江省林口县青山林场的兴安落叶松无性系收集区，49 区和 53 区于 1985 年定植，接穗分别来自阿尔山、库都尔、莫尔道嘎、嫩江中央站、乌伊岭、甘河原江 6 个天然群体，每个群体 15 个无性系。

表 3-8 采样群体的概况

群体	样本数	经度（E）/（°）	纬度（N）/（°）	海拔/m	年均温 /℃	相对湿度/%
乌伊岭 WYL	45	129.42	48.67	300.00	−0.94	72.60
库都尔 KDR	45	121.88	49.78	820.00	−4.00	67.00
嫩江中央站 NJ	45	125.20	50.45	230.00	−2.20	69.00
甘河原江 GHYJ	45	123.22	50.58	490.70	−2.50	68.00
莫尔道嘎 MEDG	45	120.58	51.25	900.00	−4.50	70.00
阿尔山 ARS	45	119.95	47.17	1026.50	−3.30	70.00

3.2.1.2 试验主要试剂

同 3.1.1.2。

3.2.1.3 试验主要仪器

同 3.1.1.3。

3.2.1.4 RAPD 引物筛选

RAPD 引物购于生工生物工程（上海）股份有限公司。筛选出基本群体与育种群体 RAPD 多样性相同的扩增稳定、重复性强、多态性高的 23 个引物用于全部 DNA 样品的扩增（表 3-9）。

3.2.1.5 数据统计分析

数据的整理和处理分析详见 3.1.1.5。4 个群体（莫尔道嘎和阿尔山数据丢失未参与分析）树高、胸径、材积的变异采用 SPSS 18.0 分析。

表 3-9 23 个 RAPD 引物序列

引物	序列 5′→3′	引物	序列 5′→3′
S228	GGACGGCGTT	S1377	CACGCAGATG
S320	CCCAGCTAGA	S1379	ACACTCTCGG
S369	CCCTACCGAC	S1371	TCCAGCGCGT
S477	TGACCCGCCT	S1500	CTCCGCACAG
S362	GTGTCCGCAA	S2152	TCGCCTTGTC
S222	AGTCACTCCC	S2141	CCGACTCTGG
S407	CCGTCACTCA	S2156	CTGCGGGTTC
S418	CACCATCCGT	S1135	TGATGCCGCT
S511	GTAGCCGTCT	S1361	TCGGATCCGT
S282	CATCGCCGCA	OPA-15	TTCCGAACCC
OPN-01	CTGACGTTGG	OPD-15	CTCACGTTGG
OPD-06	CTCACGTTGG		

其余试验方法同 3.1.1.4。

3.2.2 结果与分析

3.2.2.1 RAPD 引物多态性

本试验采用 23 个 RAPD 引物扩增 6 个兴安落叶松基本群体 270 个个体的样品，共检测到 186 个条带，位点范围在 250～2000bp（图 3-5），平均每个引物扩增出 8.09 个条带。

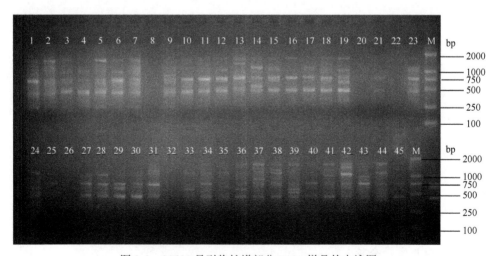

图 3-5 S1500 号引物扩增部分 DNA 样品的电泳图

1～15 号为库都尔的 I-1～I-15，16～30 号为莫尔道嘎的 I-1～I-15，31～45 号为阿尔山的 I-1～I-15；
M. 标准分子质量 DL 2000

3.2.2.2 RAPD 遗传多样性分析

采用 POPGENE 32 软件分析 6 个兴安落叶松基本群体遗传多样性，得出 182 个为多态性条带，多态位点百分比为 97.85%，库都尔多态位点最多，为 175 个，多态位点百分比为 94.09%，莫尔道嘎多态位点最少，为 162 个，多态位点百分比为 87.10%，各群体多态位点百分比 87.10%~94.09%，按检测到的多态位点百分比大小排序，各群体顺序依次为：库都尔＞甘河原江＞嫩江中央站＞乌伊岭＞阿尔山＞莫尔道嘎。群体等位基因平均数在 1.8710~1.9409，平均值为 1.8970，有效等位基因数在 1.5318~1.5843，平均值为 1.5487，用 Shannon 多样性指数估算 6 个群体的遗传多样性，变化幅度为 0.4671~0.5080，平均值为 0.4821，用 Nei's 多样性指数估算 6 个群体的遗传变异，变化范围为 0.3131~0.3417，平均值 0.3226。6 个群体的 Nei's 多样性指数和 Shannon 多样性指数所体现的遗传多样性变化规律一致（表 3-10）。

表 3-10　基本群体与育种群体遗传多样性比较

	群体	等位基因平均数 Na	有效等位基因数 Ne	Nei's 基因多样性指数 H	Shannon 多样性指数 I	多态位点数 Np	多态位点百分比 P/%
基本群体	乌伊岭 WYL	1.8817	1.5394	0.3131	0.4671	164	88.17
	嫩江中央站 NJ	1.8925	1.5347	0.3145	0.4707	166	89.25
	甘河原江 GHYJ	1.9194	1.5843	0.3417	0.5080	171	91.94
	库都尔 KDR	1.9409	1.5550	0.3295	0.4953	175	94.09
	莫尔道嘎 MEDG	1.8710	1.5318	0.3160	0.4737	162	87.10
	阿尔山 ARS	1.8763	1.5468	0.3208	0.4777	163	87.63
	平均值	1.8970	1.5487	0.3226	0.4821	167	89.70
育种群体	乌伊岭 WYL	1.8677	1.5433	0.3129	0.4642	164	86.77
	嫩江中央站 NJ	1.8466	1.5367	0.3067	0.4543	160	84.66
	甘河原江 GHYJ	1.8413	1.5197	0.3001	0.4463	159	84.13
	库都尔 KDR	1.8307	1.5119	0.2948	0.4382	157	83.07
	莫尔道嘎 MEDG	1.8307	1.5119	0.2480	0.4382	157	83.07
	阿尔山 ARS	1.8360	1.5432	0.3098	0.4578	158	83.60
	平均值	1.8519	1.5314	0.3074	0.4562	161	85.17
增加百分比/%		2.44	1.13	4.94	5.68	3.73	5.32

本试验研究的基本群体与育种群体的遗传多样性比较见表 3-10，其遗传多样性各参数，即多态位点百分比平均值高出 5.32%，有效等位基因数平均值高出 1.13%，等位基因平均数平均值高出 2.44%，Shannon 多样性指数平均值高出 5.68%，Nei's 基因多样性指数平均值高出 4.94%。研究表明，在遗传多样性方面，基本群体较育

种群体丰富，基本群体的遗传变异程度较育种群体稍高，可得出基本群体适应环境的能力较强，按照各群体的多态位点百分比，两者均反映出库都尔遗传多样性最高，莫尔道嘎遗传多样性最低，同时均显示群体内存在较大的遗传变异。

采用 POPGENE 32 软件计算出基本群体总遗传多样性（Ht）为 0.3743，群体内遗传多样性（Hs）为 0.3226，群体间遗传多样性为 0.0517，可知 86.19% 的遗传变异存在于群体内，有 13.81% 的遗传变异存在于群体之间，群体间遗传分化系数（Gst）为 0.1381；基因流 Nm 为 3.1199。李雪峰（2009）计算育种群体总遗传多样性（Ht）为 0.3441，群体内遗传多样性为 0.3079，群体间遗传多样性为 0.0362，可知 89.48% 的遗传变异存在于群体内，只有 10.52% 的遗传变异存在于群体之间（表 3-11）。

表 3-11　基本群体与育种群体的遗传分化分析

群体		群体总遗传多样性 Ht	群体内遗传多样性 Hs	遗传分化系数 Gst	基因流 Nm
基本群体	平均值	0.3743	0.3226	0.1381	1.5603
	标准差	0.0133	0.0108		
育种群体	平均值	0.3441	0.3079	0.1050	4.2626
	标准差	0.0214	0.0181		

基本群体和育种群体遗传分化结果表明（表 3-11），基本群体的总遗传多样性较育种群体高，群体总遗传多样性高出 8.78%，基本群体的基因分化程度较育种群体大，两项研究都表明群体内变异是 RAPD 分子水平上遗传变异的主要组成部分。

6 个群体的遗传一致度变化范围在 0.8677～0.9606，遗传距离变化范围在 0.0402～0.1419。其中乌伊岭与嫩江中央站两个群体的遗传一致度最大（0.9606），遗传距离最近（0.0402），说明乌伊岭与嫩江中央站这两个群体遗传分化最小，亲缘关系最近；莫尔道嘎和乌伊岭两个群体的遗传一致度最小（0.8677），遗传距离最远（0.1419），说明莫尔道嘎和乌伊岭两个群体间遗传分化最大，亲缘关系最远（表 3-12）。

表 3-12　兴安落叶松基本群体各群体间遗传一致度（右上角）和遗传距离（左下角）

群体	乌伊岭 WYL	嫩江中央站 NJ	甘河原江 GHYJ	库都尔 KDR	莫尔道嘎 MEDG	阿尔山 ARS
乌伊岭 WYL		0.9606	0.8916	0.8881	0.8677	0.8694
嫩江中央站 NJ	0.0402		0.9295	0.9026	0.8983	0.8877
甘河原江 GHYJ	0.1147	0.0731		0.9311	0.9299	0.9026
库都尔 KDR	0.1186	0.1024	0.0714		0.9393	0.9028
莫尔道嘎 MEDG	0.1419	0.1073	0.0727	0.0627		0.9269
阿尔山 ARS	0.1400	0.1191	0.1025	0.1023	0.0760	

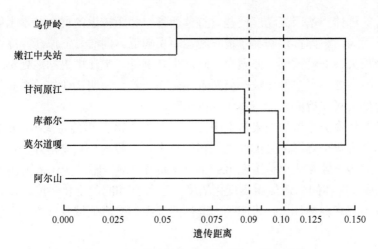

图 3-6　兴安落叶松基本群体遗传距离聚类图

从图 3-6 中看出：在 0.11 的遗传距离上，6 个兴安落叶松基本群体分为两个类群，第Ⅰ类为小兴安岭分布区；第Ⅱ类为大兴安岭分布区。在 0.09 的遗传距离上也可将 6 个兴安落叶松群体分为三个类群，第Ⅰ类为大兴安岭西部分布区，第Ⅱ类为大兴安岭南部分布区，第Ⅲ类为小兴安岭分布区。

用 SPSS 18.0 软件对遗传距离与地理距离进行相关分析，兴安落叶松基本群体间遗传距离和地理距离呈显著正相关，相关系数 r^2=0589，相关曲线见图 3-7，表明地理分布是影响其群体遗传结构的，由于各群体地理位置与生长环境的影响，

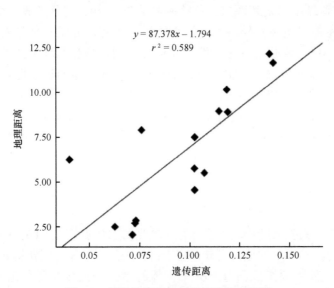

图 3-7　遗传距离和地理距离的相关分析

相距较近的群体间基因流动广泛些。整体而言，相距较近的群体基本上能聚在一起，如甘河原江、库都尔和莫尔道嘎地理距离较近，同时甘河原江、库都尔和莫尔道嘎地处大兴安岭西侧，亦聚在一起。也有例外，嫩江中央站地处小兴安岭西麓，乌伊岭地处小兴安岭北坡，但两者亦聚在一起，说明其遗传关系是最近的。阿尔山地处大兴安岭南部，与其他群体相距较远。

育种群体聚类分析的结果与本研究相似，在 0.08 的遗传距离上，6 个兴安落叶松群体分为两个类群，在 0.07 的遗传距离上也可将 6 个兴安落叶松群体分为三个类群，遗传一致度变化范围在 0.9137～0.9601，遗传距离变化范围在 0.0408～0.0903，基本群体间的遗传距离变化幅度较育种群体间的变化幅度大，遗传一致度变化范围较育种群体大，表明基本群体间基因的交流区域及整个基因组交换频率较大。

3.2.2.3 生长变异性状分析

为了解兴安落叶松基本群体表型性状的变异情况，表 3-13 列出了 4 个群体的树高、胸径、材积及在群体中的变异系数。

4 个兴安落叶松基本群体的树高、胸径、材积都存在较高的变异，变异系数分别为 10.25%～20.78%、14.93%～28.37%、35.03%～74.36%。其中树高生长变异最大的是甘河原江，变异系数为 20.78%，最小的是乌伊岭，变异系数为 10.25%；胸径生长变异最大的是嫩江中央站，变异系数是 28.37%，最小的是库都尔，变异系数是 14.93%，材积生长变异最大的是嫩江中央站，变异系数是 74.36%，最小的是库都尔，变异系数是 35.03%。在分子遗传变异水平上，4 个群体中库都尔遗传变异最大，最小的是乌伊岭，分子水平与表型性状的变异趋势有所不同，反映出各生长性状在适应不同地理生长环境的差异，基本群体的遗传结构和变异规律发生着丰富的变化，基本群体的表型性状存在丰富的变异是与林木的生活史有很大的关系的。李雪峰（2009）调查了 4 个兴安落叶松育种群体树高、胸径、材积的生长变异情况，其变异系数分别为 12.69%～17.38%、18.03%～26.20%、41.67%～54.54%，可见，基本群体的生长变异幅度较育种群体大。

3.2.3 小结与讨论

本研究表明兴安落叶松基本群体存在较高的遗传多样性，86.19%的遗传变异存在于群体内，13.91%的遗传变异存在于群体之间，群体内变异是 RAPD 分子水平上遗传变异的主要组成部分。6 个群体的遗传一致度变化范围为 0.8677～0.9606，遗传距离变化范围为 0.0402～0.1419，群体之间的遗传距离越小，亲缘关

表 3-13 兴安落叶松各群体的树高、胸径、材积的比较

群体	株数	树高				胸径				材积			
		均值/m	标准差/m	变异系数/%	95%置信区间	均值/cm	标准差/cm	变异系数/%	95%置信区间	均值/m³	标准差/m³	变异系数/%	95%置信区间
乌伊岭 WYL	45	16.764	1.7178	10.25	16.06~17.47	29.418	5.2043	17.69	27.76~31.08	0.573	0.227	39.61	0.503~0.643
库都尔 KDR	45	16.104	1.9602	12.17	15.45~16.76	27.380	4.0878	14.93	25.72~29.04	0.471	0.165	35.03	0.401~0.541
甘河原江 GHYJ	45	14.724	3.0595	20.78	14.74~15.34	25.809	6.0843	23.57	24.15~27.47	0.416	0.242	58.17	0.346~0.486
嫩江中央站 NJ	45	14.913	2.6085	17.49	14.26~15.56	25.651	7.2772	28.37	24.00~27.31	0.429	0.319	74.36	0.359~0.500
总计	180	15.627	2.5217	16.14	15.30~15.95	27.064	5.9328	21.94	26.24~27.89	0.472	0.250	52.97	0.437~0.507

系较近，其中乌伊岭与嫩江中央站两个群体的遗传一致度最大，遗传距离最近，遗传分化最小，亲缘关系最近，莫尔道嘎和乌伊岭两个群体的遗传一致度最小，遗传距离最远，遗传分化最大，亲缘关系最远。根据遗传距离的大小，构建聚类图，在 0.09 的遗传距离上将 6 个兴安落叶松群体分为 3 个类群。兴安落叶松基本群体遗传多样性的各项参数较育种群体呈现增加的趋势，多态位点百分比、等位基因平均数、有效等位基因数、Nei's 基因多样性指数、Shannon 多样性指数的平均值分别高出 5.32%、2.441%、1.13%、4.94%、5.68%。

本试验在大量取材的基础上，从群体遗传学角度对兴安落叶松基本群体的遗传变异进行 RAPD 分析，6 个兴安落叶松基本群体 Shannon 多样性指数变化范围在 0.4671～0.5080，平均值为 0.4821，Nei's 基因多样性指数变化范围在 0.3131～0.3417，平均值为 0.3226，与其他人用分子标记技术研究兴安落叶松各种群体遗传多样性的结果比较，基本群体遗传多样性各参数较育种群体呈增加的趋势，但低于杂交群体，如那冬晨等（2006）利用 ISSR 标记研究 17 个兴安落叶松群体遗传多样性，总的 Shannon 多样性指数平均值为 0.3258，总的 Nei's 基因多样性指数平均值为 0.2044；贯春雨等（2010）利用 RAPD 技术研究落叶松杂种 F1 代群体遗传多样性，Nei's 基因多样性指数平均值为 0.3955，Shannon 多样性指数平均值为 0.5831。本研究中，大部分遗传变异存在于群体内部，这与杨传平等（1991）、王玲等（2009）、那冬晨等（2006）采用不同的研究方法分析兴安落叶松得到的结果一致，表明兴安落叶松群体内存在丰富的遗传变异。育种群体聚类结果类似于基本群体，但基本群体间的遗传距离变化幅度较育种群体间的变化幅度大，遗传一致度变化范围较育种群体高，表明在基本群体间个体的基因交流区域及整个基因组交换频率较大。

3.3　基于 SSR 标记的兴安落叶松基本群体遗传多样性分析

3.3.1　试验材料与方法

3.3.1.1　试验材料

同 3.1.1.1。

3.3.1.2　试验主要仪器

紫外扫描成像仪（清华紫光 M1600 型）、PCR 仪（GeneAmp PCR System 9700、PTC-200 peltier Thermal Cycler）、圆周式振荡摇床（D79219 Gefmany IKA-Germany）、稳压电泳仪（DYY-12 型，DYY-3-12B 型）、双垂直电泳槽（JY-SCZ7）。

3.3.1.3 主要试剂

1）10% AP 过硫酸铵：过硫酸铵 0.05g，蒸馏水定容至 0.5mL（现用现配）。

2）6%丙烯酰胺胶储存液的制备（总体积 1000mL）：尿素 960g，30%聚丙烯酰胺 300mL，5×TBE 400mL，加水定容至 2000mL。

3）洗脱液/固定液：10%冰醋酸。

4）染色液：$AgNO_3$ 1%，甲醛 1.5mL，加蒸馏水定容至 1000mL。

5）显色液：NaOH 60g，甲醛 3.0mL，加蒸馏水定容至 2000mL。

6）硫代硫酸钠（10mg/mL）：硫代硫酸钠 0.1g，加蒸馏水定容至 100mL。

7）10×TBE 配制：Tris Base 108g，硼酸 55g，0.5mol/L EDTA 40mL（pH 8.0），加蒸馏水定容至 1000mL。

8）5×TBE 配制：Tris Base 54g，硼酸 27.5g，0.5 mol/L EDTA 20mL（pH 8.0），加蒸馏水定容至 1000mL。

9）6×变性聚丙烯酰胺凝胶。

10）DL2000 DNA Marker（TaKaRa）、DL500 DNA Marker（TaKaRa）。

11）剥离硅烷、亲和硅烷（Research Use Only Bind-silane code：0618）。

12）无水乙醇；冰醋酸。

13）丙烯酰胺/双丙烯酰胺（19∶1）（40%，*w/V*）［生工生物工程（上海）股份有限公司］、尿素（USP Grade CODE）、TEMED（SIGMA，T8133，分子式 $C_6H_{16}N_2$，相对分子质量 116.2）。

14）SSR 引物［生工生物工程（上海）股份有限公司 SSR primer 编号为"LS"，2OD］。

3.3.1.4 试验方法

1. SSR-PCR 反应体系及反应程序

本试验参照贯春雨等（2010）正交设计优化 SSR-PCR 反应体系各因素（*Taq* DNA 聚合酶、Mg^{2+}、dNTP、模板 DNA、引物）的程度，确定的反应体系见表 3-14。

表 3-14 落叶松 SSR-PCR 反应体系

成分	用量	浓度	终浓度
模板 DNA	1.0μL	50ng/μL	50.0ng/20μL
引物（上游/下游）	1.8μL/1.8μL	5μmol/L	0.45μmol/L/0.45μmol/L
dNTP	2.0μL	2.5mmol/L	0.25mmol/L
Mg^{2+}	2.4μL	25mmol/L	3.0mmol/L
Taq DNA 聚合酶	0.2μL	5U/μL	1.0U/20μL
10×*Taq* buffer	2.0μL		
去离子水	8.8μL		
总计	20μL		

$T_m=4（G+C）+2（A+T）$。在进行引物筛选时将退火温度设为 60℃，反应程序见表 3-15。在扩增产物中加 4μL 的 *Taq* buffer，94℃变性 7min 后，置于冰上迅速冷却，扩增产物用 6%非变性凝胶电泳检测分析。

表 3-15　SSR-PCR 反应条件

	温度条件	时间
	94℃预变性	5min
	94℃变性	30s
35 个循环	60℃复性	30s
	72℃延伸	30s
	72℃延伸	7min
	4℃	存放

2. 引物筛选

在 6 个群体中选择相聚较远的 2 个群体，其中各随机选择 1 个 DNA 为模板，对 145 个引物进行筛选，得到 SSR 引物 45 个。再在 6 个群体中随机选择 3 个不同群体的 DNA 模板扩增，聚丙烯酰胺凝胶电泳检测，筛选出 31 个有产物、主带明显的引物。然后根据引物序列设计不同的退火温度试验，结合引物的初次筛选和复筛确定所选引物最合适的退火温度。

3. 凝胶配制

1）用洗涤剂或洗液清洗两块玻璃板，自来水反复冲洗，再以蒸馏水冲洗一遍，晾干后用无水乙醇以酒精棉球擦拭备用。

2）制备。

凹玻璃板制备：擦镜纸均匀涂抹少量剥离硅烷于凹玻璃板，待 3～5min 玻璃板硅化后，用擦镜纸抹去凹玻璃板未被吸收的多余剥离硅烷。

亲和硅烷的制备：擦镜纸均匀涂抹亲和硅烷于全玻璃板，要将整个玻璃板涂满，待 3～5min 玻璃板硅化后，用擦镜纸蘸无水乙醇涂抹全玻璃板，以去除多余未被吸收的亲和硅烷。

玻璃板安装：凹玻璃板与亲和全玻璃板组合好后，将两个玻璃板底边用 2%的琼脂糖封住。

胶制备及灌胶：本试验所选用的 25cm×30cm 规格玻璃模具需 6%变性聚丙烯酰胺胶液 32～35mL。在胶液中加入 TEMED、AP（TEMED：AP=1：10），35mL 凝胶液中应加入 26μL TEMED、260μL AP 轻轻摇匀，沿着装备好的玻璃板中凸玻璃板一端缓慢注入玻璃板的间隙中，几乎注满至顶部，保持注入溶液的连续性，若有间断，易造成气泡，需及时去除。倒满胶以后，将相应的点样梳插入玻璃板上端，将模具水平放置。室温下丙烯酰胺开始聚合，由于聚合过程中凝胶收缩，因此中间要用滴管稍稍补加丙烯酰胺溶液于梳子处，3~4h 凝胶聚合完毕。

4. 凝胶电泳

1）取下玻璃板两边的夹子，小心取出点样梳，除去玻璃板下方多余的琼脂糖，将玻璃板置于双向垂直电泳槽上以弹簧夹固定。

2）在电泳槽的上侧和下部分别加入 1×TBE 电泳缓冲液，以上方的电泳液浸过凝胶板 2cm，下部的电泳液高过凝胶板 2cm 为宜。

3）电泳前用 200μL 移液器反复吸打槽内的缓冲液冲洗点样孔，以去除多余尿素等杂质，预电泳 30min。SSR-PCR 产物 94℃变性 10min，变性后立即冰浴。SSR-PCR 产物与上样缓冲液充分混合，用微量移液器快速上样，上样前应再次吸打缓冲液冲洗点样孔，上样量 3~5μL。

4）设置电压 1~8V/cm，恒定功率 30W，电泳 1.5h。电泳结束后，取下玻璃板置于工作台上，用刀片从两玻璃板底部的一角，轻轻撬起上面的一块玻璃。

5. 凝胶染色

1）将凝胶小心移入脱色液（10%冰醋酸），置于振荡摇床上脱色 3~4h，至凝胶无溴酚蓝显色，为无色透明状态。

2）脱色后以蒸馏水洗涤凝胶（2 次，每次 5min），将凝胶转入染色液中（1% AgNO$_3$ 和甲醛 1.5mL/L）染色 30min。

3）染色后以蒸馏水洗涤凝胶约 20s，置凝胶于反应液中［6% NaOH，1.5mL/L 甲醛，400μL NaS$_2$O$_4$（10mg/mL 2L）］，直至凝胶显示出 SSR-PCR 扩增条带。显示后将凝胶置于 10%冰醋酸中固定。成像，扫描仪读取反应结果。

其余试验方法参照 RAPD 标记。

3.3.1.5 数据统计与分析

SSR 为共显性标记，按照相同 SSR 引物扩增产物大小与标准分子质量 DNA 比较，电泳迁移率相一致的条带被认为是具有同源性的，根据共显性基因型分配的原则，对所得到的图谱进行基因型分型，当一个共显性标记的位点上有多个位点时，根据扩增出的等位基因数量，设定不同分子质量大小的位点，再根据每个分子质量位点的有无来判断等位基因型，并且记录基因型，一条带为纯合，两条带为杂合。利用 POPGENE 32 软件对数据进行分析。

利用 POPGENE 32 软件分析群体水平和物种水平的遗传多样性水平，计算等位基因平均数（Na）、有效等位基因数（Ne）、Shannon 多样新指数（I）、Nei's 基因多样性指数（H）、观测杂合度（Ho）、期望杂合度（He）、固定指数（F）；利用 POPGENE 32 软件分析群体间的遗传分化程度，计算分化系数（Gst）及基因流（Nm）；利用 POPGENE 32 软件计算遗传一致度（I）和遗传距离（D），采用

UPGMA 法对各群体进行聚类分析。

3.3.2 结果与分析

3.3.2.1 引物筛选

本试验利用确定的 SSR 反应体系，结合初筛和复筛的情况确定 31 对主带清晰、有扩增产物的引物，引物名称和序列详见表 3-16，部分扩增结果见图 3-8～图 3-10。

表 3-16　31 对 SSR 引物序列

引物	序列 5′→3′	引物	序列 5′→3′
LS73	GGCCCTCATCATCTCACTTG; CAAAAGCAATGCAAGATCCA	LS277	TTGATGCCAAACACACTGGT; CCCGTAGCCACATTCTCAAT
LS321	CCAACTGCATTCATTCACGA; TGGTGATTTCCCTTTGTTTCA	LS283	ACCAAATATGGGCCAACAAA; AAACAAAACGTGGCCAAAAG
LS308	CACGCCTTACAGATCACCAC; ACACCACTGGAGTGTTGCTG	LS285	GACCATTGACGACGACACAC; TCCAGTCCCAAAAGCCATAC
LS48	AGGGTTAGGCGACTTGGATT; TCTCTCACTTGGAAGCAGCA	LS295	AGAATGCACAAGGAGGCACT; GCCTGGTATTCATGGCTGTT
LS49	CCTAAATCCAGGCTGGTCAA; GCTTGGAAAGCTGTTTCGAC	LS236	TGAACAATCCCTCCCACTTC; TTCTGCTGCTGGTTCTGTTG
LS52	TGCTACCCGGTAATTCAGGA; AAGTTGGTCCATTGCCATTC	LS352	GCAGCTCCAACTCCAAGAAG; AATCACGGTAGAGGCACAGG
LS53	TGCCTCTCTCTCTTGCTTCA; ACTAATTGCACGGGTTCAGG	LS367	TGGTGATTTCCCTTTGTTTCA; AAGCAAAGAGCCAACTGCAT
LS71	GCCAATTCAGGCAAAGTCAT; GGGCATGGGACTGGTATAG	LS370	GCAGAGAAATGGGCAAAGAG; AAAAGAATGGGCAGCATGAC
LS85	ACCTCAAAGGCAAGACAAGC; CAGCAGGATTGATGACATGG	LS371	CAGCCAAGAAGAGAGGAGGA; AGAAGGCCAGAGGAAAGCTC
LS70	AGGGCCTGGCAATTAAATCT; GACCCTTGGTTTGGATGTTG	LS372	TGAGCGAGAAGAGAGGGAAA; CACAGCAGCTCTCTGTGCTT
LS105	TTTTGTCGGTGCTACAGGTG; GCAATTGATGATGCTTTGGA	LS374	ATCATCCGCCTCTTCACATT; TGTTGCTGTTGCTCCTTCTG
LS115	TGCTTACCAGTGTCCAGAATC; TGCTCCTGCCTTAGAACACA	LS307	AATCAGGCTGCTGCTTTCAT; CAGACCCATCTGTGAGCAAA
LS116	TTGCCTCATCGAACAGAATG; AGGCCTTAGAAAGGGGTTTG	LS396	TGCAGTGCATTTCCTTCATC; TGAGGAGGAGGAGGAGAACA
LS128	ACCCACGCCTTACAGATCAC; TGCTGCTGCTGCTGTTATTT	LS336	CGAGTTTGCCCACGAAGATA; GCTTCAAAGAAACCCCCTTC
LS255	TCATTACAACGACCCACGAA; TGCAGCGTGAAGTTCTCATC	LS148	GCTTGCATATGGCATTCAAA; TTTCCCAAATGGTTTCCTCA
LS273	TAGTGATGTCGTGGCAGCTT; AGGGTTTCCCCATTTGCTAT		

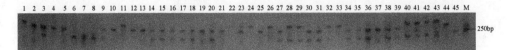

图 3-8　引物 LS116 扩增部分 DNA 模板电泳图

1～15 号为乌伊岭的 I-1～I-15，16～30 号为甘河原江的 I-1～I-15，31～45 号为嫩江中央站的 I-1～I-15；M 为 Marker

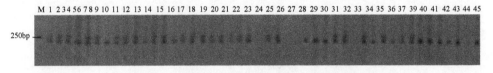

图 3-9　引物 LS148 扩增部分 DNA 模板电泳图

1～15 号为库都尔的 I-1～I-15，16～30 号为莫尔道嘎的 I-1～I-15，31～45 号为阿尔山的 I-1～I-15；M 为 Marker

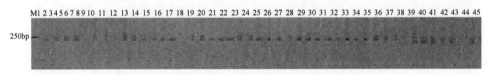

图 3-10　引物 LS148 扩增部分 DNA 模板电泳图

1～15 号为乌伊岭的 I-1～I-15，16～30 号为甘河原江的 I-1～I-15，31～45 号为嫩江中央站的 I-1～I-15；M 为 Marker

3.3.2.2　遗传多样性分析

　　31 对微卫星引物在 6 个兴安落叶松基本群体共 270 个个体上共检测到 64 个等位基因，扩增出的多态位点百分比达到 100%，每个位点的等位基因平均数（Na）为 2.0645 个，有效等位基因数（Ne）为 1.8349～2.5388，平均为 1.9933，Shannon 多样性指数估算遗传多样性，变化幅度为 0.6474～0.9928，平均值为 0.7015，见表 3-17，说明兴安落叶松基本群体具有较高的遗传多样性。

表 3-17　兴安落叶松的遗传多样性

引物	样本数	等位基因平均数 Na	有效等位基因数 Ne	Shannon 多样性指数 I
LS70	540	2.0000	1.9890	0.6897
LS321	540	2.0000	1.9990	0.6929
LS308	540	2.0000	1.9961	0.6922
LS48	540	2.0000	1.9830	0.6889
LS49	540	2.0000	2.0000	0.6931
LS52	540	2.0000	1.9412	0.6779
LS53	540	2.0000	1.9311	0.6752
LS148	540	3.0000	2.5388	0.9928
LS71	540	2.0000	1.9967	0.6923
LS73	540	2.0000	1.9987	0.6928
LS85	540	2.0000	1.9987	0.6928

续表

引物	样本数	等位基因平均数 Na	有效等位基因数 Ne	Shannon 多样性指数 I
LS105	540	2.0000	1.9946	0.6918
LS115	540	2.0000	1.9505	0.6804
LS128	540	2.0000	1.9459	0.6792
LS255	540	2.0000	1.8349	0.6474
LS273	540	2.0000	1.9311	0.6752
LS116	540	3.0000	2.2832	0.9244
LS277	540	2.0000	1.9527	0.6810
LS283	540	2.0000	1.9982	0.6927
LS285	540	2.0000	1.9961	0.6922
LS352	540	2.0000	1.9483	0.6798
LS367	540	2.0000	1.8672	0.6572
LS370	540	2.0000	1.9987	0.6928
LS371	540	2.0000	1.9059	0.6682
LS374	540	2.0000	1.9175	0.6715
LS372	540	2.0000	1.9802	0.6881
LS307	540	2.0000	1.9891	0.6904
LS396	540	2.0000	1.9998	0.6931
LS336	540	2.0000	1.9912	0.6909
LS295	540	2.0000	1.9967	0.6923
LS236	540	2.0000	1.9387	0.6773
平均值	540	2.0645	1.9933	0.7015

从表 3-18 中可以看出,每个位点的固定指数(F)均大于 0,其值为 0.1273～0.6082,平均值为 0.3801,可以看出兴安落叶松基本群体中杂合子偏少;观测杂合度在 0.1889～0.4889,平均值为 0.3087,也可得出兴安落叶松基本群体中杂合子偏少的结论;期望杂合度在 0.4558～0.6072,平均值为 0.4977,观测杂合度的值低于期望杂合度,说明扩增位点的杂合程度低。

表 3-18　31 个位点的固定指数(F)与杂合度

引物	样本数	观测杂合度 Ho	期望杂合度 He	Nei's 基因多样性指数 H	固定指数 F
LS70	540	0.3185	0.5007	0.4998	0.3626
LS321	540	0.3556	0.5007	0.4998	0.2885
LS308	540	0.2889	0.4999	0.4990	0.4211
LS48	540	0.3148	0.4966	0.4957	0.3649
LS49	540	0.2815	0.5009	0.5000	0.4370
LS52	540	0.3000	0.4857	0.4848	0.3813

引物	样本数	观测杂合度 Ho	期望杂合度 He	Nei's 基因多样性指数 H	固定指数 F
LS53	540	0.1889	0.4831	0.4822	0.6082
LS148	540	0.4889	0.6072	0.6061	0.1934
LS71	540	0.3593	0.5001	0.4992	0.2803
LS73	540	0.3296	0.5006	0.4997	0.3403
LS85	540	0.3222	0.5006	0.4997	0.3551
LS105	540	0.3185	0.4996	0.4987	0.3612
LS115	540	0.4111	0.4882	0.4873	0.1564
LS128	540	0.2185	0.4870	0.4861	0.5505
LS255	540	0.2852	0.4558	0.4550	0.3732
LS273	540	0.2259	0.4831	0.4822	0.5314
LS116	540	0.3556	0.5631	0.5620	0.3673
LS277	540	0.3630	0.4888	0.4879	0.2561
LS283	540	0.3037	0.5005	0.4996	0.3921
LS285	540	0.3481	0.4999	0.4990	0.3023
LS352	540	0.2444	0.4876	0.4867	0.4978
LS367	540	0.2593	0.4653	0.4644	0.4418
LS370	540	0.2407	0.5006	0.4997	0.5182
LS371	540	0.4148	0.4762	0.4753	0.1273
LS374	540	0.3556	0.4794	0.4785	0.2569
LS372	540	0.3000	0.4959	0.4950	0.3939
LS307	540	0.2963	0.4982	0.4973	0.4041
LS396	540	0.3370	0.5009	0.4999	0.3258
LS336	540	0.2815	0.4987	0.4978	0.4345
LS295	540	0.2556	0.5001	0.4992	0.4880
LS236	540	0.2074	0.4851	0.4842	0.5716
平均值	540	0.3087	0.4977	0.4968	0.3801

从表 3-19 中可看出,6 个群体的期望杂合度平均值、Nei's 基因多样性指数(H)平均值、Shannon 多样性指数平均值分别为 0.4711、0.4658、0.6684,按照期望杂合度大小排序为库都尔＞乌伊岭＞莫尔道嘎＞嫩江中央站＞甘河原江＞阿尔山,按 Nei's 基因多样性指数(H)大小排序为库都尔＞乌伊岭＞莫尔道嘎＞嫩江中央站＞甘河原江＞阿尔山,与 Shannon 多样性指数得出的结论一致。嫩江中央站、甘河原江、阿尔山的 Nei's 基因多样性指数(H)、Shannon 多样性指数、期望杂合度均低于平均值。分别对 6 个群体的观测杂合度(Ho)统计分析,甘河原江的观测杂合度最高(Ho=0.3412),库都尔的观测杂合度最低(Ho=0.2616),6 个群体

的观测杂合度都低于期望杂合度。

表 3-19　6 个兴安落叶松基本群体的遗传多样性

群体		平均等位基因数 Na	有效等位基因数 Ne	Shannon 多样性指数 I	观测杂合度 Ho	期望杂合度 He	Nei's 基因多样性指数 H
乌伊岭 WYL	平均值	2.0645	1.9306	0.6806	0.2989	0.4842	0.4788
	标准差	0.2497	0.1592	0.0708	0.0984	0.0416	0.0411
甘河原江 GHYJ	平均值	2.0645	1.8637	0.6567	0.3412	0.4612	0.4561
	标准差	0.2497	0.2172	0.0965	0.1335	0.0674	0.0666
库都尔 KDR	平均值	2.0645	1.9458	0.6884	0.2616	0.4887	0.4832
	标准差	0.2497	0.1551	0.0793	0.0856	0.0378	0.0374
莫尔道嘎 MEDG	平均值	2.0645	1.9088	0.6750	0.3054	0.4776	0.4723
	标准差	0.2497	0.1696	0.0786	0.0913	0.0454	0.0449
阿尔山 ARS	平均值	2.0645	1.8233	0.6464	0.3254	0.4490	0.4440
	标准差	0.2497	0.2208	0.1013	0.1141	0.0662	0.0655
嫩江中央站 NJ	平均值	2.0645	1.8742	0.6635	0.3197	0.4662	0.4610
	标准差	0.2497	0.1937	0.0874	0.1026	0.0554	0.0548
群体水平	平均值	2.0645	1.8825	0.6684	0.3087	0.4711	0.4658
	标准差	0.2497	0.1859	0.0856	0.1042	0.0523	0.0517

采用 Nei（1987）的 F 统计量（Fst）对群体进行遗传变异分析，在 Fst 的基础上估计群体间的基因流（Nm）。从表 3-20 中可以看出，Fst 在 0.0221～0.1266，平均值为 0.0628，有 6.22% 的遗传变异存在于群体间，有 93.78% 的遗传变异存在于群体内，表明遗传变异主要分布在兴安落叶松基本群体内。基因流（Nm）平均值为 4.4119，说明频繁的基因交流是导致群体遗传分化程度低的重要原因。

表 3-20　基因分化系数与基因流

位点	样本数	群体内近交系数 Fis	群体总近交系数 Fit	群体间分化系数 Fst	基因流 Nm
LS70	540	0.3303	0.3626	0.0483	4.9309
LS321	540	0.2444	0.2885	0.0585	4.0261
LS308	540	0.3721	0.4211	0.0780	2.9545
LS48	540	0.3301	0.3649	0.0520	4.5542
LS49	540	0.4004	0.4370	0.0611	3.8437
LS52	540	0.3085	0.3813	0.1051	2.1276
LS53	540	0.5848	0.6082	0.0565	4.1780
LS148	540	0.1631	0.1934	0.0362	6.6648
LS71	540	0.2268	0.2803	0.0692	3.3651
LS73	540	0.2797	0.3403	0.0841	2.7235
LS85	540	0.3262	0.3551	0.0429	5.5781
LS105	540	0.3275	0.3612	0.0501	4.7379

续表

位点	样本数	群体内 近交系数 Fis	群体总 近交系数 Fit	群体间 分化系数 Fst	基因流 Nm
LS115	540	0.0776	0.1564	0.0854	2.6787
LS128	540	0.5260	0.5505	0.0516	4.5952
LS255	540	0.2984	0.3732	0.1067	2.0935
LS273	540	0.4965	0.5314	0.0694	3.3506
LS116	540	0.3531	0.3673	0.0221	11.0616
LS277	540	0.2208	0.2561	0.0452	5.2799
LS283	540	0.3231	0.3921	0.1019	2.2027
LS285	540	0.2485	0.3023	0.0716	3.2425
LS352	540	0.4250	0.4978	0.1266	1.7247
LS367	540	0.3690	0.4418	0.1154	1.9171
LS370	540	0.4994	0.5182	0.0375	6.4238
LS371	540	0.0863	0.1273	0.0448	5.3243
LS374	540	0.2275	0.2569	0.0381	6.3068
LS372	540	0.3555	0.3939	0.0596	3.9411
LS307	540	0.3760	0.4041	0.0451	5.2894
LS396	540	0.2870	0.3258	0.0545	4.3413
LS336	540	0.4102	0.4345	0.0412	5.8223
LS295	540	0.4584	0.4880	0.0548	4.3112
LS236	540	0.5567	0.5716	0.0337	7.1780
平均值	540	0.3384	0.3801	0.0628	4.4119

　　计算群体间的遗传距离（D）和遗传一致度（I），见表 3-21，6 个群体的遗传一致度（I）变化范围为 0.9056～0.9768，遗传距离（D）变化范围为 0.0235～0.0992。根据 Nei's 遗传距离进行聚类分析，聚类结果如图 3-11 所示，在 0.065 的遗传距离上，将 6 个群体划分为 3 个类群，乌伊岭与库都尔遗传距离最近，遗传一致度最高，两者先聚在一起，之后和莫尔道嘎聚为第 I 类，嫩江中央站与甘河原江聚为第 II 类，阿尔山为第 III 类。

表 3-21　兴安落叶松基本群体各群体间遗传一致度（右上角）和遗传距离（左下角）

群体	乌伊岭 WYL	甘河原江 GHYJ	库都尔 KDR	莫尔道嘎 MEDG	阿尔山 ARS	嫩江中央站 NJ
乌伊岭 WYL		0.9423	0.9768	0.9431	0.9056	0.9289
甘河原江 GHYJ	0.0595		0.9277	0.9282	0.9128	0.9666
库都尔 KDR	0.0235	0.0750		0.9373	0.9104	0.9321
莫尔道嘎 MEDG	0.0586	0.0745	0.0648		0.9073	0.9147
阿尔山 ARS	0.0992	0.0912	0.0939	0.0973		0.9294
嫩江中央站 NJ	0.0737	0.0339	0.0703	0.0892	0.0732	

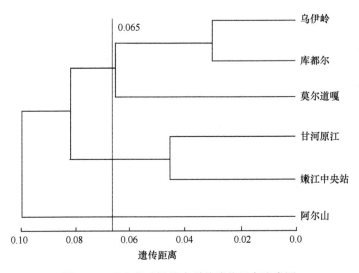

图 3-11　兴安落叶松基本群体遗传距离聚类图

3.3.3　小结

本研究利用 31 对特异引物对 6 个兴安落叶松基本群体共 270 个个体分析，共检测到 64 个等位基因，每个位点等位基因平均数（Na）为 2.0645 个，有效等位基因数（Ne）为 1.8349～2.5388，平均值为 1.9933，Shannon 多样性指数估算遗传多样性，变化幅度为 0.6474～0.9928，平均值为 0.7015，说明兴安落叶松基本群体具有较高的遗传多样性。每个位点的固定指数（F）均大于 0，其值在 0.1273～0.6082，平均值为 0.3801，可以看出兴安落叶松基本群体中杂合子偏少。

6 个群体的期望杂合度平均值、Nei's 基因多样性指数（H）平均值、Shannon多样性指数平均值分别为 0.4711、0.4658、0.6684，按照期望杂合度大小排序为库都尔＞乌伊岭＞莫尔道嘎＞嫩江中央站＞甘河原江＞阿尔山，按 Nei's 基因多样性指数（H）大小排序为库都尔＞乌伊岭＞莫尔道嘎＞嫩江中央站＞甘河原江＞阿尔山，与 Shannon 多样性指数得出的结论相一致，说明库都尔遗传多样性最丰富，阿尔山遗传多样性最小。分别对 6 个群体的观测杂合度（Ho）统计分析，甘河原江的观测杂合度最高（Ho=0.3412），库都尔的观测杂合度最低（Ho=0.2616），6 个群体的观测杂合度都低于期望杂合度。

采用 Nei（1987）的 F 统计量对群体进行遗传变异分析，Fst 在 0.0221～0.1266，平均值为 0.0628，有 6.22% 的遗传变异存在于群体间，有 93.78% 的遗传变异存在于群体内，表明遗传变异主要分布在兴安落叶松基本群体内。基因流（Nm）平均值为 4.4119，说明频繁的基因交流是导致群体间资源遗传分化程度低的重要原因。根据 Nei's 遗传距离进行聚类分析，在 0.065 的遗传距离上，将 6 个群体划分为 3

个类群, 乌伊岭与库都尔遗传距离最近, 遗传一致度最高, 两者先聚在一起, 之后和莫尔道嘎聚为第 I 类, 嫩江中央站与甘河原江聚为第 II 类, 阿尔山为第III类。

3.4 RAPD 和 SSR 分子标记方法的比较分析

采用不同的分子标记方法所揭示的落叶松遗传多样性来自不同的 DNA 序列层面, 本试验首次将 RAPD 与 SSR 标记结合研究兴安落叶松基本群体遗传多样性, 从显性遗传和共显性遗传角度分析兴安落叶松的遗传信息。

3.4.1 遗传多样性分析

RAPD 试验: 采用 31 个 RAPD 引物扩增总 DNA 模板多态性, 共检测到 244 个条带, 其中, 237 个为多态性条带, 多态位点百分比为 97.13%, 等位基因平均数为 1.8798, 有效等位基因数为 1.5482, Shannon 多样性指数平均值为 0.4766, Nei's 基因多样性指数平均值为 0.3202。SSR 试验: 31 对特异引物共检测到 64 个等位基因, 每个位点等位基因平均数 (Na) 为 2.0645 个, 有效等位基因数 1.8349~2.5388, 平均有效等位基因数为 1.9933, Shannon 多样性指数估算遗传多样性, 变化范围为 0.6474~0.9928, 平均值为 0.7015, Nei's 基因多样性指数平均值为 0.4968。这两种标记方法揭示兴安落叶松基本群体均具有较丰富的遗传多样性, 验证了两种标记检测多样性的可行性, 这与李雪峰 (2009) 分析兴安落叶松育种群体的遗传多样性, 杨秀艳等 (2011) 分析日本落叶松优树群体遗传变异得出的结论相一致, 即落叶松群体具有较丰富的遗传变异。杂合度和有效等位基因数 (Ne) 是目前广泛应用于分析遗传多样性的指数, 而杂合度反映群体遗传多样性的同时可以衡量群体中等位基因的丰富程度, SSR 标记揭示的是共显性遗传, 应该产生一条纯合子或者两条杂合子主带, 但 SSR 的原理是利用重复序列两侧的序列设计的引物扩增模板, 由于 SSR 多位于非编码区, 保守性较差, 会造成扩增不出产物的现象。引物结合位点的突变也是阻碍微卫星扩增的原因之一, 如果在群体中突变没有被固定, 则会产生一种不被识别的哑基因, 导致群体的纯合子过剩。在天然群体中, 根据 Hardy-Weinberg 平衡定律得出的期望杂合度跟实际的杂合度会出现不一致的情况, 固定指数 F 可作为反映期望比例与实际观测比例的差值的系数, 当群体中纯合体过量时, $F > 0$。本研究通过 SSR 标记得出的每个位点的固定指数 (F) 均大于 0, 杂合度偏低, 这在一定程度上说明了兴安落叶松基本群体中杂合子偏少的结论。Masao 和 Hiroaki (2011) 采用 SSR 标记方法得出的 Ho 偏低, 说明在落叶松天然群体中杂合度偏低。Chen 等 (2009) 采用 SSR 标记方法得出种子园的落叶松亲本 Ho 低于 He, 得到在落叶松属天然群体中杂合度较低的结论。

3.4.2 遗传变异分析

通过两种标记方法研究均表明兴安落叶松基本群体的总遗传多样性较高。RAPD：总遗传多样性（Ht）为 0.3807，群体内遗传多样性（Hs）为 0.3201，可知 84.08%的遗传变异存在于群体内，有 15.92%的遗传变异存在于群体之间，群体间遗传分化系数（Gst）为 0.1592，基因流 Nm 为 2.6416。SSR：总遗传多样性（Ht）为 0.4968，群体内遗传多样性（Hs）为 0.4658，可知 93.76%的遗传变异存在于群体内，有 6.24%的遗传变异存在于群体之间。采用 Nei（1987）的 F 统计量（Fst）对群体进行遗传变异分析，Fst 在 0.0221～0.1266，平均为 0.0628，有 6.22%的遗传变异存在于群体间，有 93.78%的遗传变异存在于群体内，基因流（Nm）平均值为 4.4119。两种方法揭示群体的遗传变异主要存在于群体内，反映兴安落叶松基本群体间的遗传分化程度较低,这与那冬晨等（2006）、李雪峰（2009）研究兴安落叶松得出的结论相似，Kozyvenko 等（2004）研究西伯利亚与远东地区落叶松群体得出的结论同样为群体的遗传变异主要存在于群体内。从基因流（RAPD 为 2.6416；SSR 为 4.4119）的角度考虑，Wright（1931）认为，如果 Nm＞1，说明有一定的基因流动存在群体间，如果 Nm＞4 就可作为随机的单位，群体间频繁的基因交流降低了群体间的遗传分化，SSR 试验得出的群体间遗传分化程度要小于 RAPD 试验,这可能与 RAPD 是显性标记有关,SSR 为共显性标记,SSR 位点的突变率要高于其侧翼或非 SSR 位点,SSR 位点估计会低估群体间的遗传分化程度。

3.4.3 聚类结果分析

通过计算基本群体间的遗传距离和遗传一致度，分析群体之间的遗传分化程度。RAPD：6 个群体的遗传一致度变化范围在 0.8577～0.9593，遗传距离变化范围为 0.0415～0.1534。根据 I 值利用 UPGMA 法构建群体遗传关系聚类图，从聚类图上看出，在 0.11 的遗传距离上，将 6 个兴安落叶松群体分为三个类群，库都尔、莫尔道嘎、甘河原江为第 Ⅰ 类，阿尔山为第 Ⅱ 类，嫩江中央站、乌伊岭为第 Ⅲ 类。SSR：6 个群体的遗传一致度（I）变化范围为 0.9056～0.9768，遗传距离（D）变化范围为 0.0235～0.0992，根据 Nei's 遗传距离进行聚类分析，在 0.065 的遗传距离上，将 6 个群体划分为 3 个类群，乌伊岭与库都尔遗传距离最近，遗传一致度最高，两者先聚在一起，之后和莫尔道嘎聚为第 Ⅰ 类，嫩江中央站与甘河原江聚为第 Ⅱ 类，阿尔山为第 Ⅲ 类。两种标记方法揭示的遗传相似性差异不大,遗传距离较接近，表明兴安落叶松基本群体间亲缘关系是较近的。从聚类结果看，两种标记获得的结果相似，但存在不一致的地方，究其原因可能是：两种标记的原理不一样，SSR 为共显性标记，而 RAPD 为显性标记，揭示不同的基因组范围。

3.4.4 群体的遗传结构分析

本研究中，RAPD 研究表明库都尔多态位点最多，莫尔道嘎多态位点最少，为 211 个，各群体多态位点百分比为 86.48%～89.34%，平均值为 87.98%，按检测到的多态位点百分比排序，各群体顺序依次为：库都尔＞甘河原江＞嫩江中央站＞乌伊岭＞阿尔山＞莫尔道嘎。群体等位基因平均数在 1.8648～1.8934，平均值为 1.8798，有效等位基因数在 1.5296～1.5630，平均值为 1.5482，用 Shannon 多样性指数估算 6 个群体的遗传多样性，变化范围在 0.4679～0.4887，平均值为 0.4766，用 Nei's 基因多样性指数估算 6 个群体中的遗传变异，变化范围为 0.3132～0.3288，平均值为 0.3202。6 个群体的 Nei's 基因多样性指数和 Shannon 多样性指数所体现的遗传多样性变化规律一致，库都尔、甘河原江、阿尔山的 H 和 Ho 均大于平均值，乌伊岭、嫩江中央站、莫尔道嘎 3 个的 H 和 Ho 都低于平均值，库都尔、甘河原江的 H 和 Ho 较高，莫尔道嘎的最低。SSR 试验研究表明：6 个群体的期望杂合度平均值、Nei's 基因多样性指数（H）平均值、Shannon 多样性指数平均值分别为 0.4711、0.4658、0.6684，按照期望杂合度大小排序为库都尔＞乌伊岭＞莫尔道嘎＞嫩江中央站＞甘河原江＞阿尔山，按 Nei's 基因多样性指数（H）大小排序为库都尔＞乌伊岭＞莫尔道嘎＞嫩江中央站＞甘河原江＞阿尔山，与 Shannon 多样性指数得出的结论相一致。嫩江中央站、甘河原江、阿尔山的 Nei's 基因多样性指数（H）、Shannon 多样性指数、期望杂合度均低于平均值。两项研究均证实库都尔的遗传多样性较高，这与李雪峰（2009）研究兴安落叶松种源得到的结果相一致。从群体的实际情况分析，库都尔、莫尔道嘎、甘河原江位于大兴安岭西部地区，嫩江中央站位于大小兴安岭过渡地区，阿尔山位于大兴安岭南麓，乌伊岭位于小兴安岭北侧，莫尔道嘎、阿尔山地处兴安落叶松的边缘地带，而库都尔、甘河原江、嫩江中央站几乎位于兴安落叶松的中心地带，这在某种程度上反映了兴安落叶松分布区的中心地区较边缘地区具有丰富的遗传多样性，这与在 *Pinus rigida* Mill、*Pinus contorta* Douglas ex Loudon 和 *Pseudotsuga menziesii*（Mirb.）Franco 中发现边缘群体的遗传多样性较中心群体低的观点相一致。

3.4.5 RAPD 引物在群体遗传多样性研究中的应用

本试验分别采用 31 个 RAPD 引物和 23 个 RAPD 引物对兴安落叶松基本群体

270 个样本进行 RAPD 分析。采用 23 个 RAPD 引物分析基本群体遗传多样性是为了在试验条件一致的情况下与育种群体遗传多样性做比较分析（详见 3.2 节）。本研究中，23 个 RAPD 引物与 31 个 RAPD 引物揭示的遗传多样性信息基本一致，31 个引物扩增出 237 条多态性条带，其遗传多样性各参数如下：P 为 97.13%，Ne 为 1.5482，H 为 0.3202，I 为 0.4766，Ht 为 0.3807，Hs 为 0.3201，Gst 为 0.1592，23 个引物扩增出 182 个多态性条带，其遗传多样性各参数如下：P 为 97.85%，Ne 为 1.5487，H 为 0.3226，I 为 0.4821，Ht 为 0.3743，Hs 为 0.3226，Gst 为 0.1381。不同数量的引物按照检测到的多态位点百分比大小排序，各群体排列顺序一致，进一步说明 RAPD 标记分析基本群体多样性具有可行性，但根据 Shannon 多样性指数和 Nei's 基因多样性指数估算 6 个群体遗传多样性的排序稍有不同，但两者均证实库都尔与甘河原江具有较高的遗传多样性，分析其不一致的原因，可能是 RAPD 为显性标记，揭示每对等位位点中的一个等位基因，不能区分纯合子和杂合子基因型，在提供完整遗传信息方面有一定的局限性，不同的引物数量及扩增条带的人工判读也是造成不一致的原因之一。23 个引物揭示有 13.81% 的遗传变异存在于群体间，31 个引物揭示有 15.92% 的遗传变异存在于群体间。计算基本群体间的遗传距离和遗传相似度，分析群体之间的遗传分化程度，31 个引物揭示 6 个群体的遗传一致度变化范围在 0.8577～0.9593，遗传距离变化范围在 0.0415～0.1534，23 个引物揭示 6 个群体的遗传一致度变化范围在 0.8677～0.9606，遗传距离变化范围在 0.0402～0.1419，两者均证实乌伊岭与嫩江中央站两个群体的遗传一致度最大，遗传距离最近，遗传分化最小，亲缘关系最近；莫尔道嘎和乌伊岭两个群体的遗传一致度最小，遗传距离最远，遗传分化最大，亲缘关系最远，根据 I 值利用 UPGMA 法构建的群体遗传关系聚类图一致。

3.4.6　小结

利用 RAPD 和 SSR 两种分子标记方法对 6 个兴安落叶松基本群体 270 个样本进行分析，结果表明兴安落叶松基本群体具有丰富的遗传多样性。31 个 RAPD 引物共检测到 244 个位点，其中多态位点 237 个，多态位点百分比为 97.13%。各群体多态位点百分比为 86.48%～89.34%，平均值为 87.98%，有效等位基因数为 1.8798，有效等位基因数平均值为 1.5482，Shannon 多样性指数平均值为 0.4766。31 对 SSR 特异位点上多态位点百分比达 100%，共检测到 64 个等位基因，每个位点等位基因平均数（Na）为 2.0645 个，平均有效等位基因数为 1.9933，Shannon 多样性指数平均值为 0.7015。

两种标记方法均揭示基本群体的遗传变异主要存在于群体内，RAPD 结果：群体总遗传多样性（Ht）为 0.3807，群体内遗传多样性（Hs）为 0.3201，可知 84.08%

的遗传变异存在于群体内，有 15.92%的遗传变异存在于群体之间，群体间遗传分化系数（Gst）为 0.1592，基因流 Nm 为 2.6416。SSR 结果：Fst 在 0.0221～0.1266，平均值为 0.0628，有 6.22%的遗传变异存在于群体间，有 93.78%的遗传变异存在于群体内，基因流（Nm）平均值为 4.4119。6 个群体的遗传一致度变化范围 RAPD 为 0.8577～0.9593，SSR 为 0.9056～0.9768，遗传距离变化范围 RAPD 为 0.0415～0.1534，SSR 为 0.0235～0.0992，表明兴安落叶松各群体间遗传相似度较高，亲缘关系较近。

根据 Nei's 遗传距离进行聚类分析，两种标记得到的结果相似，但有一定的差异，RAPD：在 0.11 的遗传距离上，将 6 个兴安落叶松群体分为三个类群，阿尔山为第Ⅱ类，库都尔、莫尔道嘎、甘河原江为第Ⅰ类；嫩江中央站、乌伊岭为第Ⅲ类；SSR：在 0.065 的遗传距离上，将 6 个群体划分为三个类群，乌伊岭、库都尔和莫尔道嘎聚为第Ⅰ类，嫩江中央站与甘河原江聚为第Ⅱ类，阿尔山为第Ⅲ类，两种标记方法研究均表明，基本群体的遗传距离和地理距离呈正相关，相关关系不显著。

兴安落叶松基本群体与育种群体 RAPD 分析表明，基本群体较育种群体存在稍高的遗传多样性，比较得出基本群体在多态位点百分比平均值、等位基因平均数平均值、有效等位基因数平均值、Nei's 基因多样性指数平均值、Shannon 多样性指数平均值分别高出育种群体 5.32%、2.44%、1.13%、4.94%、5.68%。两项研究都表明，群体内变异是 RAPD 分子水平上遗传变异的主要成分。

4 日本落叶松×兴安落叶松 RAPD、SSR 遗传图谱构建与 QTL 定位

4.1 试验材料与方法

4.1.1 试验材料

本试验材料来源于黑龙江省牡丹江林口县青山林场。由日本落叶松 3（数字表示无性系编号，下同）和兴安落叶松 2 控制授粉获得 F1 杂交种，子代林建于 1980 年，采用随机区组设计。利用日本落叶松 3 和兴安落叶松 2 及其 F1 个体为作图群体，群体由 145 个 F1 个体组成。父母本及子代作图群体针叶样品于 2006 年采得，参照姜静（2003）的 CTAB 方法提取基因组 DNA。

4.1.2 RAPD 试验

4.1.2.1 主要试剂与仪器

1）RAPD 引物［生工生物工程（上海）股份有限公司，编号为"S"，2OD］。

2）CTAB 提取缓冲液：2%（w/V）CTAB，100mmol/L Tris-Cl（pH 8.0），20mmol/L EDTA（pH 8.8），1.4mol/L NaCl，2%～5% β-巯基乙醇（使用前加入）。

3）0.5mol/L EDTA 配制（pH 8.0）：Na$_2$EDTA·2H$_2$O 186.1g，加水约 600mL 后用固体 NaOH（15～20g）调 pH 至 8.0，加水定容至 1000mL，高压灭菌。

4）10mg/mL RNase：10mmol/L Tris-HCl（pH 7.5），15mmol/L NaCl，100℃加热 15min，缓慢冷却至室温，–20℃保存。

5）1mol/L Tris（pH 8.0）：121.1g Tris 加蒸馏水定容至 1000mL。

6）TE 缓冲液：10mmol/L Tris-Cl（pH 8.0），1mmol/L EDTA（pH 8.0）。

7）50×TAE 电泳缓冲液（100mL）：Tris 24.2g，5.7mL 冰醋酸，10mL 0.5mol/L EDTA（pH 8.0），电泳时使用 1×TAE 工作液。

8）0.8%琼脂糖凝胶：40mL 1×TAE，0.32g 琼脂糖。

9）6×琼脂糖电泳加样缓冲液：蔗糖 40%（w/V），澳酚蓝 0.25%，4℃保存。

10）PCR 扩增用试剂：10×Taq buffer，4×dNTP，Taq DNA 聚合酶，–20℃保存。

11）GelRed（BIOTIUM，USA），氯仿：异戊醇（24：1，V/V），酚：氯仿：

异戊醇（25∶24∶1，*V/V/V*），异丙醇，3mol/L NaAc，Tris 饱和酚，70%乙醇。

12）PCR 仪（GeneAmp PCR System 9700、PTC-200 peltier Thermal Cycler）。

13）紫外透射仪（ZF 型）。

14）核酸浓蛋白测定仪（Eppendorf）。

15）电泳仪（DYY-Ⅲ-12B 型、DYY Ⅲ-8B 型）。

4.1.2.2　RAPD 引物

利用 10bp 单链 RAPD 随机引物，对基因组 DNA 进行 PCR 扩增，以琼脂糖凝胶电泳检测多态性。经 GelRed 染色或放射性自显影后检测扩增产物 DNA 片段的多态性。先以 2 亲本 DNA 为模板，对 1200 个随机引物进行多态性筛选。RAPD 是显性标记，初次筛选遵循的原则即扩增结果在亲本中一个有带、一个无带。再用 2 亲本和 8 个随机 F1 个体的 DNA 为模板扩增，差异条带在 8 个杂交后代中分离的引物记为多态性引物（图 4-1）。最终在亲本及全部 145 个 F1 个体样本的扩增中，重复性好且有较好分离的引物，记录其多态性片段用于图谱构建。

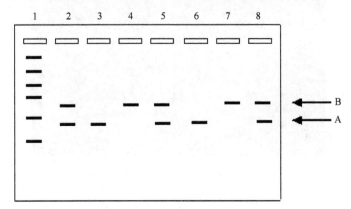

图 4-1　引物筛选所遵循的原则

1 为标准分子质量 DNA，2 为亲本日本落叶松，3 为亲本兴安落叶松，4~8 为 F1 个体；A、B 代表不同的扩增片段，扩增引物在不同个体之间需具有多态性（差异性）（扩增片段 B 为目的片段）

4.1.2.3　RAPD-PCR 反应体系

通过正交设计对 RAPD-PCR 反应体系的各因素（*Taq* DNA 聚合酶、Mg^{2+}、dNTP、模板 DNA、引物）在多个水平上进行优化，确立本试验最佳 RAPD-PCR 反应体系。设置退火温度梯度进行退火温度选择。通过几种酶的扩增比较，确立最适宜本试验 RAPD-PCR 反应体系的酶。94℃预变性 3min，循环反应包括 94℃变性 50s，退火复性 50s，72℃延伸 1.5min，40 个循环后，72℃延伸 7min（表 4-1）。全部体系的 PCR 扩增产物经 GelRed（BIOTIUM）染色，使用琼脂糖凝胶（浓度 1.5%，1×TAE）进行电泳分离（120V，1.5~2.0h）和多态性检测分析。

表 4-1　RAPD-PCR 反应程序

	温度条件	时间
	94℃预变性	3min
	94℃变性	50s
40 个循环	退火温度	50s
	72℃延伸	1.5min
	72℃延伸	7min
	4℃	存放

本试验中，进行 RAPD-PCR 所需的模板 DNA 浓度为 50ng/μL，用 0.8%琼脂糖凝胶检测 DNA 的完整性，经检测点样孔干净，DNA 主带清晰没有弥散，RNA消化完全（图 4-2），这说明 DNA 的纯度和完整性都比较好。所提取 DNA 保存于4℃冰箱中备用。

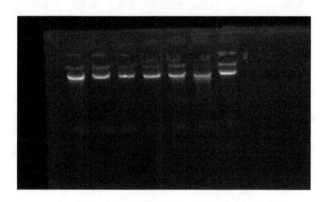

图 4-2　琼脂糖凝胶电泳检测 DNA

常见的 RAPD-PCR 反应体积有 10μL、20μL、30μL、50μL 等，本试验通过扩增比对，从试验结果及经济角度考虑，最终确立最佳反应体积为 20μL。

本试验采用的软件为正交设计助手 II V3.1，针对影响 PCR 的 *Taq* DNA 聚合酶、Mg^{2+}、dNTP、模板 DNA、引物 5 个因素，选用 L_{16}（4^5）正交表在 4 个水平上试验。设计 PCR 扩增体系各成分的因素-水平正交试验，见表 4-2。表 4-2 中共有 16 个处理，每个处理做 3 个重复，按表 4-2 中的数据加样。在 GeneAmp PCRSystem 9700 扩增仪上进行扩增，反应体系为 20μL，除表 4-2 中所列因素外，每管还有 1×*Taq* buffer。

结果显示，处理 3 扩增片段清晰稳定、多态性较好，本试验选用 3 号体系，即总体积 20μL，模板 DNA 50ng，5μmol/L 引物 2.0μL，2.5mmol/L dNTP（TaKaRa）1.6μL，10×*Taq* buffer 2.0μL，25mmol/L $MgCl_2$ 2.4μL，5U/μL *Taq* DNA 聚合酶（Fermentas）0.2μL（表 4-3）。

表 4-2 PCR 反应体系各成分因素-水平正交设计表 L_{16}（4^5）

编号	因素				
	Taq DNA 聚合酶/ （U/20μL）	Mg^{2+}/ （mmol/L）	dNTP/ （mmol/L）	模板 DNA/ （ng/20μL）	引物/ （μmol/L）
1	1.0	2.0	0.15	25.0	0.40
2	1.0	2.5	0.20	37.5	0.45
3	1.0	3.0	0.25	50.0	0.50
4	1.0	3.5	0.30	62.5	0.55
5	1.5	2.0	0.20	50.0	0.55
6	1.5	2.5	0.15	62.5	0.50
7	1.5	3.0	0.30	25.0	0.45
8	1.5	3.5	0.25	37.5	0.40
9	2.0	2.0	0.25	62.5	0.45
10	2.0	2.5	0.30	50.0	0.40
11	2.0	3.0	0.15	37.5	0.55
12	2.0	3.5	0.20	625	0.50
13	2.5	2.0	0.30	37.5	0.50
14	2.5	2.5	0.25	25.0	0.55
15	2.5	3.0	0.20	62.5	0.40
16	2.5	3.5	0.15	50.0	0.45

表 4-3 落叶松 RAPD-PCR 扩增体系

成分	用量	浓度	终浓度
模板 DNA	1.0μL	50ng/μL	50.0ng/20μL
引物	2.0μL	5μmol/L	0.50μmol/L
dNTP	1.6μL	2.5mmol/L	0.25mmol/L
Mg^{2+}	2.4μL	25mmol/L	3.0mmol/L
Taq DNA 聚合酶	0.2μL	5U/μL	1.0U/20μL
10×*Taq* buffer	2.0μL		
去离子水	10.8μL		
总计	20μL		

根据所选引物序列计算理论退火温度，$T_m = 4$（G+C）$+2$（A+T）（或参照引物合成序列单所提供的 T_m），再根据 T_m 值在 MJ Research PTC-200 扩增仪上设置合适的退火温度范围，仪器将自动形成 12 个梯度（表 4-4），通过电泳分析确定最佳退火温度。处理 7 为最适退火温度，试验过程中将退火温度设置为 36.8℃。

表 4-4　设置温度梯度 32.0～40.0℃

梯度	1	2	3	4	5	6	7	8	9	10	11	12
退火温度/℃	32.0	32.2	32.7	33.3	34.2	35.4	36.8	37.9	38.8	39.4	39.8	40.0

Taq DNA 聚合酶选择是否合理是 PCR 成败与否的一个关键因素,考虑的指标有特异性、保真性、耐热性、扩增速率、扩增片段长度、能否进行复杂模板扩增及优化条件难易等。本试验选用 4 种品牌 *Taq* DNA 聚合酶(全式金、天根、MBI、rTaq),3 次重复 PCR 扩增进行对比。扩增试验结果显示 MBI 品牌条带清晰稳定、多态性条带丰富,本试验选用该酶。

本试验对随机引物进行筛选,初次筛选得到 268 个 RAPD 引物(来自 1200 个 RAPD 引物),对日本落叶松(*L. leptolepis*)×兴安落叶松(*L. gmelinii*)及其 145 个 F1 个体进行扩增,重复性差的 58 个 RAPD 引物被淘汰。最终获得在双亲间有较好多态性,并且在杂种后代中表现分离,有清晰稳定条带的 RAPD 引物 210 个,检测到 581 个分离位点。引物入选的概率为 17.5%,每个引物产生的多态位点为 1～7 个,平均为 2.8 个位点/引物,扩增产物的 DNA 片段长度为 500～2000bp。图 4-3 和图 4-4 分别显示了用引物 S1142、S1515 扩增产生的拟测交位点在部分 F1 个体中的分离。

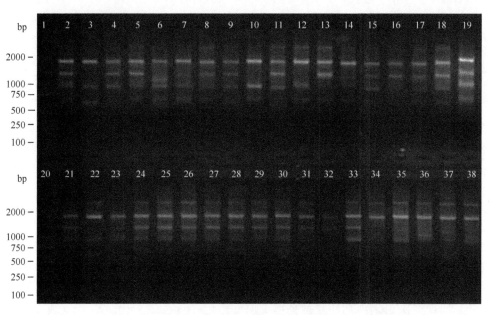

图 4-3　引物物 S1142 的扩增片段在日本落叶松×兴安落叶松 F1 群体中的分离

1 和 20 为标准分子质量 DNA,2 和 21 为日本落叶松,3 和 22 为兴安落叶松,4～19 和 23～38 为杂种 F1 个体

落叶松 F1 个体模板 DNA 浓度确定为 50ng/μL。通过优化,确立 RAPD-PCR 反应体积为 20μL,退火温度为 36.8℃,MBI 的 *Taq* DNA 聚合酶。反应体系:模

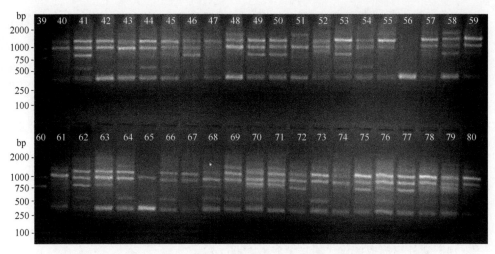

图 4-4　引物 S1515 的扩增片段在日本落叶松×兴安落叶松 F1 群体中的分离

39 和 60 为标准分子质量 DNA，40 和 61 为日本落叶松，41 和 62 为兴安落叶松，
42～59 和 63～80 为杂种 F1 个体

板 DNA 50ng，5μmol/L 引物 2.0μL，2.5mmol/L dNTP（TaKaRa）1.6μL，含 KCl 的 10×*Taq* buffer 2.0μL（100mmol/L Tris-HCl，500mmol/L KCI，0.8% Nonidet P40），25mmol/L MgCl₂ 2.4μL，5U/μL *Taq* DNA 聚合酶（Fermentas）0.2μL。

共获得 210 个在落叶松双亲中多态性好、条带清晰稳定且在子代中有分离的引物，检测到 581 个分离位点。引物入选的概率为 17.5%，每个引物产生的多态位点为 1～7 个，平均为 2.8 个位点/引物。

4.1.3　SSR 试验

4.1.3.1　主要试剂与仪器

1）SSR 引物 [生工生物工程（上海）股份有限公司 SSR primer 编号为 "LS"，2OD，工作液浓度 5μmol/L]。

2）6% 丙烯酰胺胶储存液的制备（总体积 1000mL）：尿素 960g，30% 聚丙烯酰胺 300mL，5×TBE 400mL，加水定容至 1000mL。

3）10% AP（过硫酸铵）：过硫酸铵 0.05g，蒸馏水定容至 0.5mL。

4）洗脱液/固定液：10% 冰醋酸。

5）染色液：AgNO₃ 1%，甲醛 1.5mL，加蒸馏水定容至 1000mL。

6）显色液：NaOH 60g，甲醛 3.0mL，加蒸馏水定容至 2000mL。

7）硫代硫酸钠 10mg/mL：硫代硫酸钠 0.1g，加蒸馏水定容至 100mL。

8）10×TBE 配制：Tris Base 108g，硼酸 55g，0.5mol/L EDTA 40mL（pH 8.0），

加蒸馏水定容至 1000mL。5×TBE 配制：Tris Base 54g，硼酸 27.5g，0.5mol/L EDTA 20mL（pH 8.0），加蒸馏水定容至 1000mL。

9）6×变性聚丙烯酰胺凝胶上样缓冲液；DL2000 DNA Marker（Code D501A，Lot B5601A，TaKaRa）；剥离硅烷、亲和硅烷（Research Use Only Bind-silane code：0618）；无水乙醇；丙烯酰胺/双丙烯酰胺（19∶1）（40%w/V）［生工生物工程（上海）股份有限公司］，尿素（USP Grade CODE）、TEMED（SIGMA，T8133，分子式 $C_6H_{16}N_2$，相对分子质量 116.2）。

10）PCR 仪（GeneAmp PCR System 9700、PTC-200 peltier Thermal Cycler）。

11）圆周式振荡摇床（D79219）。

12）稳压电泳仪（DYY-12 型、DYY-3-12B 型）。

13）双垂直电泳槽（JY-SCZ7）。

14）紫外扫描成像仪（清华紫光 M1600 型）。

4.1.3.2 SSR 引物

根据 SSR 的来源可将其分为基因组 SSR 和 EST（expressed sequence taq）-SSR。

通过文献查找针叶树所使用过的 SSR 引物。由于微卫星序列侧翼有相当保守的 DNA 序列，因此微卫星引物具有较高的通用性。所以在同一物种间或物种亲缘关系比较近的物种间，甚至分类地位很近的物种间，可以利用引物序列的通用性做遗传学研究。通过对这些已经设计好的引物进行筛选，找出适合本物种的引物。

植物 EST 计划作为植物基因组计划的重要组成部分，已在许多物种中开展起来，EST 资源库的不断扩充为采集 SSR 提供了海量数据。这些序列已经成为发展 SSR 标记（EST-SSR）的重要资源。

与来自基因组中随机分布的 SSR 标记相比，基于 EST 开发的 SSR 标记位于基因的转录部分，反映了基因的编码部分，可以直接获得基因表达的信息，因而与功能基因紧密连锁，而且它在近缘物种间具有高度的可转移性和通用性。登陆 NCBI 的 dbEST 数据库，搜索相近物种 EST 序列，并使用 SSR 引物设计软件获得 EST-SSR 引物。

通过文献查找针叶树所使用过的 SSR 引物，如张新叶（2004）对日本落叶松群体的叶绿体进行 SSR 分析所使用的叶绿体 SSR 引物，艾畅等（2006）对马尾松种子园的遗传多样性与父本分析时所使用的 SSR 引物，张广荣（2008）在梵净山冷杉的保护遗传学研究中所使用的 SSR 引物，邵丹（2007）对凉水国家级自然保护区天然红松种群进行 SSR 遗传多样性在时间尺度上变化的 cpSSR 分析等，总计检索到 118 对 SSR 引物，部分见表 4-5 和表 4-6。

表 4-5 一些针叶树所使用过的部分叶绿体 SSR 引物

引物	序列 5′→3′	引物	序列 5′→3′
Pt63718	CAC AAA AGG ATT TTT TTT CAG TG CGA CGT GAG TAA GAA TGG TTG	1	AGATCGGGACAATGTATGCC TGTCCTATCCATTAGACGAT
Pt30204	TCA TAG CGG AA GAT CCT CTT T CGA ATT GAT CCT AAC CAT ACC	2	ACTGCAAGGAACAGTAGAAC CGGAACGTTTTCTGATGCAC
Pt71936	TTC ATT GGA AAT ACA CTA GCC C AAA ACC GTA CAT GAG ATT CCC	3	CAGAAGCCCAAGCTTATGGC CGGATTGATCCTAACCATAC
Pt109567	TAT TAT CGA ACA ACG AGA ATA ATC C TCA CTG TCA CTC TAC AAA ACC G	4	TTTCGGGCTCCACTGTTATC CGTACTCAATTTGTTACTAC
Pt15169	CTT GGA TGG AAT AGC AGC C GGA AGG GCA TTA AGG TCA TTA	5	ACCAATTCCGCCATATCCCC CTAGGGGAGGATAATAACATTGC
Pt110048	TAA GGG GAC TAG AGC AGG CTA TTC GAT ATT GAA CCT TGG ACA	6	TTCAAGTCCAGGATAGCCCA CTACCAACTGAGCTATATCC
Pt71936	TTCATTGGAAATACACTAGCCC AAAACCGTACATGAGATTCCC		

表 4-6 一些针叶树所使用过的部分 SSR 引物

引物	序列 5′→3′	引物	序列 5′→3′
M1	TTCAATGCGTTCATCAGG ACAAATGCGTTCATCAGG	A1	CGATGTCGATTAGGGATTGG CCTGTTCTTCGTCGGATGTT
M2	ACCAATGCGTTCATCAGG AGGAGGGACGAAGGTGTG	A2	CCATCCGGGTGGACTTGAAC AATTTCGCCCACTGRCTACG
M3	ACCAATGCGTTCATAAGG CATAAGAGGGACGAAGGTG	A3	ATAGGGTGTCAGCCCACAGT GCTTTCACGAAATCCTCGTC
M4	AGACGGGAGGAACAGCAC CTCGGATTGACTTGGTAAAACT	A4	GAATGCGACTCCCTCTTCTG TATGAATTGGTTGGGGTGGT
M5	TATCACGCCGAAGAAGTT GGTATGACACGAAGCCAC	A5	AGGAAGCGGAGCAACAGTAG GCTTCCTCCTGCACTTTCAC
M6	CCCACGCTGATGTATTTG TACCCGACTCGTTCCACT	A6	CAAGTGCGGGCAATCTTTAT CTGCTGTTTCATCCTCACCA
M7	GCCCATAACACCCACCAT AGACTCGGCTTGTCCCAC	A7	TCAGATGGAGATCACCCACA GGAGAACATCTGCCTTGAGC
M8	CACCCAGCACGATGTATGT CTCGGATTGGATTGGTAGAT	RPTest13	CGAAGGCGACCATAAATTGT CCCAGTGCCTCAATCTTGTT
M9	CCAGCCGTGATGTAGTTG CCGTTCATTCTCTGTCCG	PtTX2123	GAAGAACCCACAAACACAAG GGGCAAGAATTCAATGATAA
M10	AGCCCGAACTTACCCATAC CGCAGTGCTGTTTCATCC	PtTX4001	CTATTTGAGTTAAGAAGGGAGTC CTGTGGGTAGCATCATC
M11	TTACCCATAACACCCACC CACAGAGCAGTTCCACGC	PtTX3116	CCTCCCAAAGCCTAAAGAAT CATACAAGGCCTTATCTTACAGAA
M12	TGCCATCTCATTGCTGTTAC ACCCATCAAAGCCACCAT	PtTX4011	GGTAACATTGGGAAAACACTCA TTAACCATCTATGCCAATCACTT
M13	TCGCAGGACTTGACTCGT TCCCATAACACCCACCAT	PtTX4013	ACAGCTAAGCGGAGCCGCTGAC CATGGCTGCCTCTGGCTGATACTG
M14	CGCCATCAAACCTTCTTC TGCGGGTCTATTTCTATCAC	RPS160	ACTAAGAACTCTCCCTCTCACC TCATTGTTCCCCAAATCAT

登陆 NCBI 的 dbEST 数据库（http://www.ncbi.nlm.nih.gov/dbEST/index.html），以 *Larix*、*Pseudotsuga*、*Abies*、*Pinus*、*Tsuga* 为关键词搜索 EST 序列。共获 EST 序列 40 605 条（截至 2009 年 9 月 14 日）。落叶松属（*Larix*）EST-SSR 的搜索获得 62 条 EST，黄杉属（*Pseudotsuga*）EST-SSR 的搜索获得 18 181 条 EST，冷杉属（*Abies*）EST-SSR 的搜索获得 10 362 条 EST，松属（*Pius*）EST-SSR 的搜索获得 372 183（本试验选用前 12 000 条 EST），铁杉属（*Tsuga*）的搜索获得 3 条，见表 4-7。

表 4-7 NCBI 的 dbEST 数据库松科 EST 检索

亚门	属	EST（2009.9.14）
松亚门（Pinoideae）	松属（*Pinus*）	372 183
落叶松亚门（Laricoideae）	落叶松属（*Larix*）	62
	黄杉属（*Pseudotsuga*）	18 181
冷杉亚门（Abietoideae）	冷杉属（*Abies*）	10 362
	铁杉属（*Tsuga*）	3

应用 SSRIT（simple sequence repeat identification tool）软件在线搜索 EST-SSR 位点，冷杉属（*Abies*）检索共获得拥有 SSR 位点的序列 243 个，黄杉属（*Pseudotsuga*）共获得拥有 SSR 位点的序列 398 个，松属（*Pinus*）359 个，落叶松属（*Larix*）1 个，铁杉属（*Tsuga*）EST 序列均不含 SSR 位点。用 Primer 3 软件设计 EST-SSR 引物，共设计引物 796 对，由生工生物工程（上海）股份有限公司合成。

冷杉属（*Abies*）在搜索的 10 362 个 EST 中，共发现了分布于 243 个 EST 中的 170 个 SSR，含有 SSR 的 EST 占全部 EST 的 2.345%；黄杉属（*Pseudotsuga*）在搜索的 18 181 个 EST 中，共发现了分布于 408 个 EST 中的 398 个 SSR，含有 SSR 的 EST 占全部 EST 的 2.244%（表 4-8）。

表 4-8 SSR Primer3 所设计 EST-SSR 引物的信息

属	EST	SSR	引物	SSR 频率/%	EST 引物贡献率/%	SSR/EST 频率/%
松属（*Pinus*）	12 000	359	228	2.992	1.900	63.510
黄杉属（*Pseudotsuga*）	18 181	408	398	2.244	2.189	97.549
冷杉属（*Abies*）	10 362	243	170	2.345	1.641	69.959
落叶松属（*Larix*）	62	1		1.613		
铁杉属（*Tsuga*）	3	0				
总计	40 608	1 011	796			

EST-SSR 主要有三种重复类型，即二核苷酸重复、三核苷酸重复、四核苷酸重复，其出现频率各不相同（表 4-9）。其中二核苷酸重复最为常见，共有 5598

个，占全部重复单元比例达到 83.79%；其次为三核苷酸重复，为 1067，占全部重复单元的比例为 15.97%；四核苷酸重复为 16，所占比例为 0.24%。由此可见，EST-SSR 中，二核苷酸重复占主导地位。

表 4-9 SSR 在松树 EST 中的出现频率

类型	种类	数目	所占比例/%
二核苷酸	11	5598	83.79
三核苷酸	40	1067	15.97
四核苷酸	3	16	0.24
总计	54	6681	100.00

在搜索出的 EST-SSR 中，共观察到 54 种重复单元（表 4-9）。其中二核苷酸重复基元中，ag、ga 出现的次数较多，分别占二核苷酸重复的 40.1%、19.5%；在三核苷酸重复基元中，cag、ctg 和 gag 出现较多，占三核苷酸重复的 8.25%、8.15% 和 7.87%；四核苷酸重复基元中有三种类型碱基，即 aata、aatt、ttat，所占比例几乎相同（表 4-10）。

表 4-10 EST 序列中二核苷酸、三核苷酸、四核苷酸重复基元信息

重复类型	碱基	数量	所占比例/%	碱基	数量	所占比例/%	碱基	数量	所占比例/%	碱基	数量	所占比例/%
二核苷酸	tc	410	6.1368	ca	120	1.7961	ac	41	0.6137	ga	1091	16.3299
	tg	76	1.1376	ct	162	2.4248	ag	2247	33.6327	gc	17	0.2545
	ta	647	9.6842	at	757	11.3306	gt	30	0.4490			
三核苷酸	ttc	59	0.8831	cgt	6	0.0898	aag	17	0.2545	gat	10	0.1497
	ttg	5	0.0748	ctc	65	0.9729	aat	47	0.7035	gca	35	0.5239
	tct	26	0.3892	ctg	87	1.3022	aca	22	0.3293	gct	20	0.2994
	cct	5	0.0748	ctt	25	0.3742	acc	5	0.0748	gga	10	0.1497
	cac	15	0.2245	gaa	13	0.1946	aga	39	0.5837	ggc	41	0.6137
	cag	88	1.3172	gag	84	1.2573	agc	15	0.2245	ggt	5	0.0748
	cca	16	0.2395	tga	35	0.5239	ata	9	0.2994	gtg	5	0.0748
	tca	33	0.4939	tgc	62	0.9280	atc	35	0.5239	gtt	5	0.0748
	tcc	38	0.5688	tgg	10	0.1497	atg	12	0.1796	taa	5	0.0748
	tcg	10	0.1497	tta	11	0.1646	att	21	0.3143	tat	5	0.0748
四核苷酸	aatt	6	0.0898	aata	5	0.0748	ttat	5	0.0748			
总计												100.00

4.1.3.3 SSR-PCR 试验

通过正交设计对 SSR-PCR 反应体系的各因素（Taq DNA 聚合酶、Mg^{2+}、

dNTP、模板 DNA、引物）在多个水平上进行优化（杨传平等，2006；王润辉等，2007）。反应体系为 20μL。T_m=4（G+C）+2（A+T）（或参照引物合成序列单所提供的 T_m）。在进行引物批量筛选时将退火温度设置为 60℃，见表 4-11。在用某一对引物对群体进行扩增时，退火温度参照引物合成序列单所提供的 T_m。

表 4-11　SSR-PCR 反应程序

	温度条件	时间
	94℃预变性	5min
	94℃变性	30s
35 个循环	60℃复性	30s
	72℃延伸	30s
	72℃延伸	7min
	4℃	存放

同 RAPD-PCR 一样，条件的变化也会引起 SSR-PCR 一些扩增产物的改变，会出现带型不稳定、重复性稍差的现象，要获得清晰稳定的扩增条带，在试验前仍要进行体系优化（表 4-12），严格控制试验条件和反应体系。

表 4-12　PCR 扩增体系各成分因素-水平正交设计表 L_{16}（4^5）

编号	因素				
	Taq DNA 聚合酶/（U/20μL）	Mg^{2+}/（mmol/L）	dNTP/（mmol/L）	模板 DNA/（ng/20μL）	引物（上游/下游）/（μmol/L）
1	1.0	2.0	0.15	25.0	0.35
2	1.0	2.5	0.20	37.5	0.40
3	1.0	3.0	0.25	50.0	0.45
4	1.0	3.5	0.30	62.5	0.50
5	1.5	2.0	0.20	50.0	0.50
6	1.5	2.5	0.15	62.5	0.45
7	1.5	3.0	0.30	25.0	0.40
8	1.5	3.5	0.25	37.5	0.35
9	2.0	2.0	0.25	62.5	0.40
10	2.0	2.5	0.30	50.0	0.35
11	2.0	3.0	0.15	37.5	0.50
12	2.0	3.5	0.20	625	0.45
13	2.5	2.0	0.30	37.5	0.45
14	2.5	2.5	0.25	25.0	0.50
15	2.5	3.0	0.20	62.5	0.35
16	2.5	3.5	0.15	50.0	0.40

处理 3 扩增结果显示，片段清晰稳定、多态性较好，本试验选用 3 号体系，即 PCR 扩增反应使用 GeneAmp PCR System 9700 扩增仪，反应总体积 20μL，模板 DNA 50ng，20μmol/L 上游引物 1.8μL，5μmol/L 下游引物 1.8μL，2.5mmol/L dNTP（TaKaRa）1.6μL，10×*Taq* buffer 2.0μL，25mmol/L MgCl₂ 2.4μL，5U/μL*Taq* DNA 聚合酶（Fermentas）0.2μL（表 4-13）。

表 4-13 落叶松 SSR-PCR 扩增体系

成分	用量	浓度	终浓度
模板 DNA	1.0μL	50ng/μL	50.0ng/20μL
引物（上游/下游）	1.8μL/1.8μL	5μmol/L	0.45μmol/L/0.45μmol/L
dNTP	1.6μL	2.5mmol/L	0.25mmol/L
Mg²⁺	2.4μL	25mmol/L	3.0mmol/L
Taq DNA 聚合酶酶	0.2μL	5U/μL	1.0U/20μL
10×*Taq* buffer	2.0μL		
去离子水	9.2μL		
总计	20μL		

先以 2 亲本 DNA 为模板，对 904 对引物［生工生物工程（上海）股份有限公司］进行多态性筛选，得到 SSR 引物 28 对，其中已有 SSR 引物 1 对，自行设计 EST-SSR 引物 27 对。再用 2 亲本和 8 个随机 F1 个体的 DNA 为模板扩增，差异条带在 8 个杂交后代中分离的引物记为多态性引物，获得 17 对 SSR 引物，全部为 EST-SSR 引物。以获得的 17 对 SSR 多态性引物对日本落叶松（*L. leptolepis*）×兴安落叶松（*L. gmelinii*）及其 145 个 F1 个体进行扩增，共获得 22 个多态性位点，平均每对 SSR 引物获得 1.3 个标记位点。扩增产物的 DNA 片段长度为 150～1000bp。图 4-5 和图 4-6 显示了用引物 LS362、LS394 扩增产生的拟测交位点在部分 F1 个体中的分离。

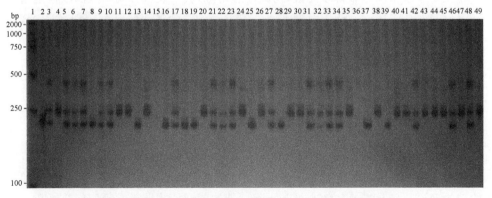

图 4-5 引物 LS362 的扩增片段在日×兴 F1 群体中的分离

1 为标准分子质量 DNA，2 为日本落叶松，3 为兴安落叶松，4～49 为杂种 F1 个体

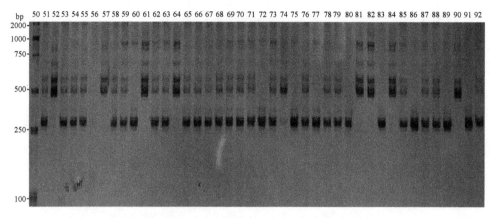

图4-6 引物 LS394 的扩增片段在日×兴 F1 群体中的分离

50 为标准分子质量 DNA，51 为日本落叶松，52 为兴安落叶松，53～92 为杂种 F1 个体

SSR-PCR 反应体积采用 20μL，通过正交设计确立适宜反应体系：模板 DNA 50ng，20μmol/L 上游引物 1.8μL，5μmol/L 下游引物 1.8μL，2.5mmol/L dNTP（TaKaRa）1.6μL，含 KCl 10×*Taq* buffer 2.0μL（100mmol/L Tris-HCl，500mmol/L KCl，0.8% Nonidet P40），25mmol/L MgCl$_2$1.6μL，5U/μL *Taq* DNA 聚合酶（Fermentas）0.2μL。

通过文献查找到针叶树所使用过的 SSR 引物 118 对。登陆 NCBI 的 dbEST 数据库，搜索相近物种 EST 序列 40 608 条，应用 SSRIT 软件在线搜索 EST-SSR 位点 1011 个。使用 SSR 引物设计软件 Primer 3 获得 EST-SSR 引物 796 对。对引物进行多态性筛选，获得 17 对重复性好且有较好分离的引物。

4.1.4 小结

获得在双亲间有较好多态性，并且在杂种后代中表现分离，有清晰稳定条带的 RAPD 引物 210 个、SSR 引物 17 对。共获得 603 个多态性位点（581 个 RAPD、22 个 SSR）。平均每个 RAPD 引物获得 2.8 个标记位点，每对 SSR 引物获得 1.3 个标记位点。RAPD 扩增产物的 DNA 片段长度为 150～2000bp，SSR 扩增产物的 DNA 片段长度为 150～1000bp。

4.2 图谱构建与连锁分析

遗传图谱（genetic map）又称连锁图（linkage map），是以具有多态性的遗传标记为路标，以 2 个位点（loci）的交换率为图距（单位 cM）的图谱。遗传连锁图构建的理论基础是染色体的交换和重组。遗传图谱的连锁通常采用优势对数——LOD 值来表示（Morton，1991）。用重组率来表示基因间的遗传图距，图距单位用厘摩（cM）表示，1cM 的大小大致符合 1% 的重组率。经典遗传学中，重组值是根据分离群体中重组型个体占总个体的比例来估计的。最大似然法以满足估计值在观察结果中出现的概率最大为条件，对估计值进行显著性检验和置信区间估计。用似然比检验法对各种可能的基因排列顺序进行最大似然估计，然后通过似然比检验确定出可能性最大的顺序。在一条染色体上，经过多次多点测验，确定出最佳的基因排列顺序，并估计出相邻基因间的遗传图距，从而构建出相应的连锁图。应用于植物遗传连锁分析和遗传图谱构建的常用软件有 LINKAGE、Mapmaker/EXP、Join Map 等，本研究将采用 Join Map 3.0 软件。

4.2.1　数据统计与分析方法

本研究主要内容包括：对凝胶进行数据提取；根据 PCR 扩增谱带的有无采用 "0-1" 统计记录谱带位置；利用 χ^2 检验（$\chi^2_{0.05\,(1)}$ =3.84）检测，确定有带和无带比符合分离比的标记；根据 Join Map 3.0 作图软件的要求将数据转换为符号形式，根据差异条带在父母本中的有无分别建立数据集；采用 Join Map 3.0 软件进行连锁分析；将连锁群信息录入软件 Map Chart 2.2 作图。

4.2.1.1　作图群体 RAPD、SSR 位点的选择

选择有带和无带比符合 1∶1 分离的位点，根据公式 $\eta=1-(1-1/2)^n$（n 为子代个体的数目，η 为拟测交位点的中选概率）得到的拟测交位点的中选概率为 99.9%（尹佟明和黄敏仁，1996）。利用中选的引物对包括双亲在内的 145 个单株的 DNA 样品进行 PCR 扩增反应，获得 RAPD 标记。将用于作图的 RAPD 标记按引物的大小和扩增片段长度排序后进行统一编号，表 4-14 和表 4-15 为用于构图的部分 RAPD、SSR 引物。

表 4-14　用于构建图谱的部分 RAPD 引物

引物	序列 5′→3′	引物	序列 5′→3′
S10	CTGCTGGGAC	S1222	GTCCTCGTGT
S19	ACCCCCGAAG	S1341	GTCCACCTCT
S39	CAAACGTCGG	S1401	CCGTCGGTAG
S83	GAGCCCTCCA	S2036	TCGGCACCGT
S99	GTCAGGGCAA	S2067	GAGCTGGTCC
S102	TCGGACGTGA	S2070	GACGCTATGG
S103	AGACGTCCAC	S2072	GGGAACCGTC
S111	CTTCCGCAGT	S2077	GTTCGCTCCC
S116	TCTCAGCTGG	S2109	ACCCAGGTTG
S137	AACCCGGGAA	S2149	GTCTTCCGTC

表 4-15　筛选出的 SSR 引物

引物	序列 5'→3'	引物	序列 5'→3'
LS273	TAGTGATGTCGTGGCAGCTT; AGGGTTTCCCCATTTGCTAT	LS331	AAGTTGTGCGGAAAACTGGT; TCATGAATGCAAGCAGAAGC
LS274	GGATGGAATCGCGTGTTAGA; AAATTTGTTGGGAGCACCAG	LS336	CGAGTTTGCCCACGAAGATA; GCTTCAAAGAAACCCCCTTC
LS277	TTGATGCCAAACACACTGGT; CCCGTAGCCACATTCTCAAT	LS352	GCAGCTCCAACTCCAAGAAG; AATCACGGTAGAGGCACAGG
LS291	ACGTTCCTGGCAACATAGG; AAGGATGTGCTGAAGGATGC	LS236	TGAACAATCCCTCCCACTTC; TTCTGCTGCTGGTTCTGTTG
LS292	CATGCTTCCACCACTTGCTA; TGATGAGGAGGAGGAGGAGA	LS386	GGTGCAAATGGTTCATCAAA; TTTAGCTTTGCCACCTTTGG
LS295	AGAATGCACAAGGAGGCACT; GCCTGGTATTCATGGCTGTT	LS255	TCATTACAACGACCCACGAA; TGCAGCGTGAAGTTCTCATC
LS302	TAGGGTTTTGAGGGGCTTCT; GCAAATCCTGGAGGTGAAAA	LS237	AATCCACTCGTGCGAAAGTT; GGTTGCAGCCAGGATATGAT
LS307	AATCAGGCTGCTGCTTTCAT; CAGACCCATCTGTGAGCAAA	LS367	TGGTGATTTCCCTTTGTTTCA; AAGCAAAGAGCCAACTGCAT
LS321	CCAACTGCATTCATTCACGA; TGGTGATTTCCCTTTGTTTCA		

　　对凝胶进行数据提取，根据 PCR 扩增谱带的有无分别对个体标记基因型进行赋值，对扩增产物的电泳结果采用"0-1"统计记录谱带位置，观察扩增条带的有无，有带的记为 1，无带或不清楚的记为 0，缺失记为–。扩增片段碱基长度记录形式如下：S1102-780，其中"S1102"为扩增出谱带的引物名称，"780"为扩增片段的碱基长度，单位为 bp。

4.2.1.2　构建及分析

　　利用 χ^2 检验（$\chi^2_{0.05\,(1)}$ =3.84）确定有带和无带比符合 1：1 分离的 RAPD、SSR标记，用于图谱构建。图谱构建分析采用目前广泛使用的 Join Map 3.0 作图软件（Burbridge et al.，2001；Dettori et al.，2001；van Ooijen and Voorrips，2001；Gosselin et al.，2002；Ulloa et al.，2002；Mollinari et al.，2009；）。利用 Kosambi 作图函数构建遗传连锁图，采用绘图软件 Map Chart 2.2 绘制连锁图。

　　根据 Join Map 3.0 作图软件的要求，将整理后的数据转换为符号形式，将某位点出现谱带的个体基因型记为 H（杂合型），该位点不出现谱带的个体基因型记为 A（纯合型）。难于判读的谱带和缺失数据记为–。根据差异条带在父母本中的有无，分别建立两个数据集。记录清晰稳定的差异片段条带作为标记，25% 以上数据缺失整个数据集被排除，不做进一步的分析。

　　遗传图谱实际长度分为框架图长度和连锁群总长度，框架图长度即连锁群（> 3 个标记）长度之和，连锁群总长度指包括连锁群、三联体和连锁对在内所有连锁长度的总和。

4.2.2 结果与分析

4.2.2.1 RAPD-SSR 标记在 F1 群体中的分离

χ^2 检验结果表明,扩增位点中,444 个位点符合 1：1 拟测交分离(日本落叶松 220/兴安落叶松 224);46 个位点符合 3：1 分离(日本落叶松 29/兴安落叶松 17),113 个位点属于偏分离位点。有 308 个位点来自日本落叶松,占 51.08%;295 个位点来自兴安落叶松,占 48.92%。

4.2.2.2 连锁图谱构建

利用 Join Map 3.0 软件设置最小 LOD 值≥3.0、重组率≤0.45 进行遗传作图,通过对拟测交分离位点进行两点连锁分析,确定相关的连锁群。日本落叶松中的 48 个连锁标记构成了 5 个不同的连锁群(4 个以上标记),4 个三连体和 6 个连锁对,168 个为非连锁位点,平均图距 11.9cM,见图 4-7。而来自兴安落叶松的 91

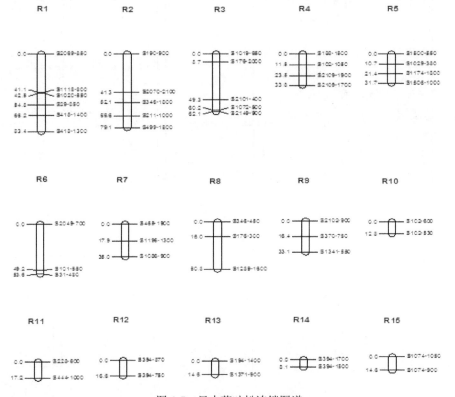

图 4-7 日本落叶松连锁图谱

连锁群的右侧为分子标记代号,左侧为遗传距离(cM)

个标记构成了 9 个连锁群（4 个以上标记），2 个三连体和 5 个连锁对，128 个为非连锁位点，平均图距 6.1cM，见图 4-8。参照 Chakravarti 等（1991）方法，估

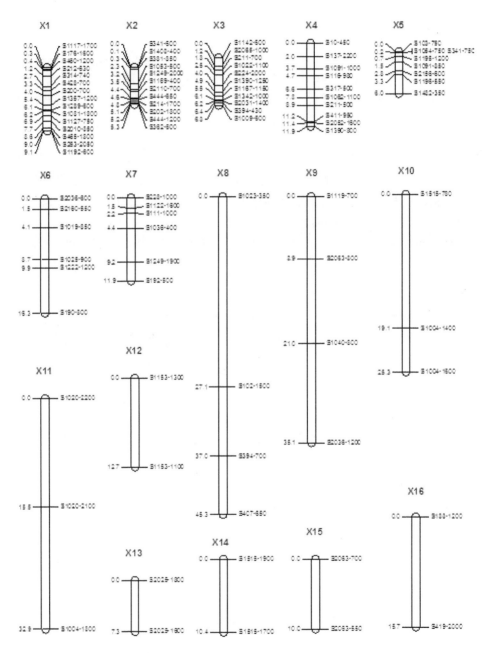

图 4-8 兴安落叶松连锁图谱

连锁群的右侧为分子标记代号，左侧为遗传距离（cM）

算的日本落叶松遗传图谱框架图长度和连锁群总长度分别为290.1cM和546.5cM，估算的兴安落叶松遗传图谱框架图长度和连锁群总长度分别为 147.7cM 和 262.0cM，见表4-16。

表4-16　日本落叶松和兴安落叶松遗传图谱长度

项目	日本落叶松	兴安落叶松
框架图长度/cM	290.1	147.7
连锁群总长度/cM	546.5	262.0

4.2.3　小结与讨论

χ^2检验结果表明，扩增位点中444个位点符合1∶1拟测交分离（日本落叶松220/兴安落叶松224）；46个位点符合3∶1分离（日本落叶松29/兴安落叶松17），113个位点属于偏分离位点。有308个位点来自日本落叶松，占51.08%；295个位点来自兴安落叶松，占48.92%。

日本落叶松中的48个连锁标记构成了5个不同的连锁群（4个以上标记），4个三连体和6个连锁对，168个为非连锁位点，平均图距11.9cM。而来自兴安落叶松的91个标记构成了9个连锁群（4个以上标记），2个三连体和5个连锁对，128个为非连锁位点，平均图距6.1cM。估算的日本落叶松遗传图谱框架图长度和连锁群总长度为290.1cM和546.5cM，估算的兴安落叶松遗传图谱框架图长度和连锁群总长度分别为147.7cM和262.0cM。

目前林木作图群体主要有以下几个类型：F2 群体、回交群体、F1 群体、单倍体作图群体。上述作图群体中，F2 群体适用于杂合度低的树种，其特点是群体具有永久性质，利于引物及探针筛选及数量性状的系统研究，同时利用共分离及分离个体混合分析法进行基因定位。不足之处是，建群时间长，有些树种可能发生近交不亲和或近交衰退现象。同时，非整倍体出现的概率增加。回交群体与F2群体相似，具有永久性质，尤其适用于利用显性标记作图，分析简单。但与 F2群体相比，可检测的位点数降低了。利用大配子体作图是利用纯和单倍体群体作图的方式，而且分析简便。因为大配子体是纯合单倍体，不需专门建群。但是是暂时性群体，作图与定位不能同时进行，应用有一定局限性。F1 群体适合于杂合度较高的树种，可同时利用共分离和分离个体混合分析法进行基因定位，建群时间短，因此本试验选择日本落叶松（*Larix kaempefri*）×兴安落叶松（*L. gmelinii*）控制授粉得到的 F1 群体为作图群体。姜廷波等于 2007 年以构建的欧洲白桦（*Betula pendula*）×中国白桦（*Betula platyphylla*）的 F1 个体为作图群体；Arcade等（2000）以构建的欧洲落叶松（*Larix decidua*）×日本落叶松（*Larix kaempefri*）

的 112 个杂交子代为作图群体。

本研究获得的多态位点中，51.08%来自日本落叶松，48.92%来自兴安落叶松，比例大致符合 1∶1，符合正常分布。姜廷波等（2007）检测到分离位点中，48.4%来自欧洲白桦，51.6%来自中国白桦。尹佟明等（1999）分析响叶杨（*Populus adenopoda*）×银白杨（*P. alba*）F1 群体中的多态性位点发现，51.6%来源于响叶杨，48.4%来源于银白杨。本研究获得的多态性位点分离比与上述两篇报道大致吻合。603 个多态性位点中经 χ^2 检验（$P<0.01$）符合 1∶1 分离的拟测交分离位点有 444 个，占 73.63%；符合 3∶1 分离的位点有 46 个；113 个位点属偏分离位点，占 18.74%。本研究中符合 3∶1 分离的位点，占 7.63%，在利用 RAPD 标记对长叶松×湿地松 F1 群体进行研究发现，在检测到的 247 个位点中，符合 3∶1 分离的位点占 5.7%，本研究中符合 3∶1 分离的位点较少，利用价值不高，未参加图谱构建。

何祯祥等（2000）进行杉木杂种群体分子框架遗传连锁图研究发现，偏分离位点占分离标记总数的 14.7%；Bradshaw 等（1994）对毛果杨和美洲黑杨杂种作图中，RAPD 标记异常分离的占 14%；尹佟明和黄敏仁（1996）用响叶杨和银白杨杂种作图中，统计的偏分离 RAPD 标记仅为 11.8%，马尾松单倍体作图中偏分离位点的比例为 29.4%；苏晓华等（1998）对美洲黑杨和青杨进行 RAPD 作图研究，发现有 13.3%的偏分离位点。本研究中偏分离位点占 18.74%，大多数林木为长期异交树种，普遍存在自交不亲和或近交衰退严重现象，遗传组成高度杂合，遗传负荷高。因此，18.74%的偏分离比例是可能出现的。

分子标记位点的偏分离现象已在较多植物中报道（Jules，1997）。RAPD 标记在 F1 中有偏分离情况在针叶树等研究中存在，即使在完全或部分双列杂交材料的研究中，偏分离位点的比例仍较高，其可能原因有非等位位点共带（co-migrating band，尤其对 RAPD 和 AFLP 等高产标记系统）（Virk and Ford-Lloyd，1998）、研究群体偏小（Carlson et al.，1991）、杂种中有配子选择或隐性纯合致死的等位基因存在（Sniezko et al.，1988；Lanham，1996；O'Leary and Boyle，1998），另外还与研究材料有关，如种间杂种比种内杂种的偏分离比例大（Byrne et al.，1995），或单个亲本的细胞质基因组的细微影响（Heun and Helentjaris，1993），以及染色体在杂交过程中存在结构重排、缺失、插入和突变等（刘孟军，1998）。本研究中亲本树种日本落叶松与兴安落叶松遗传差别较大，可能是导致 RAPD 标记偏分离严重的重要原因。

一般而言，在人类遗传学中为证实两位点间存在连锁关系要求 LOD 值大于 3（徐云碧和朱立煌，1994），而在林木遗传图谱构建中 LOD 大多在 2～4（苏晓华等，1998；Estelle et al，2000）。本研究在 LOD>3.0、r（重组率）<0.45 的情况下进行连锁群估计，对于较大的连锁群，则分别采用逐渐提高 LOD 值和降低 r

值的方法，这与黄秦军（2003）的构图方法一致。

由于林木一般杂合度高，其 F1 在很多标记位点上都会发生分离，其分离比可能是 1∶1、1∶2 ∶1、3∶1 或 1∶1∶1∶1 等，大多数选择符合 1∶1 分离的位点构建遗传图谱，这就是所谓的"拟测交"法，由 Grattapaglia 和 Sederoff（1994）提出。F1 群体建于 1980 年，树木性状均已稳定，利于数量性状定位的研究。"拟测交"方法使用的是符合 1∶1 分离的位点，舍弃了符合其他分离的位点，这会大大降低图谱的密度，这也是为什么目前林木遗传图谱都比较稀疏的原因之一（施季森和童春发，2006）。

郎亚琴（2000）利用句容 0 号杉（♀）× 柔叶杉（♂）的 F1 群体的 RAPD 分子标记，构建了双亲的遗传连锁图谱，其中母本遗传连锁图谱的 11 个连锁群包含 46 个标记，父本的 11 个连锁群包含 44 个标记；尹佟明等（1996）所构建的马尾松 RAPD 遗传图谱包含 48 个标记，平均图距为 14.7cM；2000 年何祯祥等利用 129 个 RAPD 分子标记首次构建了杉木两个亲本的分子遗传连锁框架图，该图谱中，P1 亲本图谱包含 8 个连锁群和 22 个标记，P2 亲本图谱包含 4 个连锁群和 13 个标记。

本研究所构建的日本落叶松遗传连锁图谱，是关于落叶松遗传图谱构建的第二次报道，所构建的兴安落叶松遗传图谱为首次报道。日本落叶松遗传图谱包含 48 个标记，兴安落叶松包含 93 个标记，大量符合 1∶1 分离的标记位点未能连锁（日本落叶松 168 个非连锁位点，兴安落叶松 128 个非连锁位点）。目前，在构建林木遗传图谱上多采用 RAPD 标记与其他分子标记相结合对框架图进行补充（Hayashi et al.，2001；Scalfi et al.，2004；Gosselin et al.，2002）。对此，本实验室将继续进行 SSR 分析，预期通过结合 SSR 共显性标记可以使遗传信息更加准确可靠，并可将两个落叶松树种遗传图谱构建为高饱和度的遗传图谱，实现在高密度遗传图谱基础上进行落叶松分子育种。

4.3　生长、材性性状变异及数量性状定位

数量性状基因座（QTL）遗传基础复杂，表现为连续变异，表现型与基因型之间没有明确的一一对应关系，且易受环境的影响，制约了人们在遗传改良中对数量性状的操纵能力（方宣钧，2001）。借助于分子标记可以了解控制数量性状的基因数目、基因位点在染色体上的位置和分布、各位点的贡献大小及各基因间的相互关系等（徐云碧和朱立煌，1994）。借助与 QTL 紧密连锁的分子标记，就能够在育种中对有关 QTL 的遗传行为进行动态跟踪，提高育种中对数量性状优良基因型选择的准确性和预见性。

林木具有许多自身特有的复杂的生物学特性，生长周期长，异花授粉，

遗传杂合度高，长期的异交使林木具有大量的遗传负荷。林木 QTL 作图是主要利用近交群体而发展的 QTL 作图理论的一种统计方法。本试验所使用的 QTL 定位遗传群体为 F1（施计森和童春发，2006；易能君等，1998），两个高度杂合的亲本（日本落叶松、兴安落叶松）杂交产生全同胞家系，QTL 定位使用这些 F1 的表型数据。QTL 分析采用复合区间作图法，以正态混合分布的最大似然函数和回归模型，借助连锁图谱，在给定区间值的条件下，对基因组进行扫描，计算基因组的任一相邻标记对之间存在或不存在 QTL 的似然函数比值的对数（LOD 值）。如某一位置 LOD 值达到或超过指定水平，则判断该位置上存在 QTL，反之则不存在 QTL。利用 LOD 值进行作图一方面能减少剩余方差，提高发现能力；另一方面可降低检测统计量的显著水平，减少功效。

1988 年，在 Paterson 等发表了第一篇应用 AFLP 连锁图谱在番茄中进行 QTL 定位的论文之后，QTL 定位研究发展迅速。在林木中，国内外研究人员相继在林木诸多树种的生长发育、物候期、抗病虫、木材密度、化学成分、抗霜冻性、叶部形态等方面进行 QTL 定位研究（张德强和张志毅，2002；胡建军，2002），然而关于落叶松生长性状相关 QTL 定位研究未见报道。

本研究以对日本落叶松（*Larix kaempefri*）×兴安落叶松（*L. gmelinii*）两亲本及 F1 为作图群体进行生长性状分析，结合分子连锁图谱对重要的材性性状进行 QTL 定位研究，从而为将来落叶松重要材性性状的标记辅助育种选择及基因克隆奠定基础，进而推动落叶松遗传改良研究进展。

4.3.1 试验方法与数据分析

1. 树高

采用树高仪测定。胸径，离地面 1.3m 处以围尺测定。冠幅，分别在水平、垂直两个方向测定。

2. 材积

材积公式参见 2.1.1.2。

3. 基本密度

基本密度测定利用饱和含水率法，管胞长度、宽度测量采用硝酸铬酸混合离析方法，用 Motic 光学显微镜测量。具体测定如下。

基本密度：在胸高处沿同一方向用直径为 5mm 的生长锥取得由树皮至髓心的完整无疵木芯。利用饱和含水率法测定落叶松木材密度，根据饱和含水率木材密度公式计算各试样的木材密度。测定方法如下。

1）称量瓶编号，称重至恒重，两次重量之差不超过 0.0002g。

2）木芯达饱和含水率时的重量：木芯置于烧杯中充分吸水大约一周，沉底后视为已达到饱和状态。从烧杯中取出木芯，迅速用滤纸吸掉其表面的水分，然后放到已称重的称量瓶中进行称重，得到饱和含水率时的重量。

3）将已称重好的试样（含称量瓶和木芯）先放到烘箱中于温度 105℃±2℃下保持 4h（称量瓶的盖应打开），将称量瓶移入干燥器，盖好称量瓶和干燥器的盖，冷却半小时后称量，而后将称量瓶再移入烘箱，继续烘 1h，冷却称量，如此重复，直至重量恒定为止，此重量为绝对干重。

4）根据饱和含水率木材密度公式计算各试样的木材密度。当木材细胞壁物质密度取平均值 1.53g/cm^3 时按式（4-1）计算：

$$\rho_j = 1/(Gmw/Gh - 0.346) \tag{4-1}$$

式中，ρ_j 为基本密度；Gmw 为达饱和含水率时试样重量；Gh 为绝干时试样的重量。

4. 管胞长宽

1）切样　取每个样本木芯靠近韧皮部、髓心及二者中间三小部分，每个部分沿管胞走向切取三片 1～2mm 的薄片，将每个样本切取的薄片放在标有对应样本号的小试管中。

2）水煮　向装有试样的小试管中加入半试管的蒸馏水，然后将其放入水浴锅中进行水煮，水温定为 50℃，目的是将试样软化，以试样均沉到试管底部为止，时间在 12h 左右。水煮完成后将试管中的水倒掉。

3）离析　向试管中加入 15%硝酸和 15%铬酸的混合液（1：1），浸泡 24h 左右。

4）洗涤　操作时首先使用移液器直接插入试管底部，缓慢吸取混合液而不采用倾倒的方式以免将离解下来的管胞倒出，然后向试管中加入蒸馏水洗涤两次，操作与吸取离析混合液时相同，也使用移液器。

5）制作临时装片　洗涤后向试管中加入少量水，以保证管胞悬浊液的浓度。用吸管吸取部分管胞悬浊液制成临时装片。

6）观测　在带有标尺的显微镜下观察，找出未断的、完整的管胞量取其长度、宽度数据并记录，每个试样测 20 个管胞。根据管胞长度和宽度的测量数据，计算管胞长宽比。

借助于连锁图谱，在给定区间值的条件下，对基因组进行扫描，计算基因组的任一相邻标记对之间存在或不存在 QTL 的似然函数比值的对数（LOD 值）。如某一位置 LOD 值达到或超过指定水平，则判断该位置上存在 QTL，反之则不存在 QTL。将 RAPD、SSR 标记数据与数量性状数据整合，建立日本落叶松、兴安落叶松 MCD 格式数据集，采用 Win QTL Cart 2.5 软件对群体的数量性状进行复合区间检测扫描，参照黄秦军（2003）的研究设置 LOD 值≥1.5 对 QTL 进行定位分析。

4.3.2　结果与分析

4.3.2.1　数量性状分析

对构图群体生长性状进行测定，包括树高、胸径、冠幅、材积等生长性状，并同时进行木材密度（wood specific gravity，WSG）、管胞长度（tracheid length，TL）、管胞宽度（tracheid width，TW）和管胞长宽比的测定和计算。生长性状的变异分析结果表明，日本落叶松×兴安落叶松（以下简称日×兴）F1 群体内个体间生长性状存在较大的变异（表 4-17），树高均值为 19.660m，变异系数为 8.43%；胸径均值 33.135cm，变异系数为 11.37%；冠幅均值 4.3610m，变异系数为 14.07%；材积均值 0.8094m^3，变异系数达 25.63%。

表 4-17　日×兴 F1 群体生长性状变异

性状	平均值	平均标准误	标准差	方差	变异系数/%	最小值	最大值	极差
树高/m	19.660	0.253	1.657	2.746	8.43	16.600	24.400	7.800
胸径/cm	33.135	0.574	3.767	14.191	11.37	24.900	41.600	16.700
冠幅/m	4.3610	0.0936	0.6138	0.3767	14.07	3.0500	5.6000	2.5500
材积/m^3	0.8094	0.0316	0.2075	0.0430	25.63	0.4087	1.3986	0.9899

材性性状的变异分析结果表明（表 4-18），日×兴 F1 群体内个体间材性性状也存在较大的变异，木材密度均值为 0.430 89g/cm^3，变异系数为 6.44%；管胞长度均值为 2310.9μm，变异系数 11.67%；管胞宽度均值为 35.107μm，变异系数为 17.50%；管胞长宽比均值为 73.06，变异系数为 19.45%。

表 4-18　日×兴 F1 群体材性性状变异

性状	平均值	平均标准误	标准差	方差	变异系数/%	最小值	最大值	极差
木材密度 WSG/（g/cm^3）	0.430 89	0.004 28	0.027 73	0.000 77	6.44	0.374 21	0.520 19	0.145 99
管胞长度 TL /μm	2 310.9	41.6	269.6	7 2684.5	11.67	1 671.6	2885.4	1 213.8
管胞宽度 TW /μm	35.107	0.948	6.142	37.726	17.50	25.900	49.560	23.660
管胞长宽比 TL/TW	73.06	2.19	14.21	201.86	19.45	37.40	124.56	87.16

生长性状与材性性状的相关分析结果表明（表 4-19），日×兴 F1 群体树高与

胸径正相关，P 值为 0.03（0.01＜P＜0.05）；树高、胸径均与材积极显著相关，P 值分别为 0.001、0.000；冠幅与材积显著相关，P 值为 0.014；管胞长宽比与管胞长度正相关，与管胞宽度负相关，P 值分别为 0.007、0.000，均达到极显著水平；木材密度与胸径、冠幅、材积、管胞长度、管胞宽度呈负相关，但相关水平未达到显著水平；管胞长度与树高、胸径、冠幅、材积呈负相关，相关水平未达到显著；管胞宽度与树高、冠幅和管胞长度呈弱的负相关；管胞长宽比与胸径、冠幅、材积呈弱的负相关。

表 4-19　日×兴 F1 群体生长性状与材性性状相关分析

	树高	胸径	冠幅	材积	木材密度 WSG	管胞长度 TL	管胞宽度 TW
胸径	0.264 0.091						
冠幅	0.256 0.102	0.336* 0.030					
材积	0.503** 0.001	0.959** 0.000	0.375* 0.014				
木材密度 WSG	0.065 0.684	−0.167 0.289	−0.246 0.116	−0.140 0.378			
管胞长度 TL	−0.134 0.399	−0.083 0.601	−0.179 0.256	−0.096 0.547	−0.055 0.730		
管胞宽度 TW	−0.023 0.885	0.167 0.291	−0.072 0.651	0.135 0.394	−0.112 0.481	−0.047 0.765	
管胞长宽比 TL/TW	0.079 0.620	−0.132 0.406	−0.011 0.945	−0.091 0.565	0.014 0.928	0.410** 0.007	−0.729** 0.000

4.3.2.2　QTL 分析

利用 Win QTL Cart 2.5 软件，对日本落叶松、兴安落叶松和 F1 群体的数量性状值，用复合区间作图法进行 QTL 检测（Zeng，1993；Christopher et al.，2003），LOD 值≥1.5（黄秦军，2003），在连锁群上每隔 2cM 检测一次，生长性状共检测出日本落叶松树高、兴安落叶松树高、兴安落叶松胸径相关 QTL 位点各 1 个，材性性状检测出日本落叶松木材密度、管胞长度和管胞长宽比相关 QTL 位点各 1 个，兴安落叶松木材密度相关 QTL 位点 9 个、管胞长度相关 QTL 位点 4 个和管胞宽度相关 QTL 位点 5 个。

通过对日本落叶松各连锁群的扫描（图 4-9），检测出 1 个与树高性状相关的 QTL 位点，定位在 R7 连锁群上 27.9cM，LOD 值为 1.7，置信区间在 23.7～31.3cM，贡献率为 0.9013%。通过对兴安落叶松各连锁群的扫描（图 4-10），检测出 1 个与树高性状相关的 QTL 位点，定位在 X5 连锁群上 1.5cM，LOD 值为 1.58，置信区间在 1.4～1.6cM，贡献率为 0.0105%。

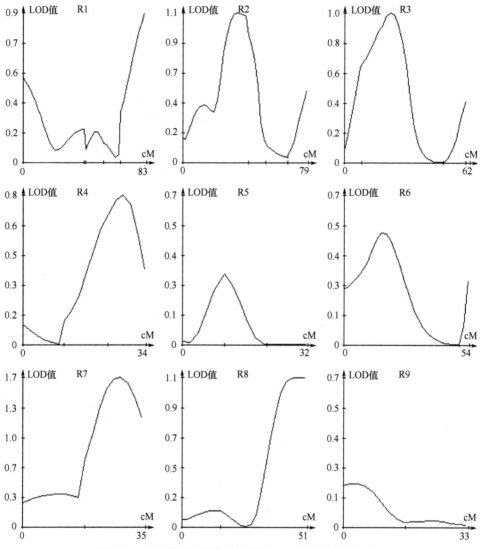

图 4-9 日本落叶松树高性状相关 QTL 位点的检测结果

日本落叶松连锁群中未检测到与胸径性状相关的 QTL 位点。通过对兴安落叶松各连锁群的扫描，检测出 1 个与胸径性状相关的 QTL 位点（图 4-11），定位在 X1 连锁群上 7.7cM，置信区间在 7.6~7.7cM，LOD 值为 1.54，贡献率为 1.6178%。

通过对日本落叶松、兴安落叶松各连锁群的扫描，未检测到与冠幅性状相关的 QTL 位点。

通过对日本落叶松、兴安落叶松各连锁群的扫描，均未检测到与材积性状相关的 QTL 位点，在 X1 连锁群上检测到与 LOD 值 1.5 较为接近的位点（图 4-12）。

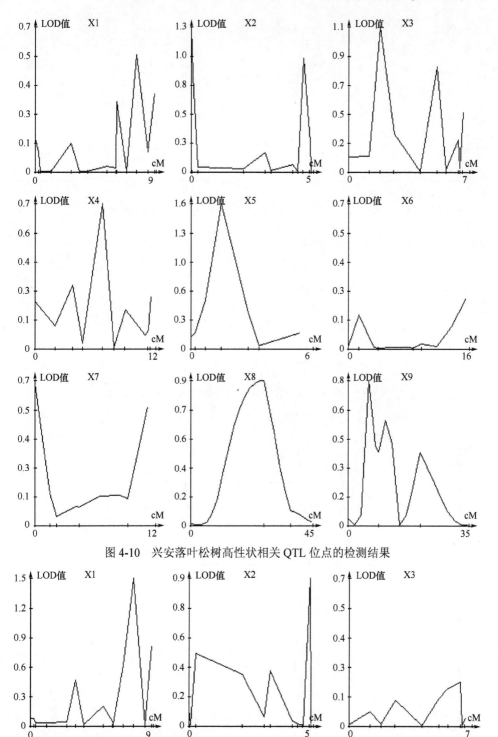

图 4-10 兴安落叶松树高性状相关 QTL 位点的检测结果

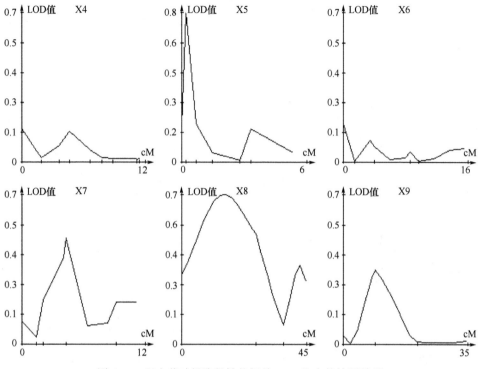

图 4-11　兴安落叶松胸径性状相关 QTL 位点的检测结果

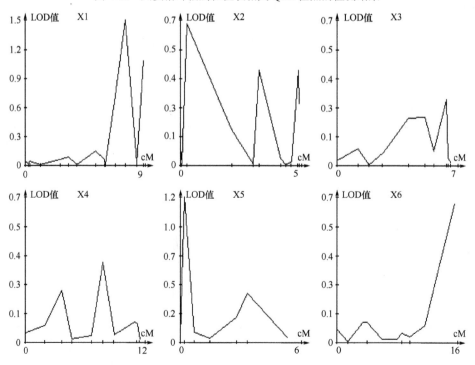

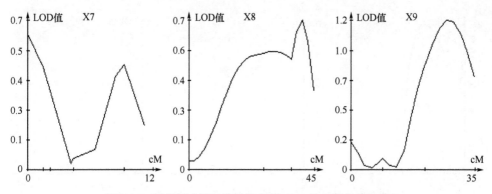

图 4-12 兴安落叶松材性性状相关 QTL 位点的检测结果

通过对日本落叶松各连锁群的扫描（图 4-13），检测出 1 个与木材密度性状相关的 QTL 位点，定位在 R3 连锁群上 4.0cM，LOD 为值 9.1，贡献率为 37.6099%。通过对兴安落叶松各连锁群的扫描（图 4-14），检测出 9 个与木材密度性状相关的 QTL 位点，1 个位于 X1 连锁群上 6.2cM，LOD 值为 6.9，贡献率为 4.7250%；1 个位于 X2 连锁群上 4.4cM，LOD 值为 6.6，贡献率为 0.2203%；2 个分别位于 X3 连锁群上 1.2cM、2.6cM，LOD 值分别为 7.4、7.2，贡献率分别为 0.3551%、

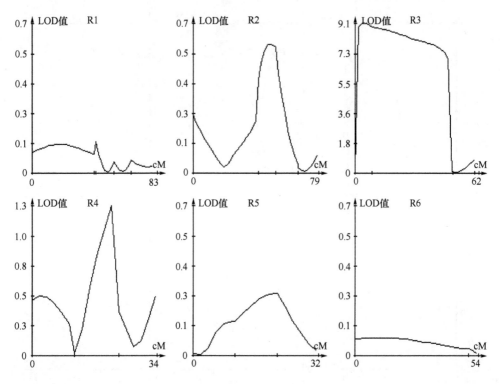

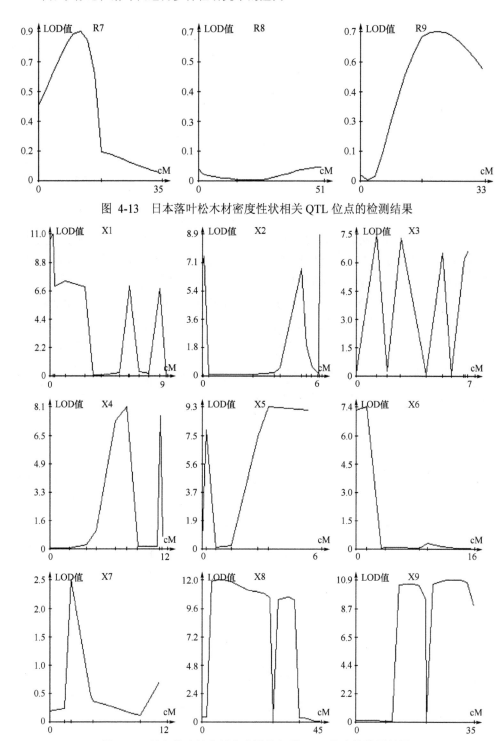

图 4-13　日本落叶松木材密度性状相关 QTL 位点的检测结果

图 4-14　兴安落叶松木材密度性状相关 QTL 位点的检测结果

0.1555%；2 个分别位于 X4 连锁群上 7.9cM、11.2cM，LOD 值分别为 8.2、7.6，贡献率分别为 45.9986%、0.0576%；1 个位于 X7 连锁群上 2.2cM，LOD 值为 2.5，贡献率为 0.0877%；1 个位于 X8 连锁群上 7.2cM，LOD 值为 11.9，贡献率为 13.6292%；1 个位于 X9 连锁群 16.5cM，LOD 值为 10.5，贡献率为 18.9261%。

通过对日本落叶松各连锁群的扫描（图 4-15），检测出 1 个与管胞长度性状相关的 QTL 位点，定位在 R2 连锁群上 21.9cM，LOD 值为 1.52，贡献率为 54.4562%。通过对兴安落叶松各连锁群的扫描（图 4-16），检测出 4 个与管胞长度性状相关的

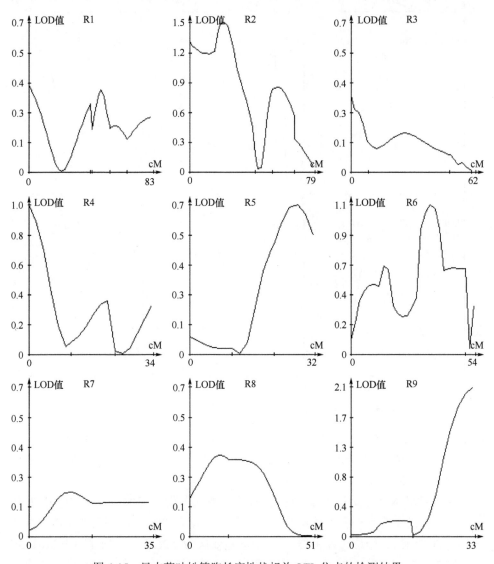

图 4-15 日本落叶松管胞长度性状相关 QTL 位点的检测结果

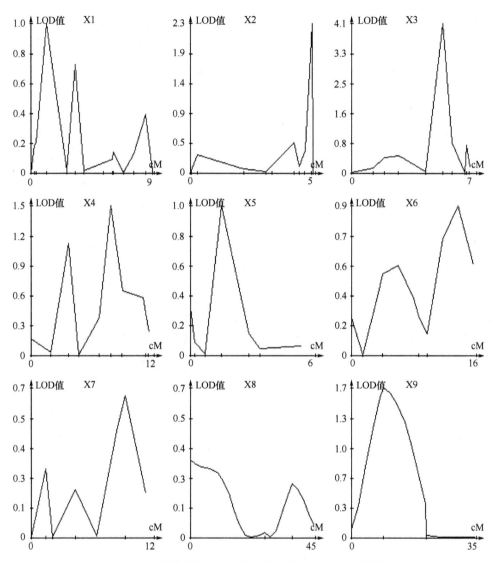

图 4-16 兴安落叶松管胞长度性状相关 QTL 位点扫描结果

QTL 位点，分别位于连锁群 X2、X3、X4 和 X9 上，位置依次为 5.1cM、4.9cM、7.9cM 和 9.0cM，LOD 值分别为 2.3、4.1、1.5 和 1.7，贡献率分别为 35.6711%、8.4177%、0.3592% 和 16.1341%。

通过对日本落叶松各连锁群的扫描，未检测出与管胞宽度性状相关的 QTL 位点。通过对兴安落叶松各连锁群的扫描（图 4-17），检测出 5 个与管胞宽度性状相关的 QTL 位点，3 个位于连锁群 X5 上，位置依次为 0.2cM、1.5cM 和 3.3cM，LOD 值分别为 1.7、2.2 和 1.9，贡献率分别为 3.0408%、9.1415% 和 36.7636%；2 个位于连锁群 X7 上，位置依次为 1.6cM、8.4cM，LOD 值分别为 1.8、1.7，贡献率分别为 10.1091%、13.9344%。

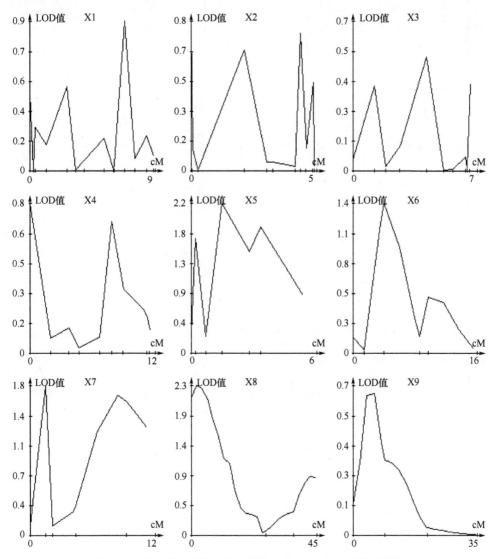

图 4-17 兴安落叶松管胞宽度性状相关 QTL 位点的检测结果

通过对日本落叶松各连锁群的扫描，测出与 1 个管胞长宽比相关的 QTL 位点（图 4-18），位于 R4 连锁群上 4.1cM，置信区间在 0.6～7.6cM，LOD 值为 6.0，贡献率为 1.5973%。通过对兴安落叶松各连锁群的扫描，未测出与管胞长/宽相关的 QTL 位点。

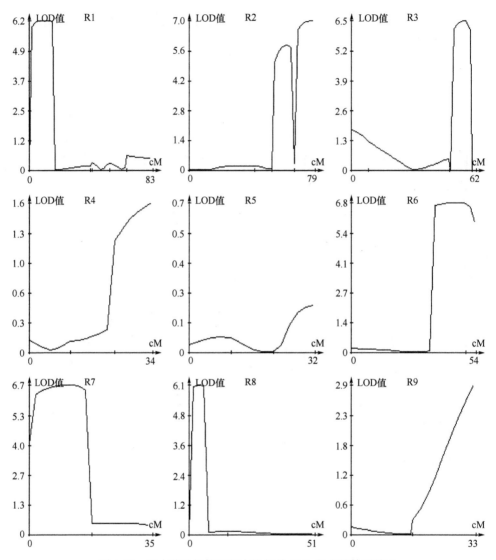

图 4-18　日本落叶松管胞长宽比相关 QTL 位点的检测结果

4.3.2.3　QTL 定位

　　根据 QTL 位点扫描结果，将与日本落叶松、兴安落叶松树高性状相关的 QTL 位点命名为 qrlg、qxlg，将与兴安落叶松胸径相关的 QTL 位点命名为 qxlj，将与日本落叶松、兴安落叶松木材密度相关的 QTL 位点命名为 qrlm、qxlm，将与日本落叶松、兴安落叶松管胞长度相关的 QTL 位点命名为 qrll、qxll，将与兴安落叶松管胞宽度相关的 QTL 位点命名为 qxlw，将与日本落叶松管胞长宽比相关的 QTL 位点命名为 qrll/w（表 4-20，表 4-21），并将 QTL 定位在日本落叶松、兴安落叶松连锁群上，见图 4-19 和图 4-20。

表 4-20　日本落叶松相关 QTL 位点

编号	相关性状	连锁群	位置/cM	置信区间/cM	LOD 值	贡献率/%
qrlg	树高	R7	27.9	23.7～31.3	1.70	0.09013
qrlm	木材密度	R3	4.0	0.5～48.4	9.10	37.6099
qrll	管胞长度	R2	21.9	20.2～22.9	1.52	54.4562
qrll/w	管胞长宽比	R4	4.1	0.6～7.6	6.00	1.5937

表 4-21　兴安落叶松相关 QTL 位点

编号	相关性状	连锁群	位置/cM	置信区间/cM	LOD 值	贡献率/%
qxlg	树高	X5	1.5	1.4～1.6	1.58	0.0105
qxlj	胸径	X1	7.7	7.6～7.7	1.54	1.6178
qxlm1	木材密度	X1	6.2	5.6～6.8	6.90	4.7250
qxlm2	木材密度	X2	4.4	3.6～4.7	6.60	0.2203
qxlm3	木材密度	X3	1.2	0.2～1.7	7.40	0.3551
qxlm4	木材密度	X3	2.6	1.9～3.7	7.20	0.1555
qxlm5	木材密度	X4	7.9	4.8～8.7	8.20	45.9986
qxlm6	木材密度	X4	11.2	11.0～11.4	7.60	0.0576
qxlm7	木材密度	X7	2.2	1.9～3.2	2.50	0.0877
qxlm8	木材密度	X9	16.5	11.2～21.5	10.50	18.9261
qxlm9	木材密度	X8	7.2	2.3～27.1	11.90	13.6292
qxll1	管胞长度	X2	5.1	5.0～5.2	2.30	35.6711
qxll2	管胞长度	X3	4.9	4.3～5.4	4.10	8.4177
qxll3	管胞长度	X4	7.9	7.8～7.9	1.50	0.3592
qxll4	管胞长度	X9	9.0	7.7～12.7	1.70	16.1341
qxlw1	管胞宽度	X5	0.2	0.2～0.3	1.70	3.0408
qxlw2	管胞宽度	X5	1.5	1.2～2.8	2.20	9.1415
qxlw3	管胞宽度	X5	3.3	2.8～4.0	1.90	36.7636
qxlw4	管胞宽度	X7	1.6	1.3～1.7	1.80	10.1091
qxlw5	管胞宽度	X7	8.4	7.6～9.8	1.70	13.9344

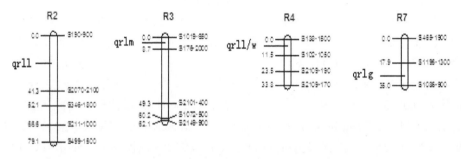

图 4-19　QTL 在日本落叶松连锁群的定位

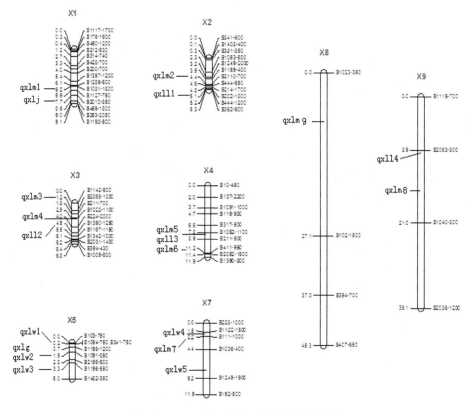

图 4-20　QTL 在兴安落叶松连锁群的定位

4.3.3　小结与讨论

对构图群体生长性状进行测定，包括树高、胸径、冠幅、材积等生长性状，并同时进行木材密度（WSG）、管胞长度（TL）、管胞宽度（TW）和管胞长宽比的测定和计算。变异分析结果表明，日×兴 F1 群体内个体间生长性状、材性性状均存在较大变异，并且生长性状与材性性状存在相关性。

采用 Win QTL Cart 2.5 软件对群体的数量性状进行复合区间作图，以似然比 LOD 值≥1.5 为阈值对 QTL 进行定位分析。通过标记位点与性状间的关联分析，获得与生长性状关联的 QTL 位点 4 个：1 个与日本落叶松树高性状相关的 QTL 位点，定位在 R7 连锁群上 27.9cM，LOD 值为 1.7，置信区间在 23.7～31.3cM，贡献率为 0.0913%；1 个与日本落叶松木材密度相关的 QTL 位点，定位在 R3 连锁群上 4.0cM，LOD 值为 9.1，置信区间在 0.5～48.4cM，贡献率为 37.6099%；1 个与兴安落叶松树高性状相关的 QTL 位点，定位在 X5 连锁群上 1.5cM，LOD 值为 1.58，置信区间在 1.4～1.6cM，贡献率为 0.0105%；1 个与兴安落叶松胸径性状相关的 QTL 位点，定位在 X1 连锁群上 7.7cM，LOD 值为 1.54，置信区间在 7.6～7.7cM，贡献率为 1.6178%。获得与材性性状相关的 QTL 20 个，其中，日本落叶松管胞长度和管胞长宽比相关 QTL 位点各 1 个，兴安落叶松木材密度相关 QTL 位点 9 个、管胞长度相关 QTL 位点 4 个和管胞宽度相关 QTL 位点 5 个。各 QTL 位点的 LOD 值在 1.5～11.9，贡献率在 0.0105%～45.9986%。

　　LOD 值是区间作图最关键的参数之一，它代表相邻标记对之间存在 QTL 或不存在 QTL 的似然函数比值的对数。对于 LOD 值的大小一直都存在争论，不同的研究群体，LOD 的取值也不同，这主要看作图群体类型及样本数的大小，但一般在 1.0～3.0（Grattapaglia and Sederoff，1994；苏晓华等，1998；Estelle et al，2000；胡建军，2002）。就理论而言，QTL 定位最理想的是 DH 群体（由单倍体加倍获得双单倍体即 DH 系，也称 DH 群体），但在林木却不可能获得这样的群体，这也是林木遗传作图和 QTL 定位研究亟待解决的难题；作图群体样本数大，LOD 值可相应减小，样本数越大，对 LOD 值的要求也就越高；Grattapagha 和 Sederoff（1995）认为 LOD 值在大于 1 时就能满足需要，故 LOD 值取 1.5。此外，黄秦军等（2007）在 SSR 标记与欧洲黑杨材性性状的关联分析中 LOD 的取值也为 1.5。

　　本研究中，在日本落叶松连锁群中仅检测到相关 QTL 位点 4 个，而在兴安落叶松连锁群中总计检测到相关 QTL 位点 20 个，分析其原因为连锁群密度不同。日本落叶松 9 个连锁群（3 个以上标记）包含标记位点 48 个，平均图距 11.9cM，而兴安落叶松 9 个连锁群（3 个以上标记）包含标记位点 91 个，平均图距 6.1cM。薛艳芳于 2004 年提出，CIM（城市信息模型）法对 QTL 效应的估计受标记密度的影响较大，过大或过小的标记密度均不利于 QTL 的检测（何小红等，2001）。张胜利（1997）、王菁等（2000）、刘会英（2003）研究表明，增加标记密度在一定程度上可以提高对 QTL 的检测力和定位的精确度。

5 长白落叶松初级无性系种子园SSR遗传多样性分析

5.1 亲本和子代 SSR 遗传多样性研究

5.1.1 试验材料与方法

5.1.1.1 试验地简介

试验地点位于黑龙江省苇河林业局青山种子园,地处尚志市与五常市交界处,东经 128°03′,北纬 44°40′,年均温 3℃,年降水量在 800mm 以上,无霜期 120～130d,年积温 2400～2700℃。平均海拔 300m,坡度 10°以下,土壤为森林暗棕壤,土层厚 30～70cm,pH 为 5.5～6.5,微酸性土壤,土壤较肥沃。长白落叶松初级无性系种子园始建于 1983 年 4 月,分为 52 个小区,共 202 个无性系。优树来源为贵州绥阳林业局,配置方式为顺序错位法。建园至今,未进行过疏伐。以小区内包含无性系个数多、单株保存率高为原则选择试验地,试验地设在第 28 小区,该小区面积为 0.167hm²,初植 377 株,株间距 5m×5m,实际存活 260 株,保存率为 68.97%,区内含有 38 个无性系,每个无性系有 1～12 株,疏伐时株均高 17.67m,冠幅 6.2m 左右,无性系内雌性球花的花期同步性较好。由于小区内存活的单株分布不均,大部分植株下部 1/4 左右冠层有交叠的现象。第 28 小区所含的 38 个无性系中有 25 个无性系有子代测定林,每个无性系的子代有 3～34 株,共 325 株。

5.1.1.2 试验材料的收集

对亲本 SSR 遗传多样性进行研究,考虑到松类针叶中含有较多的多糖及次生代谢物(如脂、酚等)会影响提取的 DNA 质量,本研究将以第 28 小区疏伐前所有单株个体为单位,当年生(2011.6)嫩叶作为分析亲本 SSR 遗传多样性的试验材料,提取的 DNA 代表亲本的基因型。嫩叶 1～3cm 长时,每个单株的嫩叶分别置于保鲜袋中,按单株的位置编号,置于阴凉处 48h,用以去除嫩叶中部分的多糖类物质,后贮于-20℃冰箱备用。

将该小区范围内疏伐前所有无性系当年生球果(2011.8)作为研究子代 SSR遗传多样性及测定种子生长指标的试验材料,以无性系为单位,每株母树按上、中、下位置取球果若干,将每个无性系的球果混放在一起,按家系编号,收集于袋中，放到当地林场进行种子调制。

种子调制后带回实验室，对种子进行催芽，将种子按系号分别用 3%浓度的高锰酸钾消毒 2h，用清水清洗数次，随后将种子按无性系分别装瓶，放在室温中始温为 45℃的清水中浸泡 24h。将种子按无性系放到一个培养皿，在培养皿上按无性系编号，种子均匀铺开，含水量在 18%~25%，每天补水，将培养皿盖好后放入 25℃温箱，光照 8h/d。当有 1/3 种子裂口后，将裂口的种子以家系为单位均匀播入灭菌后混合土（泥炭土∶蛭石∶珍珠岩=1∶1∶1）中，每天浇水 2~3 次，放入 25℃组织培养室培养，光照 16h/d，当幼苗长到 6~8cm 时，将整株幼苗放入–20℃冰箱备用。用从种子发芽得到的整株幼苗中提取的 DNA 代表子代的基因型，每个家系取 7 株幼苗用于子代 SSR 遗传多样性研究（图 5-1）。

图 5-1　长白落叶松种子及幼苗

5.1.1.3　主要试验设备

紫外透射仪（ZF 型）、核酸蛋白测定仪（Eppendorf 5332）、水平电泳仪（DYY-Ⅲ-12B 型、DYY Ⅲ-8B 型）、PCR 仪（PTC-200 peltier Thermal Cycler）、台式常温离心机（Eppendorf centrifuge 5417R 型）、超纯水仪（arium® pro 型）、全自动高压灭菌锅（Tomy SS-325 型）、圆周式振荡摇床（D79219）、稳压电泳仪（DYY-12 型、DYY-3-12B 型）、双垂直电泳槽（JY-SCZ7）、紫外扫描成像仪（清华紫光 M1600 型）、微波炉（格兰仕 G8023ETL-V8）、微量移液器（Eppendorf）。

5.1.1.4　主要试剂

1）DNA 提取：2×CTAB 提取缓冲液、10mg/mL RNase、0.5mol/L EDTA（乙

二胺四乙酸钠，pH 8.0）、1mol/L Tris（pH 8.0）、TE 缓冲液、50×TAE 电泳缓冲液、0.8%琼脂糖凝胶、GelRed、氯仿：异戊醇（24∶1，V/V）、酚∶氯仿∶异戊醇（25∶24∶1，$V/V/V$）、异丙醇、3mol/L NaAc、Tris 饱和酚、70%乙醇。

2）PCR 及聚丙烯凝胶电泳：Taq DNA 聚合酶、DNA Marker DL500（TaKaRa Code D501A，Lot B5601A）、dNTP（TakaRa）、SSR 引物、6×琼脂糖凝胶电泳上样缓冲液、10×Taq buffer、8×变性聚丙烯酰胺凝胶上样缓冲液、剥离硅烷、亲和硅烷（RESEARCH USE ONLY Bind-silane code：0618）、丙烯酰胺/双丙烯酰胺（19∶1）（40%w/V）[生工生物工程（上海）股份有限公司]、尿素（USP Grade CODE）、TEMED（SIGMA，T8133，分子式 $C_6H_{16}N_2$，相对分子质量 116.2）、8%聚丙烯酰胺、10% AP（过硫酸铵）、洗脱液/固定液为 10%冰醋酸。染色液的配制方法为 AgNO₃ 1%，甲醛 3.0mL，加蒸馏水定容至 2000mL；显色液的配制方法为 NaOH 60g，甲醛 3.0mL，加蒸馏水定容至 2000mL；硫代硫酸钠（10mg/mL）的配制方法为硫代硫酸钠 0.2g，加蒸馏水定容 200mL；10×TBE 配制方法为 Tris Base 108g，硼酸 55g，0.5mol/L EDTA 40mL（pH 8.0），加蒸馏水定容至 1000mL。

5.1.1.5 主要试验方法

1. DNA 提取、纯化与检测

本研究采用改良的 CTAB 法进行长白落叶松亲本和子代 DNA 的提取，具体步骤如下。

从–20℃冰箱里取出长白落叶松嫩梢或幼苗，称取 0.5g 长白落叶松嫩梢或整株幼苗放入预冷的研体中，迅速加入–196℃液氮快速研磨成粉末，将其迅速转入 65℃预热的装有 700μL 2×CTAB 抽提液的 1.5mL 离心管中，使之充分混匀。

65℃水浴中恒温 30min，期间缓慢摇动离心管数次（≥3 次），使材料充分混匀，裂解细胞核，析出 DNA。

待离心管凉至室温（室温应大于 15℃，否则 CTAB-核酸复合物会发生沉淀），加入等体积氯仿：异戊醇（24∶1）进行抽提，缓慢颠倒离心管混匀 10min，12 000r/min 离心 10min，除去蛋白质及杂质，小心将上清液转入新的 1.5mL 离心管中，弃沉淀。重复抽提两次。

在上清液中加入 2 倍体积的无水乙醇，轻缓颠倒将溶液混合均匀，在室温下放置 10~20min，沉淀 DNA。12 000r/min 离心 10min，弃上清液，用 2 倍体积的 75%乙醇洗涤两次以除去残留的盐。置于超净工作台短暂干燥后，将沉淀物溶于 200μL 灭菌去离子水中，转移至 1.5mL EP 管中。加入 RNase A 至终浓度为 10μg/mL，37℃保温 2h。

加入 200μL 预热的灭菌去离子水，用等体积的酚抽提 1 次，氯仿/异戊醇

（24∶1）抽提 2～3 次，12 000r/min 离心 10min，吸取上清液。

在上清液中加入 1/10 体积 3mol/L NaAc 溶液（pH 5.2），混匀后再加入 2 倍体积的无水乙醇，放置 30min 后于 12 000r/min、4℃离心 10min。用预冷的 75%乙醇洗 2～3 次，置于超净工作台干燥后溶于适量的 TE 中备用。

核酸浓度的检测采用琼脂糖凝胶电泳法和紫外分光光度法。琼脂糖凝胶电泳法是在 1%琼脂糖凝胶（不含 EB）、1×TAE 电泳缓冲液中，于 3～5V/cm 条件下电泳，检测所提的 DNA 分子质量大小、完整性及纯度。对于较纯的 DNA 样品也可用紫外分光光度法测定 DNA 的浓度和纯度，取 DNA 溶液 1μL，加无菌蒸馏水 99μL，在紫外分光光度计上测 OD_{260}、OD_{260}/OD_{280} 值，一般 OD_{260}/OD_{280} 值在 1.7～1.9 均可用于 PCR 扩增，以 1.8 左右为宜。若 OD_{260}/OD_{280} 值明显低于 1.8，说明有酚或者蛋白质污染，根据 OD_{260} 值计算样品 DNA 浓度。

2. 长白落叶松 SSR-PCR 反应体系优化

本研究根据影响长白落叶松 SSR-PCR 反应体系的 5 个因素（*Taq* DNA 聚合酶、模板 DNA、Mg^{2+}、dNTP、引物）通过正交设计在这 5 个水平上对扩增体系进行优化，以寻找适合于长白落叶松 SSE-PCR 的最佳条件和体系。反应体系总体积为 20μL，在批量筛选引物时将退火温度统一设置为 60℃，见表 5-1，在进行某一对引物对群体扩增时，退火温度参照引物合成序列单中提供的 T_m。

表 5-1　SSR-PCR 扩增条件

	温度条件	时间
	94℃预变性	5min
	94℃变性	30s
35 个循环	60℃复性	30s
	72℃延伸	30s
	72℃延伸	7min
	4℃	存放

3. 引物筛选

由于微卫星序列侧翼有相当保守的 DNA 序列，因此微卫星引物具有较高的通用性。所以在同一物种间或物种亲缘关系比较近的物种间，甚至分类地位很近的物种间，可以利用引物序列的通用性做遗传学研究。通过对这些已经设计好的引物进行筛选，找出适合本物种的引物。

本研究应用的 SSR 引物均为已公开的针对落叶松的 SSR 引物。主要是贯春雨等（2011）基于松科树种 EST 序列的落叶松 SSR 引物开发的 EST-SSR 引物（代号 LS），杨秀艳等（2011）根据日本落叶松 EST-SSR 标记筛选出的 gSSR 引物（代号 Y），艾畅等（2006）对马尾松种子园的遗传多样性与父本分析时所使用的 SSR 引物（代号 A），邵丹（2007）在对凉水国家级自然保护区天然红松种群进行 SSR 遗传多样性在时间尺度上变化研究所用的 cpSSR 分析等（代号 cp），总计检索到 214 对 SSR 引物，先对检索到的所有引物进行初步筛选，共筛出 38 对 SSR 引物。用 8 个 DNA 样本进行进一步筛选，从 38 对 SSR 引物中筛出 14 对多态性高且稳定的 SSR 引物用于本研究（表 5-2），引物 Y14 的部分样品扩增结果如图 5-2 所示。

表 5-2 14 对 SSR 引物特征

引物	重复序列	等位基因个数	片段长度/bp	来源
LS15	$(AT)_5+(CA)_6$	4	220～237	落叶松 EST-SSR 引物
LS49	$(TTG)_5$	7	180～220	落叶松 EST-SSR 引物
LS93	$(AT)_5$	6	310～373	落叶松 EST-SSR 引物
LS105	$(TTC)_5$	3	370～380	落叶松 EST-SSR 引物
LS262	$(TA)_5$	3	140～152	落叶松 EST-SSR 引物
Y12	$(ATT)_4+(TGT)_4+(GTGGCA)_4$	4	131～143	落叶松 EST-SSR 引物
Y14	$(TCAGGC)_5$	6	118～148	落叶松 EST-SSR 引物
Y19	$(CATT)_4$	3	141～152	落叶松 EST-SSR 引物
Y27	$(AGTCC)_4+(GTCCA)_6$	7	123～141	落叶松 EST-SSR 引物
Y85	$(TAC)_4$	2	172～185	落叶松 EST-SSR 引物
Y32	(AG)	6	142～178	日本落叶松 gSSR 引物
Y33	(TG)	7	133～196	日本落叶松 gSSR 引物
Y38	(CT)	6	420～490	日本落叶松 gSSR 引物
Y40	(GA)	6	155～200	日本落叶松 gSSR 引物

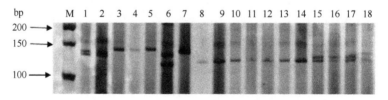

图 5-2 引物 Y14 在部分样品中的扩增结果

M 为 Marker；1～18 为随机样品 DNA

4. 电泳检测及银染

全部体系的 PCR 扩增产物将使用浓度为 8%的变性聚丙烯酰胺凝胶进行多态性检测分析。

（1）电泳槽玻璃板的处理

先将洗液清洗过的两块玻璃板用 95%无水乙醇擦净，通风干燥后备用，使用时用擦镜纸在凹玻璃板上均匀涂抹少量剥离硅烷，在全玻璃板上涂抹亲和硅烷，在处理全玻璃板之前要换手套以防与剥离硅烷交叉污染。待通风 3～5min 玻璃板硅化后，分别用擦镜纸蘸取少量无水乙醇涂抹全玻璃板，以及用擦镜纸涂抹凹玻璃板，以去除未被吸收的多余的亲和硅烷及剥离硅烷。

（2）制备凝胶及灌胶

装好灌胶模具，用 0.8%～1%的琼脂糖凝胶封住模具底边以防侧漏。将配制好的 8%变性聚丙烯酰胺胶液倒出 32～35mL，在胶液中加入 26μL TEMED、260μL AP 将溶液轻轻混匀，将玻璃板倾斜，在一端缓慢将溶液注入两块玻璃板的空隙中，注满至顶部，及时去除溶液里气泡，以保持注入溶液的连续性，胶厚约 1cm。倒满胶以后，将相应的点样梳平整地侧插入凝胶溶液中，将模具倾斜放置。在室温下变性聚丙烯酰胺胶液 3～4h 凝胶聚合完毕。

（3）预电泳

小心拔出点样梳，将玻璃板用弹簧夹固定在双向垂直电泳槽上，在电泳槽内加入足量的 1×TBE 电泳缓冲液。电泳前反复用枪冲洗点样孔，去除多余的杂质。30W 恒功率预电泳 30min。

（4）点样

将 PCR 产物于 94℃变性 8～10min，使 DNA 变性，变成单链形式。变性后立即冰浴并快速加入上样缓冲液，以防止 DNA 复性。将 PCR 产物与上样缓冲液充分混合，用微量移液器快速上样，上样量为 3～5μL。上样前应再次用枪吸打点样孔。30W 恒定功率，电泳 1.5h。电泳结束后，用刀片轻轻撬起短玻璃板，使玻璃板分离，变性聚丙烯酰胺凝胶应吸附在长玻璃板上。

（5）银染

将凝胶置于固定液（10%冰醋酸）中在振荡摇床上脱色 3～4h，至凝胶为无色透明状态。脱色后用蒸馏水冲洗凝胶（2 次，每次 3min）后，将凝胶置于摇床上在染色液中（1% AgNO₃ 和甲醛 1.5mL/L）染色 30min。染色后用蒸馏水轻轻漂洗凝胶约 20s，将凝胶置于摇床上的 2L 反应液中[6%NaOH，1.5mL/L 甲醛，400μL NaS₂O₄（10mg/mL）]，直至凝胶上显示出清晰的 SSR-PCR 扩增条带。显示后用蒸馏水漂洗凝胶 2～3min，室温下观察，照相，读取反应结果。

5. 数据处理与统计分析方法

SSR 为共显性分子标记，如同一引物扩增出的产物，其电泳迁移率一致，则被认为其具有同源性。本研究采用人工读带法，根据条带的迁移对其进行判读，采用 A、B、C、D、……记录电泳条带。利用软件 POPGENE 32 计算 38 个无性系亲本及子代的遗传多样性，分析的参数如下。

（1）等位基因频率（q）

$$q_i = (2n_{ii} + \sum n_{ij}) / 2N \ (i \neq j) \tag{5-1}$$

式中，n_{ii} 为具有纯合 $a_i a_i$ 基因型的个体数，n_{ij} 为具有杂合 $a_i a_j$ 基因型的个体数，N 为个体总数。

（2）等位基因平均数（Na）

是各个位点的等位基因总和除以位点的总数，其计算公式为

$$Na=\sum a_i/n \tag{5-2}$$

式中，a_i 为第 i 位点的等位基因数，n 为测定位点总数。

（3）有效等位基因数（Ne）

结合每个位点上等位基因的平均数目及其等位基因的频率，反映每个等位基因在遗传结构中的重要性。

$$Ne=1/n\sum a_i \tag{5-3}$$

式中，a_i 为第 i 个位点上的等位基因数，n 为检测的微点总数。

（4）Shannon 多样性指数（I）

表示多样性的一种测度。

$$I=-\sum P_i \log_2 P_i \tag{5-4}$$

式中，P_i 为群体中第 i 个等位基因的频率，n 为等位基因数目。

（5）观测杂合度（Ho）

即实际观察到的杂合单株占全部单株的比例。

$$Ho=杂合单株/全部单株 \tag{5-5}$$

（6）期望杂合度（He）

在 Hardy-Weinberg 定律下预期的平均每个个体位点的杂合度。He 能同时反映群体中等位基因的丰富与均匀程度，He 衡量的是群体中基因的多少及其分布是否均匀。

$$He=\sum he/n, \quad he=1-p_i^2 \tag{5-6}$$

式中，he 为单个位点上的杂合度，p_i 为单个位点上第 i 个等位基因的频率，n 为检测位点总数。

（7）Nei's 基因多样性指数（H）

当在多位点的研究等位基因频率时，一个群体中遗传变异范围通常由平均杂合度来度量，是根据 Hardy-Weinberg 平衡定律推算出来的理论杂合度，在随机交配的群体中 H 值就代表群体的杂合体比例，而在非随机交配群体中 H 值只是杂合体的一个理想测度。

$$H=1-\sum P_i^2 \tag{5-7}$$

（8）固定指数（F）

在天然群体中，杂合体的比例并不一定与 Hardy-Weinberg 平衡定律推算出的期望杂合度一致。F 是这种期望比例与实际比例差值大小的度量指标。当群体中纯合体过量，$F>0$；反之，当杂合体过量时，$F<0$。

$$F=1–Ho/He \qquad (5\text{-}8)$$

（9）F 统计量

用来检验群体分化的等级结构。它包括三个方面的指标：Fit 为群体总近交系数，可用检验在总群体中基因型频率与 Hardy-Weinberg 平衡定律期望比例的偏离程度；Fis 为群体内近交系数，可用来检验在群体内基因型频率与 Hardy-Weinberg 平衡定律期望比例的偏离程度（二者的计算同固定指数 F 的计算，区别只在计算时用的样本单位不同而已）；Fst 为群体间分化系数，可用来衡量群体间分化程度。

$$Fst=σ2p/p（1–p） \qquad (5\text{-}9)$$

5.1.2　结果与分析

5.1.2.1　SSR-PCR 反应体系优化

SSR 标记是基于 PCR 技术的一种分子标记，其 SSR-PCR 结果易受各种因素（*Taq* DNA 聚合酶浓度、模板 DNA 浓度、Mg^{2+} 浓度、dNTP 浓度、引物浓度）的干扰，造成带型不稳定、重复性稍差的现象，因而需在试验前对 SSR-PCR 反应体系进行优化，以获得清晰稳定的 SSR-PCR 扩增条带（表 5-3）。

表 5-3　PCR 反应体系各成分因素-水平正交设计表

编号	因素				
	Taq DNA 聚合酶/（U/20μL）	Mg^{2+}/（mmol/L）	dNTP/（mmol/L）	模板 DNA/（ng/20μL）	引物（上游/下游）/（μmol/L）
1	1.0	2.0	0.15	25.0	0.35
2	1.0	2.5	0.20	37.5	0.40
3	1.0	3.0	0.25	50.0	0.45
4	1.0	3.5	0.30	62.5	0.50
5	1.5	2.0	0.20	50.0	0.50
6	1.5	2.5	0.15	62.5	0.45
7	1.5	3.0	0.30	25.0	0.40
8	1.5	3.5	0.25	37.5	0.35
9	2.0	2.0	0.25	62.5	0.40
10	2.0	2.5	0.30	50.0	0.35
11	2.0	3.0	0.15	37.5	0.50
12	2.0	3.5	0.20	625	0.45
13	2.5	2.0	0.30	37.5	0.45
14	2.5	2.5	0.25	25.0	0.50
15	2.5	3.0	0.20	62.5	0.35
16	2.5	3.5	0.15	50.0	0.40

处理 1、2、3 扩增结果显示片段清晰度相近，在处理 1、2、3 范围内各成分进行微调，最终确定反应总体积 20μL，优化后的反应体系（表 5-4）：模板 DNA 50ng，20μmol/L 上游引物 2.0μL，5μmol/L 下游引物 2.0μL，2.5mmol/L dNTP（TaKaRa）1.6μL，10×*Taq* buffer 2.0μL，25mmol/L MgCl₂ 2.2μL，5U/μL *Taq* DNA 聚合酶（Fermentas）0.2μL。

表 5-4　长白落叶松 SSR-PCR 扩增体系

成分	用量	浓度	终浓度
模板 DNA	1.0μL	50ng/μL	50.0ng/20μL
引物（上游/下游）	2.0μL/2.0μL	5μmol/L	0.50μmol/L/0.50μmol/L
dNTP	1.6μL	2.5mmol/L	0.25mmol/L
Mg²⁺	2.2μL	25mmol/L	2.75mmol/L
Taq DNA 聚合酶	0.2μL	5U/μL	1.0U/20μL
10×*Taq* buffer	2.0μL		
去离子水	9.0μL		
总计	20μL		

5.1.2.2　种子园亲、子代群体单位点等位基因频率分析

如表 5-5 所示，14 对 SSR 引物共扩增出的等位基因位点 70 个，其中，亲本群体共扩增出 57 个等位基因，其中高频率等位基因 3 个，中频率等位基因 11 个，低频率等位基因 43 个，没有出现极低频率等位基因；而子代群体共扩增出 69 个等位基因，其中高频率等位基因 1 个，较亲本群体减少了两个，中频率等位基因 19 个，较亲本群体增加了 8 个，增加的数量较多，低频率等位基因为 44 个，和亲本群体基本一致，而极低频率等位基因 5 个。

表 5-5　不同疏伐方式去劣疏伐前后基因频率比较

群体 基因频率分级	等位基因平均 数 Na	高频率 （$P>0.75$）	中频率（$0.75>$ $P≥0.25$）	低频率（$0.25>$ $P>0.01$）	极低频率 （$P<0.01$）
亲本	57	3	11	43	0
子代	69	1	19	44	5

就同一位点来看，某些等位基因是亲本群体特有的，如（Y33 的 *A* 基因）。有 13 个等位基因只在子代群体中出现，包括 LS15 的 *D* 基因，LS49 的 *B*、*E*、*F*、*G* 基因，LS93 的 *F* 基因，Y14 的 *F* 基因，Y27 的 *E*、*F*、*G*，Y38 的 *F* 基因，Y40 的 *F* 基因，Y19 的 *C* 基因。同一位点在亲、子代两个群体中等位基因的频率也存在差异（表 5-6），大多数等位基因的频率差异较小，个别等位基因频率差异较大，如 Y27 中的 *A* 基因，在亲代群体中为 0.0673，而在子代群体中仅为 0.0034，相差近 20 倍，

与张薇等（2008）的马尾松种子园亲、子代群体之间的等位基因差异研究结果相似。

表 5-6　亲、子代群体的等位基因频率

位点	基因	亲本	子代	位点	基因	亲本	子代
LS15	A	0.1481	0.1507	Y27	A	0.0673	0.0034
	B	0.2404	0.3014		B	0.1404	0.0171
	C	0.6115	0.5342		C	0.6750	05137
	D	0.0000	0.0137		D	0.1173	0.2158
LS49	A	0.2288	0.2877		E	0.0000	0.0616
	B	0.0000	0.0068		F	0.0000	0.1678
	C	0.7212	0.6541		G	0.0000	0.0205
	D	0.0500	0.0342	Y32	A	0.0423	0.0479
	E	0.0000	0.0068		B	0.1808	0.2192
	F	0.0000	0.0034		C	0.6692	0.6130
	G	0.0000	0.0068		D	0.0462	0.0479
LS93	A	0.0942	0.0685		E	0.0250	0.0274
	B	0.0981	0.1610		F	0.0365	0.0445
	C	0.0788	0.0651	Y33	A	0.0442	0.0000
	D	0.6423	0.5925		B	0.1154	0.0959
	E	0.0865	0.1096		C	0.1019	0.0753
	F	0.0000	0.0034		D	0.2692	0.4144
LS105	A	0.1865	0.1815		E	0.2346	0.3390
	B	0.0519	0.0377		F	0.1250	0.0342
	C	0.7615	0.7808		G	0.1096	0.0411
LS262	A	0.2269	0.2911	Y38	A	0.1827	0.1644
	B	0.0635	0.0719		B	0.5596	0.6027
	C	0.7096	0.6370		C	0.1308	0.1781
Y12	A	0.0423	0.0479		D	0.0981	0.0411
	B	0.2000	0.3048		E	0.0288	0.0103
	C	0.6865	0.5890		F	0.0000	0.0034
	D	0.0712	0.0582	Y40	A	0.0346	0.0205
Y14	A	0.1058	0.0993		B	0.1673	0.2021
	B	0.1846	0.1849		C	0.0654	0.0788
	C	0.4346	0.5068		D	0.6077	0.6199
	D	0.2192	0.1473		E	0.1250	0.0685
	E	0.0558	0.0514		F	0.0000	0.0103
	F	0.0000	0.0103	Y19	A	0.8212	0.7123
Y85	A	0.1865	0.2808		B	0.1788	0.2705
	B	0.8135	0.7192		C	0.0000	0.0171

5.1.2.3 亲本群体的SSR遗传多样性及遗传结构分析

本研究筛选出 LS15、LS49、LS93、LS105、LS262、Y12、Y14、Y19、Y27、Y85、Y32、Y33、Y38、Y40 共 14 个多态位点,对种子园所有 38 个无性系共 260 个单株的 DNA 进行扩增,共检测到 57 个等位基因,等位基因平均数(Na)为 4.0714 个,每个多态位点检测到 2~7 个等位基因,其中引物 Y33 扩增位点的等位基因最多,为 7 个多态位点,Y19 和 Y85 的等位基因数最少,为 2 个多态位点。有效等位基因数的变化幅度为 1.4159~5.5301,其中 Y19 最低,Y33 最高。平均有效等位基因数(Ne)为 2.3258(表 5-7)。说明等位基因平均数与有效等位基因数差异较大,表明群体中低频等位基因的稳定性较低(等位基因在亲体中分布不均匀),对群体遗传变异起的作用较小。

表 5-7 亲本群体的遗传多样性

位点	样本量	等位基因平均数 Na	有效等位基因数 Ne	Shannon 多样性指数 I
Y38	520	5.0000	2.6731	1.2315
Y14	520	5.0000	3.5047	1.4054
LS93	520	5.0000	2.2484	1.1467
Y12	520	4.0000	2.0258	0.9739
Y33	520	7.0000	5.5301	1.8155
LS49	520	3.0000	1.7393	0.7230
Y27	520	3.0000	2.2041	0.9262
Y19	520	2.0000	1.4159	0.4696
Y85	520	2.0000	1.4357	0.4812
LS262	520	3.0000	1.7887	0.7550
LS15	520	4.0000	1.9298	0.9020
LS105	520	3.0000	1.6196	0.6743
Y32	520	6.0000	2.0558	1.0669
Y40	520	5.0000	2.3902	1.1565
平均值	520	4.0714	2.3258	0.9805

Shannon 多样性指数(I)范围为 0.4696~1.8155,最低为 Y19 位点,最高为 Y33 位点,相差 4 倍,平均 0.9805,不同位点的 Shannon 多样性指数差别很大,说明不同位点对群体基因多样性的贡献不一样,因此,选择合适的 SSR 引物十分重要,SSR 多态位点不宜太少。Shannon 多样性指数差异较大,和不同的多态位点的具体情况有关,也可能和优树均来自绥阳有关。

亲本群体的观测杂合度的范围为 0.3192~0.8615,最高为 Y33 位点,最低为 LS15 位点,平均为 0.5280。期望杂合度的范围为 0.2943~0.8207,最高为 Y33 位点,最低为 Y19 位点,平均为 0.5146。Nei's 基因多样性指数的范围是 0.2937~

0.8192，最高为 Y33 位点，最低为 Y19 位点，平均为 0.5136。Shannon 多样性指数和 Nei's 基因多样性指数分别为 0.9805 和 0.5136，说明长白落叶松初级种子园育种亲本具备丰富的遗传基础。亲本群体平均期望杂合度（He）为 0.5146，说明种子园亲本群体中杂合单株较多，纯合单株较少（表 5-8）。

表 5-8　亲本群体杂合度

位点	样本量	观测杂合度 Ho	期望杂合度 He	Nei's 基因多样性指数 H
Y38	520	0.5615	0.6271	0.6259
Y14	520	0.5731	0.7160	0.7147
LS93	520	0.5423	0.5563	0.5552
Y12	520	0.4885	0.5074	0.5064
Y33	520	0.8615	0.8207	0.8192
LS49	520	0.5577	0.4259	0.4251
Y27	520	0.7154	0.5474	0.5463
Y19	520	0.3577	0.2943	0.2937
Y85	520	0.3346	0.3041	0.3035
LS262	520	0.5462	0.4418	0.4409
LS15	520	0.3192	0.4827	0.4818
LS105	520	0.4115	0.3833	0.3826
Y32	520	0.5692	0.5146	0.5136
Y40	520	0.5538	0.5827	0.5816
平均值	520	0.5280	0.5146	0.5136

由表 5-9 可以看出，除了引物 LS15 扩增位点之外，其他扩增位点的 Fis 值均为负值，说明群体多数位点杂合体过量，且纯合子不足。亲本群体间分化系数（Fst）

表 5-9　亲本群体的 F 统计量和基因流

位点	样本量	群体内近交系数 Fis	群体总近交系数 Fit	群体间分化系数 Fst	基因流 Nm
Y38	520	−0.0859	0.0916	0.1635	1.2795
Y14	520	−0.1282	0.2256	0.3136	0.5471
LS93	520	−0.1942	0.0976	0.2443	0.7731
Y12	520	−0.2193	0.0791	0.2447	0.7715
Y33	520	−0.3981	−0.0590	0.2425	0.7808
LS49	520	−0.5339	−0.3164	0.1418	1.5131
Y27	520	−0.5098	−0.3602	0.0991	2.2731
Y19	520	−0.4024	−0.2231	0.1279	1.7048
Y85	520	−0.3462	−0.1123	0.1737	1.1893
LS262	520	−0.5352	−0.2342	0.1960	1.0252
LS15	520	0.1994	0.3430	0.1794	1.1438
LS105	520	−0.2379	0.0000	0.1922	1.0509
Y32	520	−0.2621	−0.0955	0.1320	1.6445
Y40	520	−0.1196	0.1004	0.1964	1.0226
平均值	520	−0.2621	−0.0132	0.1972	1.0179

的范围为 0.0991~0.3136，平均为 0.1972，有 19.72% 的遗传变异存在于无性系群体之间，80.28% 的遗传变异存在于无性系群体内部，遗传变异主要存在无性系群体内部。亲本的基因流（Nm）平均为 1.0179（大于 1），表明建园的无性系群体能够防止由遗传漂变引起的群体间的遗传分化。

5.1.2.4 亲本各无性系的 SSR 遗传多样性及遗传结构分析

从长白落叶松种子园亲本各无性系群体内部看，等位基因平均数差异较大，最高为无性系 32 号、200 号，为 3.4286，最低为无性系 481 号，为 1.4286。有效等位基因数的范围为 1.5000~2.3096，最高为无性系 32 号，最低为无性系 29 号、471 号。Shannon 多样性指数的范围为 0.2971~0.8818，最高为无性系 259 号，最低为无性系 481 号。观测杂合度的范围为 0.3571~0.6786，最高为无性系 487 号，最低为无性系 43 号、78 号。期望杂合度的范围为 0.3667~0.6429，最高为无性系 438 号，最低为无性系 43 号。Nei's 基因多样性指数的范围为 0.2143~0.5036，最高为无性系 259 号，最低为无性系 481 号（表 5-10）。

表 5-10 亲本群体各无性系的基因多样性

无性系	样本量	等位基因平均数 Na	有效等位基因数 Ne	Shannon 多样性指 I	观测杂合度 Ho	期望杂合度 He	Nei's 基因多样性指数 H
10	12	2.8571	2.1541	0.8062	0.5119	0.5184	0.4752
21	20	2.7857	1.8511	0.7056	0.4857	0.4417	0.4196
22	4	1.6429	1.5286	0.4082	0.5000	0.3810	0.2857
29	2	1.5000	1.5000	0.3466	0.5000	0.5000	0.2500
32	18	3.4286	2.3096	0.8814	0.5238	0.5056	0.4775
33	6	2.2143	1.9672	0.6529	0.4762	0.5000	0.4167
38	20	3.0000	1.9721	0.7517	0.4929	0.4590	0.4361
43	6	1.9286	1.6058	0.4797	0.3571	0.3667	0.3056
66	24	3.1429	2.0508	0.7967	0.5000	0.4720	0.4524
74	18	3.0000	2.0616	0.8275	0.5476	0.5168	0.4881
78	8	2.2143	1.6743	0.5883	0.3571	0.4260	0.3728
82	20	2.8571	1.7679	0.6955	0.5071	0.4259	0.4046
85	22	3.0000	2.0804	0.8237	0.5714	0.5127	0.4894
90	16	2.8571	2.0076	0.7714	0.5446	0.4917	0.4609
91	20	3.0000	1.8160	0.7061	0.5500	0.4286	0.4071
200	18	3.4286	2.1391	0.8708	0.5873	0.5093	0.4810
202	14	2.9286	2.0962	0.8086	0.5510	0.5063	0.4701
204	14	2.6429	2.0105	0.7417	0.5408	0.4859	0.4512
216	14	2.6429	1.8869	0.7105	0.5510	0.4600	0.4271
248	22	2.7143	1.8551	0.6597	0.4675	0.4079	0.3893

续表

无性系	样本量	等位基因 平均数 Na	有效等位 基因数 Ne	Shannon 多样性指 I	观测杂 合度 Ho	期望杂合 度 He	Nei's 基因多 样性指数 H
250	18	3.0000	1.9717	0.7874	0.5556	0.4883	0.4612
254	10	2.2857	1.7563	0.6294	0.5714	0.4508	0.4057
259	20	3.2857	2.2223	0.8818	0.6071	0.5301	0.5036
264	4	1.8571	1.6333	0.4545	0.3929	0.3810	0.2857
267	14	2.5714	1.9601	0.7250	0.5102	0.4804	0.4461
401	6	2.5000	2.1804	0.7654	0.6190	0.5667	0.4722
407	10	2.7143	2.0295	0.7620	0.5857	0.5032	0.4529
414	18	3.0000	2.0149	0.7440	0.4921	0.4458	0.4211
433	14	2.6429	1.8911	0.7066	0.5408	0.4537	0.4213
448	20	2.9286	2.1276	0.8339	0.5429	0.5180	0.4921
458	20	2.7857	1.9464	0.7348	0.5500	0.4620	0.4389
471	2	1.5000	1.5000	0.3466	0.5000	0.5000	0.2500
474	20	2.7857	1.9548	0.7518	0.5429	0.4647	0.4414
481	2	1.4286	1.4286	0.2971	0.4286	0.4286	0.2143
484	20	3.0000	2.0487	0.7799	0.5357	0.4695	0.4461
487	4	2.3571	2.0905	0.7361	0.6786	0.6190	0.4643
438	2	1.6429	1.6429	0.4456	0.6429	0.6429	0.3214
253	18	2.7857	1.9849	0.7653	0.5714	0.4846	0.4577

无性系 22 号、29 号、33 号、43 号、264 号、401 号、471 号、481 号、438 号各遗传多样性参数均偏低，主要原因可能是这 9 个无性系群体过小（1~3 株）。

5.1.2.5　种子园子代遗传多样性及遗传结构分析

本研究利用筛选出的 LS15、LS49、LS93、LS105、LS262、Y12、Y14、Y19、Y27、Y85、Y32、Y33、Y38、Y40 共 14 对 SSR 引物，对种子园 21 个家系共 146 个子代个体的 DNA 进行扩增，共检测出 69 个等位基因，等位基因平均数（Na）为 4.9286，每个多态位点检测到 2~7 个等位基因，其中引物 Y27、LS49 扩增位点的等位基因最多，为 7 个等位基因，Y40、Y38、Y33、Y14、LS93、Y32 多态位点扩增出 6 个等位基因，Y85 的等位基因数最少，为 2 个多态位点。其中 LS49 位点，在亲、子代群体扩增出的等位基因数量差异最大，亲代群体中为 3 个，而子代群体中为 7 个，其次是 Y27 位点，亲代群体扩增出 4 个等位基因，子代群体扩增出 7 个等位基因。子代群体的有效等位基因数（Ne）的变化幅度为 1.5527~3.2852，其中 LS105 最低，Y33 最高，平均有效等位基因数（Ne）为 2.3163，相比亲代群体的有效等位基因数的变化范围（1.4159~5.5301），子代群体各多态位点有效等位基因数差异较小（表 5-11）。Shannon 多样性指数（I）范围为 0.5937～1.3981，最低为 Y85 位点，最高为 Y33 位点，最多相差 2 倍，平均为 1.0232，较亲本群体的多样性指数高，子代群体不同位点的 Shannon 多样性指数差别变小。

表 5-11　子代群体的遗传多样性

位点	样本量	等位基因平均数 Na	有效等位基因数 Ne	Shannon 多样性指数 I
Y40	292	6.0000	2.2911	1.1302
Y38	292	6.0000	2.3594	1.1069
Y33	292	6.0000	3.2852	1.3981
Y27	292	7.0000	2.9144	1.3133
Y14	292	6.0000	3.0732	1.3675
LS49	292	7.0000	1.9534	0.8735
LS15	292	4.0000	2.5054	1.0403
Y19	292	3.0000	1.7215	0.6650
Y85	292	2.0000	1.6776	0.5937
LS93	292	6.0000	2.5134	1.2273
LS262	292	3.0000	2.0175	0.8358
Y12	292	4.0000	2.2444	0.9851
LS105	292	3.0000	1.5527	0.6264
Y32	292	6.0000	2.3194	1.1611
平均值	292	4.9286	2.3163	1.0232

从表 5-12 可见，子代群体平均观测杂合度（Ho）为 0.5401，变化幅度为 0.3562（Y85）～0.7740（Y33）。平均期望杂合度（He）为 0.5493，变化幅度为 0.3572（LS105）～0.6980（Y33）。利用 Nei's 基因多样性指数分析，参试个体的遗传多样性平均值为 0.5475，最低为 LS105，为 0.3560，最高为 Y33，为 0.6956，差异较小。

表 5-12　子代群体杂合度

位点	样本量	观测杂合度 Ho	期望杂合度 He	Nei's 基因多样性指数 H
Y40	292	0.4795	0.5655	0.5635
Y38	292	0.5137	0.5781	0.5762
Y33	292	0.7740	0.6980	0.6956
Y27	292	0.5959	0.6591	0.6569
Y14	292	0.6096	0.6769	0.6746
LS49	292	0.5616	0.4897	0.4881
LS15	292	0.6918	0.6029	0.6009
Y19	292	0.4041	0.4205	0.4191
Y85	292	0.3562	0.4053	0.4039
LS93	292	0.6164	0.6042	0.6021

位点	样本量	观测杂合度 Ho	期望杂合度 He	Nei's 基因多样性指数 H
LS262	292	0.5274	0.5061	0.5043
Y12	292	0.4247	0.5563	0.5544
LS105	292	0.3767	0.3572	0.3560
Y32	292	0.6301	0.5708	0.5688
平均值	292	0.5401	0.5493	0.5475

由表 5-13 可以看出，引物 Y40、Y38、Y85、Y12 扩增位点的 Fis 值为正值，其他扩增位点的 Fis 值为负值，说明群体多数位点杂合体较多，且纯合子相对较小。子代群体间分化系数(Fst)的范围为 0.0705～0.1787，平均为 0.1084，有 10.84% 的遗传变异存在于无性系群体之间，89.16% 的遗传变异存在于无性系群体内部，说明子代群体的遗传变异也主要存在无性系群体内部。子代群体的基因流（Nm）的变化范围为 1.1488（Y14）～3.2944（Y38），平均为 2.0572（大于 1），表明自由授粉的子代群体能够防止由遗传漂变引起的群体间的遗传分化。

表 5-13　子代群体的 F 统计量和基因流

位点	样本量	群体内近交系数 Fis	群体总近交系数 Fit	群体间分化系数 Fst	基因流 Nm
Y40	292	0.0582	0.1464	0.0936	2.4201
Y38	292	0.0408	0.1085	0.0705	3.2944
Y33	292	−0.2569	−0.1123	0.1150	1.9236
Y27	292	−0.0609	0.0913	0.1435	1.4924
Y14	292	−0.1035	0.0938	0.1787	1.1488
LS49	292	−0.2614	−0.1496	0.0887	2.5697
LS15	292	−0.2469	−0.1491	0.0784	2.9388
Y19	292	−0.0512	0.0351	0.0821	2.7958
Y85	292	0.0103	0.1159	0.1067	2.0938
LS93	292	−0.1631	−0.0253	0.1185	1.8594
LS262	292	−0.2190	−0.0467	0.1413	1.5190
Y12	292	0.1554	0.2334	0.0923	2.4572
LS105	292	−0.1541	−0.0590	0.0824	2.7830
Y32	292	−0.2143	−0.1050	0.0900	2.5272
平均值	292	−0.1070	0.0129	0.1084	2.0572

从长白落叶松种子园子代各家系群体内部看，与亲本群体各无性系等位基因平均数差异相比，子代群体等位基因平均数差异较小（表 5-14），其等位基因平均数最高为家系 32 号，为 3.3571，最低为家系 21 号，为 2.7143。有效等位基因数的范围为 1.8889～2.3681，最高为家系 259 号，最低为家系 248 号。Shannon 多样

性指数的范围为 0.7356~0.8966，最高为家系 259 号，最低为 248 号。观测杂合度的范围为 0.4592~0.6327，最高为家系 487 号，最低为家系 248 号。期望杂合度的范围为 0.4670~0.5722，最高为家系号 74 号，最低为家系 248 号。Nei's 基因多样性指数的范围为 0.4337~0.5313，最高为家系 74 号，最低为家系 248 号。

表 5-14　子代群体各家系的基因多样性

家系	样本量	等位基因平均数 Na	有效等位基因数 Ne	Shannon 多样性指数 I	观测杂合度 Ho	期望杂合度 He	Nei's 基因多样性指数 H
259	12	3.1429	2.3681	0.8966	0.6190	0.5639	0.5169
254	14	2.7857	1.9579	0.7670	0.5918	0.5024	0.4665
78	14	2.8571	1.9264	0.7707	0.4694	0.4914	0.4563
267	14	2.8571	2.0707	0.7978	0.5102	0.5157	0.4789
253	14	2.9286	2.1494	0.8333	0.5612	0.5345	0.4964
74	14	3.0000	2.2365	0.8863	0.5306	0.5722	0.5313
204	14	3.0714	2.1909	0.8705	0.5510	0.5502	0.5109
21	14	2.7143	2.0934	0.7979	0.5102	0.5259	0.4883
250	14	2.9286	2.0477	0.8181	0.5612	0.5267	0.4891
32	14	3.3571	2.2708	0.8909	0.5510	0.5345	0.4964
33	14	2.7857	2.1869	0.8163	0.5510	0.5306	0.4927
85	14	3.0714	2.1894	0.8692	0.6122	0.5510	0.5117
248	14	2.7857	1.8889	0.7356	0.4592	0.4670	0.4337
66	14	3.0714	2.0465	0.8011	0.4694	0.4953	0.4599
474	14	2.8571	1.9841	0.7902	0.4796	0.5055	0.4694
414	14	3.1429	2.1486	0.8615	0.5306	0.5385	0.5000
448	14	3.2143	2.1801	0.8851	0.4898	0.5447	0.5058
487	14	3.0000	2.2325	0.8756	0.6327	0.5636	0.5233
91	14	3.0714	1.9463	0.7771	0.5408	0.4827	0.4483
90	14	3.1429	2.0633	0.8512	0.5612	0.5345	0.4964
407	14	3.0000	2.1382	0.8307	0.5714	0.5204	0.4832

5.1.2.6　种子园亲、子代遗传多样性的比较

对长白落叶松初级无性系种子园的亲代群体和自由授粉的子代群体进行了遗传多样性比较（表 5-15），子代群体的等位基因平均数（4.9286）明显大于亲代群体（4.0714），而有效等位基因数两者相差不大，亲代群体为 2.3258，略高于子代群体（2.3163），这说明自由授粉的子代群体可能包含亲代群体所有的等位基因。子代群体的 Shannon 多样性指数和 Nei's 基因多样性指数均比亲代群体稍高，亲代群体 I 值和 H 值分别为 0.9805 和 0.5136，而子代群体为 1.0232 和 0.5475，说明

子代群体的遗传多样性较亲代群体的遗传多样性而言，并没有因为花期不遇、雌雄配子不均衡、无性系配置等问题而降低。相反，子代群体的遗传多样性除了有效等位基因数略低于亲代群体以外，其他遗传指标均稍高于亲代群体，可能是外来花粉所携带的异于该子园的等位基因，为该种子园的子代群体遗传多样性提供了更多的物质基础，也可能是因为亲、子代的无性系数量及每个无性系参试的个体数量不同，导致了数值上的偏差。

表 5-15　亲、子代遗传多样性比较

群体	样本数	等位基因平均数 Na	有效等位基因数 Ne	Shannon 多样性指数 I	观测杂合度 Ho	期望杂合度 He	Nei's 基因多样性指数 H	基因流 Nm
亲本	520	4.0714	2.3258	0.9805	0.5280	0.5146	0.5136	1.0179
子代	292	4.9286	2.3163	1.0232	0.5401	0.5493	0.5475	2.0572

　　子代群体的观测杂合度（0.5401）和期望杂合度（0.5493）较略高于亲代群体（分别为0.5280、0.5146），说明亲、子代群体均是杂合体数量略高于纯合体，但子代群体的杂合体更多。子代群体的基因流为2.0572，亲本群体的基因流为1.0179，前者近乎为后者的2倍，说明该种子园群体间基因交流频繁，因而减弱了该种子园子代群体间的遗传分化。根据单因素 T 检验结果我们可以看出，亲、子代的等位基因数差异显著，有效等位基因数、Shannon 多样性指数、期望杂合度、Nei's 基因多样性指数差异极显著，观测杂合度差异不显著（表5-15，表5-16），通过对该种子园亲、子代遗传指标的对比，我们可以看出，种子园的亲、子代群体均保持较宽的遗传基础，遗传多样性较为丰富。

表 5-16　亲、子代群体 Nei's 基因多样性指数 T 检验

	平方和	自由度 df	均方	F 值	P 值
组间	0.018 619	1	0.018 619	19.60	0.000
组内	0.038 006	40	0.000 950		
总数	0.056 625	41			

5.2　长白落叶松表型性状遗传多样性研究

5.2.1　试验材料与方法

5.2.1.1　试验材料

　　第 28 小区包含的无性系的半同胞家系子代林全部单株作为表型性状研究的对象，采集的第 28 小区内疏伐前所有无性系球果（2011.8）作为测定种子性状差异的试验材料，其种子以无性系为单位收集，每株母树按上、中、下位置取球果若干，将每个无性系的球果混放在一起，按家系编号，测定每个无性系风干种子的千粒重、净重、含水量、发芽率、发芽势、优良度等生理指标，每个无性系的每个生理指标均测定三次。

5.2.1.2 长白落叶松种子品质指标

1）净度：将种子按照纯净种子、废种子及夹杂物分类。计算种子净度公式：净度=纯净种子重/（纯净种子重+废种子重+杂质重）×100%。

2）千粒重测定：从筛选好的试验样品中随机选数种子，每 100 粒为一小组，共 3 小组，分别称量各组重量。计算千粒重的公式：千粒重=$\bar{\chi}$×10，其中 $\bar{\chi}$ 为 100 粒种子的平均重量。

3）含水量测定：将样品装入已知重量的编号称量瓶中，将带盖的称量瓶及其中的样品一起称量；将称量瓶放入 105℃的烘箱中，烘至恒重；每个无性系重复 3 次，根据测定结果，按公式计算供试样品的含水量：含水量=（b–a）/b×100%，式中，a 为干重；b=鲜重。

4）优良度测定：从纯净的种子中随机抽取 300 粒，等分成 3 份，在室温下浸泡 24h，取出后切开观察，凡是种胚健康、色泽正常的，即为优良种子。每个家系重复 3 次，根据测定的结果，按公式计算供试样品的优良度：优良度=优良种子数/供检种子数×100%。

5）发芽率测定：从纯净种子中随机抽取种子，用 0.3%高锰酸钾溶液消毒，后将种子浸泡 24h，将浸泡好的种子放入培养皿，将培养皿放入恒温箱，保持 25℃恒温，并注意保持培养皿内水分适宜。每天记录发芽数。每个家系重复 3 次，用公式计算发芽率和发芽势（第 10 天）：发芽率=总发芽粒数/测试种子数×100%；发芽势=规定天数内发芽粒数/测试种子数×100%。

运用 SAS 软件对各无性系种子各指标测定的结果进行单因素方差分析，以家系间种子品质有显著差异的因子作为自变量,对家系种子各品质进行相关性分析。

5.2.1.3 长白落叶松种子园与半同胞家系子代林生长分析

对长白落叶松种子园第 28 小区所有无性系的半同胞家系子代林进行每木检尺，包括胸径、树高、冠幅、通直度等指标，调查其存活率，利用 SAS 软件对各指标进行方差分析，以分析其差异是否显著。

5.2.2 结果与分析

5.2.2.1 长白落叶松无性系种子品质分析

球果的出种率直接反映了长白落叶松球果实际生产种子的情况，是考察种子品质的重要指标。本研究对各家系种子出种率的差异进行研究，结果见图 5-3。根据柱形图，我们可以清晰地看出，长白落叶松各家系球果出种率差异很大，253号无性系出种率最低，仅为 1.90%，而 32 号无性系出种率最高，达到 16.35%，平均出种率为 7.95%，有 10 个无性系出种率高于平均值，分别是 487 号、66 号、259 号、33 号、248 号、250 号、78 号、74 号、448 号、32 号无性系。

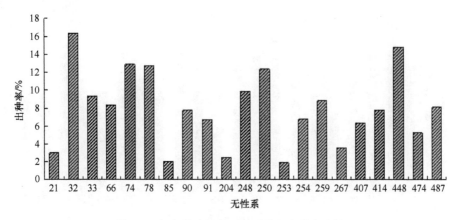

图 5-3 长白落叶松各无性系种子出种率比较

种子的净度是检验种子的一个重要指标，种子净度能够直接影响种子的播种量和出苗率，种子所含杂物可能对种子造成污染，也可能影响种子贮藏的稳定性。本研究分析了长白落叶松各无性系种子净度的差异，测定结果表明，长白落叶松各无性系种子净度差异较小，在 86.47%~97.12%，最高为 91 号无性系，最低为 254 号无性系，平均净度为 93.71%。除 74 号、78 号、254 号无性系之外，其他无性系净度均在 90% 以上（图 5-4）。

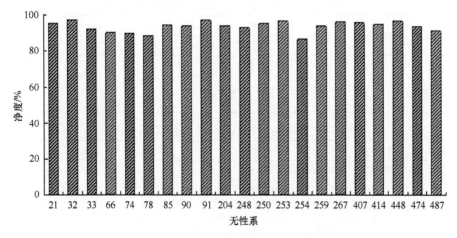

图 5-4 长白落叶松各无性系种子净度比较

种子的重量常用千粒重表示，是反映种子品质的重要指标之一，一般来说，种子的千粒重大，说明该种子相对饱满，种子寿命和贮藏时间长，种子的出苗率高。对长白落叶松各无性系种子千粒重进行研究，经测定，长白落叶松种子的千粒重差异较大，最高为 90 号无性系，5.995g，最低为 414 号无性系，3.522g。平均为 4.756g，有 10 个无性系千粒重高于平均值，结果如图 5-5 所示。

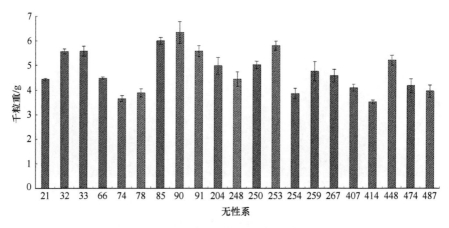

图 5-5　长白落叶松各无性系种子千粒重比较

对各组数据进行方表分析，结果表明，长白落叶松种子千粒重差异极显著（表 5-17）。其变异系数的范围为 0.99%～6.80%，整个园区所有无性系的变异系数为 17.48%。其中 204 号无性系种子的千粒重变异系数最大，21 号无性系种子的千粒重变异系数最小（表 5-18）。不同无性系种子千粒重多重比较见表 5-19，按照 10% 的入选率，90 号、85 号无性系较好。

表 5-17　长白落叶松种子千粒重、含水量方差分析

差异源	自由度 df	千粒重			含水量		
		离差平方和	F 值	P 值	离差平方和	F 值	P 值
无性系	20	0.4067	39.11	<0.0001	1.0790	69.97	<0.0001
机误	42	0.0218			0.0324		
总计	62	0.4285			1.1114		

表 5-18　长白落叶松各无性系种子千粒重变异分析

无性系	平均值	标准偏差	变异系数	无性系	平均值	标准偏差	变异系数
204	0.4982	0.0338	0.0680	254	0.3847	0.0210	0.0546
21	0.4428	0.0043	0.0099	259	0.4760	0.0398	0.0836
248	0.4436	0.0295	0.0667	267	0.4584	0.0259	0.0566
250	0.5025	0.0146	0.0291	32	0.5568	0.0104	0.0187
253	0.5797	0.0179	0.0310	33	0.5578	0.0202	0.0363

续表

无性系	平均值	标准偏差	变异系数	无性系	平均值	标准偏差	变异系数
407	0.4092	0.0131	0.0321	74	0.3647	0.0122	0.0336
414	0.3522	0.0066	0.0188	78	0.3877	0.0168	0.0434
448	0.5213	0.0200	0.0385	85	0.5994	0.0140	0.0234
474	0.4169	0.0282	0.0678	90	0.6334	0.0442	0.0698
487	0.3949	0.0248	0.0630	91	0.5579	0.0217	0.0389
66	0.4481	0.0054	0.0121	园区	0.4755	0.0831	0.1748

表 5-19 长白落叶松不同无性系种子千粒重多重比较

无性系	数量	平均值	邓肯分类法			
90	3	6.3340		A		
85	3	5.9947	B	A		
253	3	5.7970	B	C		
91	3	5.5793	D	C		
33	3	5.5780	D	C		
32	3	5.5687	D	C		
448	3	5.2133	D	E		
250	3	5.0257	F	E		
204	3	4.9820	F	E		
259	3	4.7603	F	G		
267	3	4.5840	H	G		
66	3	4.4813	H	G	I	
248	3	4.4367	H	G	I	
21	3	4.4287	H	G	I	
474	3	4.1690	H	J	I	
407	3	4.0920	J	I		
487	3	3.9490	K	J		
78	3	3.8770	K	J	L	
254	3	3.8473	K	J	L	
74	3	3.6473	K	L		
414	3	3.5220	L			

种子的含水量会对种子的呼吸强度产生影响，在生产中，需要将种子的含水量控制在安全的范围，以更好地保存种子。本研究对长白落叶松各无性系种子含水量进行测定，结果表明，长白落叶松种子的含水量的范围在 4.78%~9.73%，差异较大，最高为 90 号无性系，最低为 487 号无性系，相差 2 倍，平均值为 6.59%，有10 个无性系含水量高于平均值，大多数的无性系种子含水量在 5%~6%（图 5-6）。

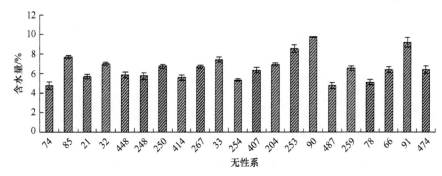

图 5-6 长白落叶松各无性系种子含水量比较

对种子含水量的数据进行方差分析，结果表明，长白落叶松各无性系种子含水量差异极显著（表 5-17）。其变异系数的范围为 0.73%～8.04%，整个园区所有无性系的变异系数为 4.00%。最大为 74 号无性系，最小为 90 号无性系（表 5-20）。各无性系种子含水量多重比较见表 5-21，按 10% 入选率，90 号、91 号无性系较好。

表 5-20 长白落叶松各无性系种子含水量变异分析

无性系	平均值	标准偏差	变异系数	无性系	平均值	标准偏差	变异系数
21	0.0230	0.5663	0.0406	250	0.0210	0.6743	0.0312
32	0.0154	0.6970	0.0221	253	0.0371	0.8517	0.0436
33	0.0297	0.7417	0.0400	254	0.0104	0.5340	0.0196
66	0.0288	0.6380	0.0452	259	0.0215	0.6547	0.0329
74	0.0384	0.4783	0.0804	267	0.0161	0.6680	0.0241
78	0.0272	0.5117	0.0531	407	0.0279	0.6340	0.0440
85	0.0142	0.7683	0.0185	414	0.0272	0.5610	0.0485
90	0.0071	0.9733	0.0073	448	0.0306	0.5853	0.0522
91	0.0477	0.9180	0.0520	474	0.0416	0.6390	0.0651
204	0.0135	0.6913	0.0195	487	0.0285	0.6680	0.0426
248	0.0339	0.5740	0.0590	园区	0.0258	0.6680	0.0400

表 5-21 长白落叶松不同无性系种子含水量多重比较

无性系	数量	平均值	邓肯分类法		
90	3	0.97333			A
91	3	0.91800	B		
253	3	0.85167	C		
85	3	0.76833	D		
33	3	0.74167	E	D	
32	3	0.69700	E		F
204	3	0.69133	F		

续表

无性系	数量	平均值	邓肯分类法	
250	3	0.67433	G	F
267	3	0.66800	G	F
259	3	0.65467	G	F
474	3	0.63900	G	
66	3	0.63800	G	
407	3	0.63400	G	
448	3	0.58533	H	
248	3	0.57400	I	H
21	3	0.56633	I	H
414	3	0.56100	I	H
254	3	0.53400	I	J
78	3	0.51167	K	J
74	3	0.47833	K	
487	3	0.47800	K	

对长白落叶松各无性系种子优良度进行测定，测定结果表明，长白落叶松各无性系种子的优良度差异较大，最高为 90 号无性系，88.33%，最低为 74 号无性系，48.00%，相差近两倍，平均优良度为 69.37%，大多数无性系种子优良度在 60%~80%，有 11 个无性系种子优良度高于平均值（图 5-7）。方差分析结果表明，长白落叶松种子园各无性系种子优良度存在极显著的差异（表 5-22）。通过对各无性系种子优良度变异分析，变异系数的范围在 2.52%~7.12%，整个园区所有无性系的变异系数为 18.61%，其中 267 号无性系变异系数最小，487 号无性系变异系数最大（表 5-23）。各无性系种子优良度多重比较见表 5-24，如入选率为 10%，90 号、253 号无性系较好。

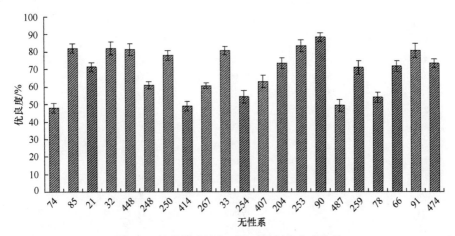

图 5-7　长白落叶松各无性系种子优良度比较

表 5-22　长白落叶松种子优良度、涩粒率和空粒率方差分析

差异源	自由度 df	优良度			涩粒率			空粒率		
		离差平方和	F 值	P 值＞F	离差平方和	F 值	P 值＞F	离差平方和	F 值	P 值＞F
无性系	20	9 942.603 1	53.26	＜0.000 1	1 517.333 3	13.58	＜0.000 1	3 864.095 2	26.06	＜0.000 1
机误	42	392.000 0			234.666 7			311.333 3		
总计	62	10 334.603 2			1 752.000 0			4 175.428 6		

表 5-23　长白落叶松各无性系种子优良度变异分析

无性系	平均值	标准偏差	变异系数	无性系	平均值	标准偏差	变异系数
204	73.67	3.055	0.0415	414	49.00	2.646	0.0540
21	71.33	2.517	0.0353	448	81.33	3.512	0.0432
248	61.00	2.000	0.0328	474	73.33	2.517	0.0343
250	78.00	2.646	0.0339	487	49.33	3.512	0.0712
253	83.33	3.512	0.0421	66	71.67	3.055	0.0426
254	54.33	3.512	0.0646	74	48.00	2.646	0.0551
259	71.00	4.000	0.0563	78	54.00	3.000	0.0556
267	60.67	1.528	0.0252	85	82.00	2.646	0.0323
32	82.00	3.606	0.0440	90	88.33	2.517	0.0285
33	80.67	2.517	0.0312	91	80.67	4.163	0.0516
407	63.00	3.606	0.0572	总计	69.37	12.911	0.1861

表 5-24　长白落叶松不同无性系种子优良度多重比较

无性系	数量	平均值	邓肯分类法		
90	3	88.333			A
253	3	83.333	B		A
85	3	82.000	B		
32	3	82.000	B		
448	3	81.333	B		
91	3	80.667	B		
33	3	80.667	B		
250	3	78.000	B		C
204	3	73.667	D		C
474	3	73.333	D		C
66	3	71.667	D		
21	3	71.333	D		
259	3	71.000	D		
407	3	63.000	E		
248	3	61.000	E		
267	3	60.667	E		
254	3	54.333	F		
78	3	54.000	F		
74	3	49.000	G		F
487	3	49.333	G		F
414	3	49.000	G		F

种子的涩粒率会直接影响种子的播种品质，一般来说，种子的涩粒率和同等条件下的发芽率呈负相关关系。本研究试验结果表明，不同无性系间种子的涩粒率存在差异，其范围在 17.67%～38.67%，最高为 74 号无性系，最低为 90 号无性系，平均值为 26.67%，有 12 个无性系涩粒率高于平均值，大多数种子的涩粒率在 20%～30%（图 5-8）。方差分析结构表明，不同无性系种子的涩粒率存在极显著的差异（表 5-22）。

各无性系的遗传变异系数的范围在 2.47%～15.16%，487 号无性系变异系数最大，66 号无性系变异系数最小（表 5-25），整个园区所有无性系的变异系数为 9.77%。各无性系多重比较结果见表 5-26，按 10%的入选率，74 号、414 号无性系较好。

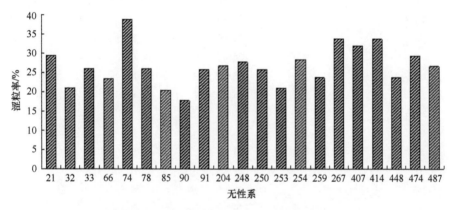

图 5-8　长白落叶松各无性系种子涩粒率比较

表 5-25　长白落叶松各无性系种子涩粒率变异分析

无性系	平均值	标准偏差	变异系数	无性系	平均值	标准偏差	变异系数
21	2.0817	29.3333	0.0710	250	2.5166	25.6667	0.0980
32	3.0000	21.0000	0.1429	253	1.7321	21.0000	0.0825
33	2.0000	26.0000	0.0769	254	1.5275	28.3333	0.0539
66	0.5774	23.3333	0.0247	259	1.5275	23.6667	0.0645
74	2.0817	38.6667	0.0538	267	2.0817	33.6667	0.0618
78	1.7321	26.0000	0.0666	407	3.0000	32.0000	0.0938
85	2.5166	20.3333	0.1238	414	2.0817	33.6667	0.0618
90	2.5166	17.6667	0.1424	448	2.0817	23.6667	0.0880
91	2.5166	25.6667	0.0980	474	3.2146	29.3333	0.1096
204	1.1547	26.6667	0.0433	487	4.0415	26.6667	0.1516
248	3.0551	27.6667	0.1104	园区	2.8520	24.3333	0.0977

表 5-26　长白落叶松不同无性系种子涩粒率多重比较

无性系	数量	平均值	邓肯分类法	
74	3	38.667	A	
414	3	33.667	B	
267	3	33.667	B	
407	3	32.000	C	B
21	3	29.333	C	D
474	3	29.333	C	D
254	3	28.333	C	D
248	3	27.667	E	D
487	3	26.667	E	D
204	3	26.667	E	D
33	3	26.000	E	D
78	3	26.000	E	D
91	3	25.667	E	D
250	3	25.667	E	D
259	3	23.667	E	F
448	3	23.667	E	F
66	3	23.333	E	F
32	3	21.000	G	F
253	3	21.000	G	F
85	3	20.333	G	F
90	3	17.667	G	

　　该长白落叶松种子园各无性系种子的空粒率如图 5-9 所示，差异很大，空粒率最高的无性系为 74 号，为 37.67%，空粒率最低的是 90 号无性系，仅为 4.67%，相差近 9 倍，平均空粒率为 15.76%，有 12 个无性系空粒率高于平均值。方差分析表明，不同无性系间种子空粒率差异极显著（表 5-22）。各无性系空粒率遗传变异系数范围为 5.68%～30.32%，其中 254 号无性系变异系数最大，21 号无性系变异系数最小（表 5-27）。各无性系空粒率多重比较见表 5-28，结果表明，如入选率为 10%，74 号、254 号无性系较好。

　　种子的发芽率是种子品质重要的指标之一。无性系种子的发芽率越高，其种子的播种品质越高，发芽势对确定正确的播种量有帮助。本研究对长白落叶松各无性系种子的发芽率进行调查分析，结果如图 5-10 所示，长白落叶松种子的发芽率差异较大，其范围在 48.67%～87.33%，最高的无性系为 90 号，最低的无性系为 414 号，平均值为 65.40%，有 11 个无性系发芽率高于平均值，大多数无性系种子的发芽率范围在 50%～70%。其变异系数范围在 4.88%～17.29%，其中 32 号

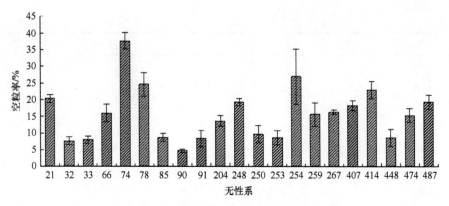

图 5-9　长白落叶松各无性系种子空粒率比较

表 5-27　长白落叶松各无性系种子空粒率变异分析

无性系	平均值	标准偏差	变异系数	无性系	平均值	标准偏差	变异系数
21	20.3333	1.1547	0.0568	250	9.6667	2.5166	0.2603
32	7.6667	1.1547	0.1506	253	8.6667	2.0817	0.2402
33	8.0000	1.0000	0.1250	254	27.0000	8.1854	0.3032
66	16.0000	2.6458	0.1654	259	15.6667	3.5119	0.2242
74	37.6667	2.5166	0.0668	267	16.3333	0.5774	0.0353
78	24.6667	3.5119	0.1424	407	18.3333	1.5275	0.0833
85	8.6667	1.1547	0.1332	414	23.0000	2.6458	0.1150
90	4.6667	0.5774	0.1237	448	8.6667	2.5166	0.2904
91	8.3333	2.5166	0.3020	474	15.3333	2.0817	0.1358
204	13.6667	1.5275	0.1118	487	19.3333	2.0817	0.1077
248	19.3333	1.1547	0.0597	园区	15.7619	0.7619	0.0483

表 5-28　长白落叶松不同无性系种子空粒率多重比较

无性系	数量	平均值	邓肯分类法			
74	3	37.667			A	
254	3	27.000			B	
78	3	24.667	C		B	
414	3	23.000	C		B	D
21	3	20.333	C		E	D
248	3	19.333		E	D	
487	3	19.333		E	D	
407	3	18.333		F	E	D
267	3	16.333		F	E	
66	3	16.000		F	E	
259	3	15.667		F	E	

续表

无性系	数量	平均值		邓肯分类法
474	3	15.333	F	E
204	3	13.667	F	G
250	3	9.667	H	G
448	3	8.667	H	
85	3	8.667	H	
253	3	8.667	H	
91	3	8.333	H	
33	3	8.000	H	
32	3	7.667	H	
90	3	4.667	H	

无性系变异系数最小,78 号无性系变异系数最大,总变异系数为 21.86%(表 5-29)。各无性系种子发芽率多重比较见表 5-30,如按入选率为 10%,90 号、253 号无性系较好。

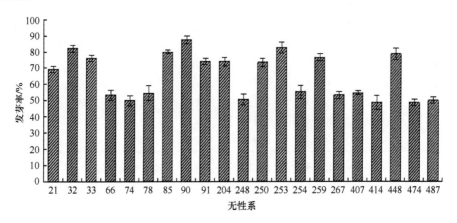

图 5-10 长白落叶松各无性系种子发芽率比较

表 5-29 长白落叶松各无性系种子发芽率变异分析

无性系	平均值	标准偏差	变异系数	无性系	平均值	标准偏差	变异系数
21	34.67	2.082	0.0600	85	40.00	1.000	0.0250
32	41.00	2.000	0.0488	90	43.67	2.517	0.0576
33	38.00	2.000	0.0526	91	37.00	2.000	0.0541
66	26.67	3.055	0.1146	204	37.00	2.646	0.0715
74	25.00	3.000	0.1200	248	25.33	3.215	0.1269
78	27.33	4.726	0.1729	250	36.67	2.517	0.0686

续表

无性系	平均值	标准偏差	变异系数	无性系	平均值	标准偏差	变异系数
253	41.33	3.512	0.0850	414	24.33	4.163	0.1711
254	27.67	4.041	0.1461	448	39.33	3.512	0.0893
259	38.33	2.082	0.0543	474	24.33	2.082	0.0855
267	26.67	2.082	0.0781	487	25.00	2.000	0.0800
407	27.33	1.155	0.0422	总计	32.70	7.147	0.2186

表 5-30　长白落叶松不同无性系种子发芽率多重比较

无性系	数量	平均值	邓肯分类法	
90	3	43.667		A
253	3	41.333	B	A
32	3	41.000	B	A
85	3	40.000	B	A
448	3	39.333	B	A
259	3	38.333	B	A
33	3	38.000	B	A
204	3	37.000	B	A
91	3	37.000	B	A
250	3	36.667	B	A
21	3	34.667	B	
254	3	27.667	C	
78	3	27.333	C	
407	3	27.333	C	
66	3	26.667	C	
267	3	26.667	C	
248	3	25.333	C	
74	3	25.000	C	
487	3	25.000	C	
414	3	24.333	C	
474	3	24.333	C	

　　长白落叶松种子的发芽势为 17.67%～33%，最高的无性系仍是 90 号，最低的无性系为 74 号，平均值 24.68%，有 13 个无性系发芽势高于平均值，大部分的种子发芽势在 20%～30%。各无性系种子发芽势遗传变异系数范围为 3.33%～26.65%，253 号无性系变异系数最小，487 号无性系变异系数最大（表 5-31）。发芽势的多重比较见表 5-32，按 10% 入选率选择，90 号、253 号无性系较好。

表 5-31　长白落叶松各无性系种子发芽势变异分析

无性系	平均值	标准偏差	变异系数	无性系	平均值	标准偏差	变异系数
21	4.0415	20.6667	0.1956	250	1.5275	23.6667	0.0645
32	2.0817	29.6667	0.0702	253	1.0000	30.0000	0.0333
33	1.5275	26.3333	0.0580	254	2.0817	26.3333	0.0791
66	5.5076	20.6667	0.2665	259	3.5119	27.3333	0.1285
74	4.0415	17.6667	0.2288	267	1.5275	24.3333	0.0628
78	1.5275	21.3333	0.0716	407	1.5275	24.6667	0.0619
85	1.1547	28.3333	0.0408	414	2.5166	18.3333	0.1373
90	2.0000	33.0000	0.0606	448	2.5166	27.3333	0.0921
91	1.0000	29.0000	0.0345	474	2.8868	20.6667	0.1397
204	2.5166	26.3333	0.0956	487	5.5076	20.6667	0.2665
248	3.0000	22.0000	0.1364	园区	0.8938	24.6825	0.0362

表 5-32　长白落叶松不同无性系种子发芽势多重比较

无性系	数量	平均值	邓肯分类法						
90	3	33.000				A			
253	3	30.000			B	A			
32	3	29.667			B	A	C		
91	3	29.000		B	D	A	C		
85	3	28.333		B	D	A	C		
448	3	27.333		B	D	E	C		
259	3	27.333		B	D	E	C		
254	3	26.333	F	B	D	E	C		
204	3	26.333	F	B	D	E	C		
33	3	26.333	F	B	D	E	C		
407	3	24.667	F	B	D	E	C	G	
267	3	24.333	F		D	E	C	G	
250	3	23.667	F	H	D	E		G	
248	3	22.000	F	H		E	I	G	
78	3	21.333	F	H			I	G	
66	3	20.667		H			I	G	
487	3	20.667		H			I	G	
474	3	20.667		H			I	G	
21	3	20.667		H			I	G	
414	3	18.333		H			I		
74	3	17.667					I		

对种子的发芽率和发芽势数据进行方差分析，结果表明，长白落叶松种子园中不同的无性系种子之间发芽率和发芽势差异极显著（表 5-33）。

表 5-33　长白落叶松种子发芽率、发芽势方差分析

差异源	自由度 df	发芽势			发芽率		
		离差平方和	F 值	P 值	离差平方和	F 值	P 值
无性系	20	1 050.317 460	6.50	<0.0001	2 837.936 508	18.10	<0.0001
机误	42	339.333 333			329.333 333		
总计	62	1 389.650 794			3 167.269 841		

5.2.2.2　长白落叶松半同胞家系子代林生长指标差异

由于长白落叶松半同胞家系子代林初植密度较大，随着单株间生长竞争逐渐加剧，各家系子代林保存率产生了差异，各家系的保存率能够在一定程度上反映该家系遗传品质、稳定性和适应性的优劣。经过测定，长白落叶松半同胞各家系子代林的保存率差异非常大，最高的 10 号家系的保存率为 92%，而最低的 82 号家系的保存率仅为 12%，相差近 8 倍，各家系的平均保存率为 49.28%，有 11 个家系保存率高于平均值（图 5-11）。

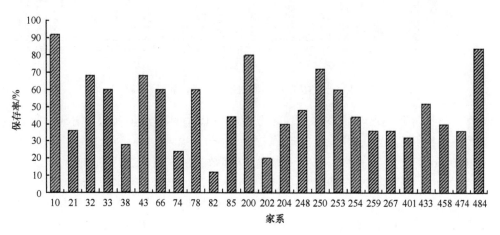

图 5-11　长白落叶松半同胞各家系子代林保存率比较

该长白落叶松半同胞家系子代林的胸径范围为 11.96～15.58cm，差异较小，最低为 66 号家系，最高为 259 号家系，平均为 13.84cm，大多数的家系单株的胸径在 12～14cm（图 5-12）。

该长白落叶松半同胞家系子代林的树高差异较小，范围为 10.29～14.05m，最低为 474 号家系，最高为 484 号家系，平均为 12.54m，大多数的家系单株的树高在 11～13m（图 5-13）。

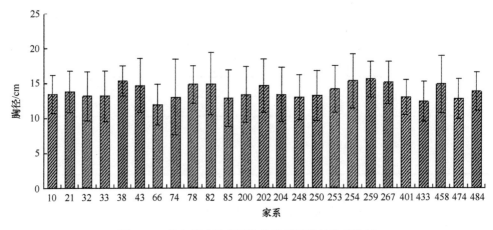

图 5-12　长白落叶松半同胞各家系子代林胸径比较

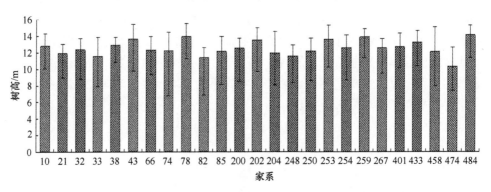

图 5-13　长白落叶松半同胞各家系子代林树高比较

对该长白落叶松半同胞家系子代林的单株材积进行计算分析,结果如图 5-14 所示,各家系的材积范围为 0.0773～0.1358m³,最低为 66 号家系,最高为 259 号家系,平均为 0.1050m³,有 11 个家系材积高于平均值,大多数的家系单株的材积在 0.09～0.12m³。

分别对长白落叶松半同胞各家系子代林树高、胸径、材积进行方差分析,半同胞各家系之间树高差异极显著,而胸径和材积的差异不显著,分析原因可能是子代林单株间竞争激烈,生长较差的单株被自然淘汰或被去劣疏伐,造成存活的单株之间胸径、树高、材积差异不显著 (表 5-34)。其中树高的变异系数为 0.27%～23.61%,整个园区所有家系的变异系数为 11.55% (表 5-35),其中 474 号家系变异系数最大,38 号家系变异系数最小,根据树高选择的优良家系为 484 号、253 号 (表 5-36)。

5.2.2.3　长白落叶松表型性状相关分析

以长白落叶松各无性系种子的优良度、含水量、千粒重、空粒率、涩粒率、

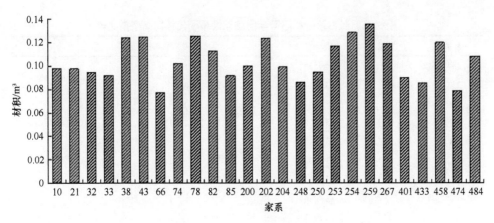

图 5-14　长白落叶松半同胞各家系子代测定林材积比较

表 5-34　长白落叶松半同胞家系子代林生长性状方差分析

差异源	自由度 df	胸径			树高			材积		
		离差平方和	F 值	P 值	离差平方和	F 值	P 值	离差平方和	F 值	P 值
家系	24	274.481	0.987	0.483	236.696	3.452	0	0.081	1.124	0.316
机误	300	3475.063			857.139			0.9		
总计	324	3749.544			1093.836			0.981		

表 5-35　长白落叶松半同胞家系子代林树高变异分析

家系	平均值	标准偏差	变异系数	家系	平均值	标准偏差	变异系数
10	12.7860	0.6130	0.0480	204	11.2467	2.2800	0.2027
21	12.2825	1.2787	0.1041	248	11.2875	0.9137	0.0810
32	12.3800	0.7262	0.0587	250	12.1975	0.2704	0.0222
33	11.3367	1.7386	0.1534	253	13.6350	0.9793	0.0718
38	12.9250	0.0354	0.0027	254	12.4000	0.9381	0.0757
43	13.2960	0.5750	0.0432	259	14.3633	1.1714	0.0816
66	12.3425	0.8864	0.0718	267	12.4100	1.0041	0.0809
74	12.8333	2.2368	0.1743	401	12.7000	0.2828	0.0223
78	13.5180	1.6224	0.1200	433	13.1867	0.6466	0.0490
82	11.7000	1.4142	0.1209	458	12.1875	2.6622	0.2184
85	12.0100	0.3005	0.0250	474	10.1900	2.4059	0.2361
200	12.5360	0.8095	0.0646	484	14.0560	0.8177	0.0582
202	12.8500	0.9192	0.0715	园区	12.5450	1.4491	0.1155

表 5-36　长白落叶松不同半同胞无性系子代林树高多重比较

家系	数量	平均值	邓肯分类法					
484	21	14.0524				A		
253	15	13.9267		B		A		
259	9	13.8444		B		A	C	
78	15	13.5600		B	D	A	C	
43	34	13.5147		B	D	A	C	
202	5	13.2400	E	B	D	A	C	
433	13	13.2231	E	B	D	A	C	
38	7	12.9286	E	B	D	A	C	F
10	23	12.7957	E	B	D	A	C	F
401	8	12.6500	E	B	D	A	C	F
254	11	12.5273	E	B	D	A	C	F
200	20	12.4900	E	B	D	A	C	F
267	9	12.4889	E	B	D	A	C	F
32	17	12.3471	E	B	D	A	C	F
66	15	12.2933	E	B	D	A	C	F
74	6	12.2333	E	B	D	A	C	F
250	18	12.1556	E	B	D		C	F
85	11	12.1182		B	D		C	F
458	10	12.0600	E		D		C	F
204	10	11.9400	E		D	G		F
21	9	11.9000	E		D	G		F
248	12	11.5750	E			G		F
33	15	11.5533	E			G		F
82	3	11.3667				G		F
474	9	10.2889				G		

发芽率、发芽势，以及半同胞各家系种子园的树高、胸径、材积等特征值为指标，对其进行相关性分析，分析结果如表 5-37 所示。我们可以看出：半同胞各家系种子园的树高、胸径、材积存在极显著正相关关系；优良度与含水量、千粒重、发芽率呈极显著正相关，与空粒率、涩粒率呈极显著负相关，含水量与千粒重、发芽势呈极显著正相关，与空粒率呈极显著负相关，千粒重与发芽率、发芽势都呈极显著正相关，发芽率和发芽势之间呈极显著正相关，空粒率和涩粒率呈极显著正相关；但是子代生长性状（树高、胸径、材积）与种子生长性状（优良度、含水量、千粒重、空粒率、涩粒率、发芽率、发芽势）之间相关性均不显著。

表 5-37　长白落叶松各无性系种子品质及其半同胞家系生长性状相关分析

	树高	胸径	材积	优良度	含水量	千粒重	粒率	涩粒率	发芽率	发芽势
树高	1.000									
胸径	0.649**	1.000								
材积	0.796**	0.957**	1.000							
优良度	−0.163	−0.351	−0.374	1.000						
含水量	0.023	−0.151	−0.137	0.876**	1.000					
千粒重	0.036	−0.214	−0.187	0.890**	0.925**	1.000				
空粒率	0.102	0.216	0.278	−0.932**	−0.887**	−0.884**	1.000			
涩粒率	−0.274	0.100	0.063	−0.745**	−0.660	−0.722	0.758**	1.000		
发芽率	0.274	0.048	0.105	0.793**	0.740	0.862**	−0.710	−0.687	1.000	
发芽势	0.321	0.285	0.306	0.625	0.759**	0.788**	−0.689	−0.704	0.799**	1.000

5.3　疏伐对种子园 SSR 遗传多样性的影响

5.3.1　试验材料与方法

5.3.1.1　试验材料

以青山长白落叶松初级无性系种子园第 28 小区为试验地，对该小区内 38 个无性系，共 260 株单株进行模拟疏伐。

5.3.1.2　试验方法

对第 28 小区所含的 38 个无性系的子代测定林进行每木检尺，同时调查第 28 小区所有亲本（260 株）的生长情况。根据调查情况，将亲本无性系分为 7 类，有子代测定林的无性系中，高于平均子代材积 20% 以上的无性系为 A 类；高于平均子代材积 20% 以内的无性系为 B 类；低于平均子代材积 20% 以内的无性系为 C 类；低于平均子代材积 20% 以上的无性系为 D 类；无子代测定林的无性系中，平均材积高于种子园小区平均材积的无性系为 E 类；低于小区平均材积 20% 以内的无性系为 F 类；低于小区平均材积 20% 以上的无性系为 G 类。

总的疏伐原则为：①A 类的无性系全部保留；②B 类的无性系部分疏伐；③C、D 类的无性系重点疏伐；④E 类的无性系全部保留；⑤F、G 类的无性系，根据亲本平均生长情况选择性疏伐；⑥每个无性系内，伐除材积小的、不通直的、侧枝细的、结实差的，考虑位置。

根据子代表现及母树生长结实情况设计疏伐：①10%～60% 的疏伐强度，预计模拟疏伐后分别保留 234 株（38 个无性系）、208 株（36 个无性系）、182 株（34 个无性系）、156 株（32 个无性系）、130 株（30 个无性系）、104 株（28 个无性系），用于不同疏伐强度对遗传多样性影响的分析；②从 A、B、C、D 中，分别选取单株数量最多的 1 个无性系，每一个无性系根据亲本生长结实情况设计去劣疏伐，每个无性系每次伐除 1 株，直到剩下 1 株，用于无性系内单株数量和遗传多样性关系的分析。

5.3.2　结果与分析

5.3.2.1　疏伐设计

根据子代测定林及母树生长结实情况，同时考虑母树位置，依据疏伐设计，模拟疏伐，不同疏伐强度设计下各个无性系保留数量情况见表 5-38。具体疏伐情况如下。

表 5-38　不同疏伐设计下各个无性系保留单株数量情况

分类	无性系	亲本平均材积/m³	子代测定林材积/m³	疏伐前	不同疏伐强度后					
					10%	20%	30%	40%	50%	60%
A	259	0.6577	0.1357	10	10	10	10	10	10	8
	254	0.4346	0.1286	5	5	5	5	5	5	5
	78	0.4870	0.1255	4	4	4	4	4	4	4
	38	0.7103	0.1238	10	10	10	10	10	10	8
	43	0.2825	0.1220	3	3	3	3	3	3	3
B	458	0.5232	0.1200	10	10	9	8	7	6	4
	267	0.4730	0.1191	7	7	7	7	7	6	4
	253	0.8629	0.1166	9	9	9	8	7	6	4
	82	0.4178	0.1130	10	10	9	8	7	6	4
	202	0.3973	0.1130	7	7	7	7	7	6	4
	484	0.4380	0.1080	10	10	9	8	7	6	4
C	74	0.7184	0.1020	9	8	7	6	5	3	3
	200	0.5972	0.0999	9	8	7	6	4	3	3
	204	0.5759	0.0990	7	7	7	6	4	3	3
	10	0.6655	0.0982	6	6	6	6	4	3	3
	21	0.8709	0.0977	10	8	7	6	4	3	3
	250	0.4403	0.0947	9	8	7	6	4	3	3
	32	0.7914	0.0945	9	8	7	6	4	3	3
	33	0.3584	0.0920	3	3	3	3	3	3	2
	85	0.6057	0.0916	11	8	7	5	4	3	2
	401	0.3459	0.0899	3	3	3	3	3	3	2

分类	无性系	亲本平均材积/m³	子代测定林材积/m³	疏伐前	不同疏伐强度后					
					10%	20%	30%	40%	50%	60%
D	248	1.0039	0.0857	11	7	4	3	3	2	0
	433	0.7374	0.0855	7	7	4	3	3	0	0
	66	0.6619	0.0773	12	7	4	3	0	0	0
	474	0.5374	0.0760	10	7	4	0	0	0	0
E	216	0.7358		7	7	7	7	7	6	5
	407	0.7138		5	5	5	5	5	5	5
	414	0.7034		9	9	9	9	9	6	5
F	448	0.6729		10	8	7	5	4	4	3
	487	0.6719		2	2	2	2	2	2	2
	91	0.6483		10	8	7	5	4	3	3
	90	0.5906		8	8	7	5	4	3	2
G	481	0.3789		1	1	1	1	1	1	0
	29	0.3217		1	1	1	1	1	0	0
	22	0.2755		2	2	2	2	0	0	0
	471	0.2462		1	1	1	0	0	0	0
	438	0.1666		1	1	0	0	0	0	0
	264	0.1433		2	1	0	0	0	0	0
总计		0.6877	0.1060	260	234	208	182	156	130	104

10%强度疏伐下，A、B 类中的无性系全部保留；C 类中的无性系，每个保留 8 株左右；D 类的无性系，每个保留 7 株左右；E 类的无性系全部保留；F、G 类的无性系，每个保留 8 株左右。

20%强度疏伐下，A 类中的无性系全部保留；B 类中的无性系，每个保留 9 株左右；C 类中的无性系，每个保留 7 株左右；D 类中的无性系，每个保留 4 株，E 类中的无性系全部保留；F、G 类的无性系保留 7 株左右，其中 438 号、264 号全部伐除。

30%强度疏伐下，A 类中的无性系全部保留；B 类中的无性系，每个保留 8 株左右；C 类中的无性系，每个保留 6 株左右；D 类中的无性系，每个保留 3 株左右，其中 474 号全部伐除；E 类中的无性系全部保留；F、G 类的无性系，每个保留 5 株左右，其中 438 号、264 号、471 号全部伐除。

40%强度疏伐下，A 类中的无性系全部保留；B 类中的无性系，每个保留 7 株；C 类中的无性系，每个保留 5 株左右；D 类中的无性系，每个保留 3 株左右，其中 474 号、66 号全部伐除；E 类中的无性系全部保留；F、G 类的保留 4 株左右，其中 438 号、264 号、471 号、22 号全部伐除。

50%强度疏伐下，A 类中的无性系全部保留；B 类中的无性系，每个保留 6 株；C 类中的无性系，每个保留 3 株左右；D 类中的无性系，每个保留 2 株左右，其中 474 号、66 号、433 号全部伐除；E 类中的无性系，每个保留 6 株左右；F、G 类的无性系保留 3 株左右，其中 438 号、264 号、471 号、22 号、29 号全部伐除。

60%强度疏伐下，A 类中的无性系，每个保留 8 株；B 类中的无性系，每个保留 4 株；C 类中的无性系，每个保留 2 株左右；D 类中的无性系全部伐除；E 类中的无性系，每个保留 5 株；F 类的无性系，每个无性系保留 3 株左右；G 类的无性系全部疏伐。

无性系内的伐除对象首先考虑不结实或者结实差的无性系，其次是亲本材积小的无性系，同时考虑无性系单株的位置。

5.3.2.2 不同疏伐强度下种子园遗传多样性的变化趋势

根据疏伐原则，设计 10%～60%强度的模拟疏伐，模拟疏伐后，等位基因平均数 Na 没有随着疏伐强度的提高而下降，一直为 4.0714。有效等位基因数（Ne）疏伐前为 2.3258，在 10%～40%疏伐强度内随着疏伐强度的增大而缓慢减少，分别为 2.3221、2.3209、2.3159、2.3143，减小幅度在 0.5%内，50%疏伐强度，Ne 减小为 2.2651，降低 2.61%，60%疏伐强度时，Ne 为 2.2498，降低 3.27%。Shannon 多样性指数（I）呈缓慢下降趋势，疏伐前为 0.9805，10%～60%强度疏伐后，分别降为 0.9777、0.9776、0.9729、0.9686、0.9536、0.9383。期望杂合度（He）呈缓慢下降的趋势，疏伐前为 0.5146，10%～40%强度疏伐后，分别降为 0.5124、0.5120、0.5085、0.5071，但种子园内仍保持杂合单株较多，50%～60%强度疏伐后，He 为 0.4997、0.4921，说明种子园内纯合单株多于杂合单株。Nei's 基因多样性指数（H）也呈缓慢下降的趋势，疏伐前为 0.5136，10%～60%强度模拟疏伐后，分别降为 0.5114、0.5108、0.5071、0.5055、0.4978、0.4897（表 5-39）。

表 5-39　不同疏伐强度下种子园遗传多样性的比较

疏伐强度	疏伐前	10%	20%	30%	40%	50%	60%
总株数	260	234	208	182	156	130	104
无性系个数	38	38	36	34	32	30	28
等位基因平均数 Na	4.0714	4.0714	4.0714	4.0714	4.0714	4.0714	4.0714
有效等位基因数 Ne	2.3258	2.3221	2.3209	2.3159	2.3143	2.2651	2.2498
Shannon 多样性指数 I	0.9805	0.9777	0.9776	0.9729	0.9686	0.9536	0.9383
期望杂合度 He	0.5146	0.5124	0.5120	0.5085	0.5071	0.4997	0.4921
Nei's 基因多样性指数 H	0.5136	0.5114	0.5108	0.5071	0.5055	0.4978	0.4897

5.3.2.3　不同疏伐强度下无性系内遗传多样性的变化趋势

根据母树调查结果，从 A、B、C、D 类无性系中分别选取 38 号无性系（10 株）、485 号无性系（12 株）、85 号无性系（11 株）、66 号无性系（10 株）。

如图 5-15 所示，4 个无性系的观察等位基因数均随着无性系单株数量的减少而降低，38 号无性系的观察等位基因数从 0.45 降到 0.34；66 号无性系的观察等位基因数从 0.47 降到 0.36；85 号无性系的观察等位基因数从 0.51 降到 0.35，485 号无性系的观察等位基因数从 0.47 降到 0.43，伐后 4 个无性系单株数量分别降低到 6 株、7 株、7 株、7 株以下时，观察等位基因数降幅增大。

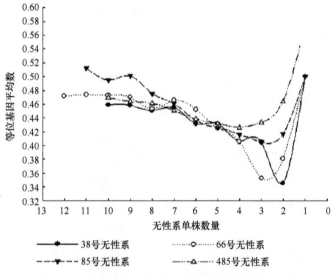

图 5-15　等位基因平均数和无性系单株数量的关系

如图 5-16 所示，无性系单株数量对有效等位基因数也产生很大的影响，无性系单株数量和该无性系有效等位基因数呈正相关，38 号无性系的有效等位基因数从 1.9721 降到 1.5000，66 号无性系的有效等位基因数从 2.0508 降到 1.5000，85 号无性系的有效等位基因数从 2.0804 降到 1.5000，485 号无性系的有效等位基因数从 2.0487 降到 1.5714。伐后 4 个无性系单株数量分别降低到 7 株、9 株、9 株、7 株以下时，有效等位基因数降幅增大。

如图 5-17 所示，当无性系单株数量在 3 株以上时，各个无性系的期望杂合度随着无性系单株数量减少而减少，3 株以下呈上升趋势。38 号无性系的期望杂合度在单株数量为 10 多到 1 时分别为 0.4590、0.4585、0.4506、0.4553、0.4318、0.4317、0.4056、0.4048、0.3452、0.5000；66 号无性系的期望杂合度在单株数量为 12 多到 1 时分别为 0.4720、0.4737、0.4729、0.4701、0.4530、0.4655、0.4524、0.4254、0.4056、

0.3524、0.3810、0.5000，85 号无性系的期望杂合度在单株数量为 11 多到 1 时分别为 0.5127、0.4951、0.5009、0.4756、0.4608、0.4361、0.4254、0.4158、0.4048、0.4167、0.5000，485 号无性系的期望杂合度在单株数量为 10 多到 1 时分别为 0.4695、0.4641、0.4613、0.4505、0.4383、0.4317、0.4260、0.4333、0.4643、0.5714。

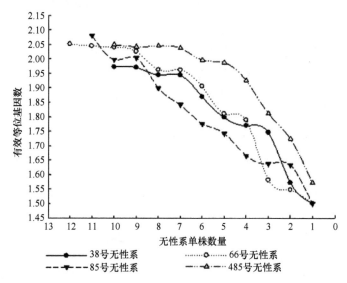

图 5-16　有效等位基因与无性系单株数量的关系

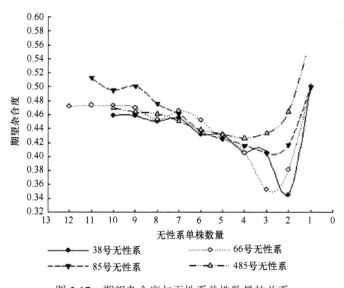

图 5-17　期望杂合度与无性系单株数量的关系

　　如图 5-18 所示，无性系 Shannon 多样性指数随着该无性系单株数量的减少而降低，38 号无性系的 Shannon 多样性指数从 0.7517 下降到 0.3466，66 号无性系

的 Shannon 多样性指数从 0.7967 降到 0.3466，85 号无性系的 Shannon 多样性指数
为 0.8237 降到 0.3466，485 号无性系的 Shannon 多样性指数从 0.7799 降到 0.3961。
伐后 4 个无性系单株数量分别降低到 7 株、9 株、7 株、7 株以下时，Shannon 多
样性指数降幅增大。

如图 5-19 所示，无性系单株 Nei's 基因多样性指数也随着无性系单株数量的
减少而降低。38 号无性系的 Nei's 基因多样性指数为 0.2500～0.4361，66 号无性

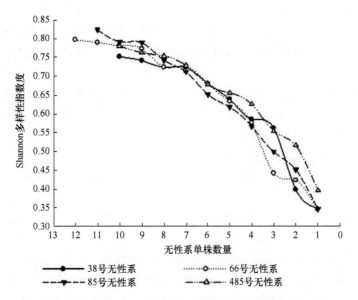

图 5-18 Shannon 多样性指数与无性系内单株数量的关系

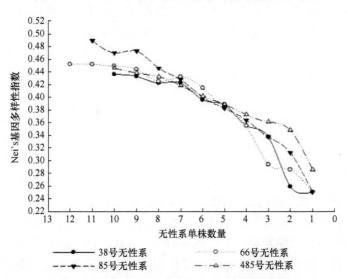

图 5-19 Nei's 基因多样性指数与无性系单株数量的关系

系的 Nei's 基因多样性指数为 0.2500～0.4524，85 号无性系的 Nei's 基因多样性指数为 0.2500～0.4894，485 号无性系的 Nei's 基因多样性指数为 0.2857～0.4461。伐后无性系单株数量分别降低到 7 株、7 株、9 株、7 株以下时，Nei's 基因多样性指数降幅增大。

5.4 本 章 小 结

本研究利用 SSR 分子标记技术及常规方法，对长白落叶松种子园亲、子代遗传多样性进行对比分析，同时利用 SSR 分子标记进行去劣疏伐对种子园遗传多样性影响的全面研究，主要研究结论如下。

该长白落叶松无性系初级种子园疏伐前具有较高的遗传多样性，就 SSR 遗传多样性而言，该种子园的亲、子代群体均具有较高的遗传多样性，亲、子代群体基因交流频繁，并且除观测杂合度之外，亲、子代各遗传参数差异均显著。就种子园各无性系种子性状和半同胞家系子代林生长性状而言，种子的千粒重、含水量、优良度、涩粒率、空粒率、发芽势、发芽率、不同的半同胞家系子代林树高 8 个性状指标均存在极显著差异，说明观察性状在亲本无性系及子代家系遗传变异大，反映了亲本无性系遗传效应的影响，为今后种子园经营管理提供了可靠科学的依据。

该种子园无性系种子各品质之间存在很大的相关性，树高和材积、胸径和材积均有极显著正相关关系，各无性系种子品质与其半同胞家系生长性状之间相关性较差，说明亲本种子各品质之间及与子代生长性状是相互影响的，并不是独立存在的，种子园子代生长不仅受到种子遗传品质的影响，环境对其生长的影响也不容忽视。评价种子品质时，应考虑多年生子代的生长情况，仅从种子本身品质考虑是远远不够的，无性系种子生长性状与其半同胞家系生长性状的不相关，也侧面地反映了林木经营管理策略的重要性。

在种子园遗传改良技术中，去劣疏伐是提高当代种子园遗传品质的重要措施之一，本研究表明去劣疏伐在一定程度上减少了种子园的遗传多样性，而且种子园遗传多样性降低程度与疏伐强度呈正相关，但种子园去劣疏伐如何影响花粉传播、开花结实尚未了解，疏伐后其子代群体是否仍能维持较高的遗传多样性仍有待研究。种子园主要以母树的结实和子代生长情况为依据进行去劣疏伐，以获得较大的遗传增益，但本研究通过对种子园亲、子代 SSR 遗传多样性和生长性状进行相关性分析看到，亲本 SSR 遗传多样性仅与种子的千粒重显著相关，子代 SSR 遗传多样性仅与种子的发芽率呈极显著相关。因此，在今后种子园经营管理中，应考虑种子的千粒重和发芽率指标，综合半同胞家系子代林生长情况及母树开花结实情况，制定出遗传增益和遗传多样性平衡的经营策略，在维持种子园较高的遗传多样性的基础上，提高遗传增益。

本研究参考大量文献，检索到 214 对 SSR 引物，最终筛选出 14 对多态性高且稳定的适合于长白落叶松的 SSR 引物用于本研究，并根据正交设计，建立了 SSR-PCR 最适反应体系（20μL）：模板 DNA 50ng，20μmol/L 上游引物 2.0μL，5μmol/L 下游引物 2.0μL，2.5mmol/L dNTP（TaKaRa）1.6μL，10×*Taq* buffer 2.0μL，25mmol/L MgCl$_2$ 2.2μL，5U/μL *Taq* DNA 聚合酶 0.2μL，为利用 SSR 分子标记对长白落叶松进行研究提供了可以直接借鉴的引物。

利用筛选出的 14 对 SSR 引物，对长白落叶松无性系种子园亲本及其自由授粉的子代群体的遗传结构及遗传多样性进行对比分析研究，结果表明：该无性系初级种子园的亲、子代群体均具有较高的遗传多样性，亲、子代群体的等位基因平均数差异显著，有效等位基因数、Shannon 多样性指数、期望杂合度、Nei's 基因多样性指数差异极显著，其子代群体仍保持着较宽的遗传基础，进一步说明了该种子园的建园材料遗传基础较为广泛，种子园的无性系配置较合理，无性系间花期较同步，交配较充分，能够在较大程度上避免自交。

由于长白落叶松针叶含有大量的糖类、酚、酯等，为了降低其对 DNA 样品质量的影响，本研究采用当年生嫩叶为种子园亲本的试验材料。由于长白落叶松种子较小，胚和胚乳分离难度大，单一的胚重量不足以提取 DNA 等问题，本研究采用种子培养出的幼苗作为子代的试验材料，将幼苗置于约 25℃的培养室，培养到至少 6cm 以上，每个幼苗代表一个子代个体。幼苗材料重量虽少，但能够满足本试验子代 SSR-PCR 的用量。

本研究仅选取一年份的种子作为子代试验材料，由于尚不知道是否存在影响遗传多样性的某些因素在年份间的波动性，一年的研究结果存在局限性，因此应继续对该种子园进行跟踪调查，对长白落叶松种子园的子代群体进行不同年份遗传多样性的研究，分析种子园子代群体不同年份的遗传多样性是否存在着差异，用以评价种子园遗传多样性的稳定性，使结论更加严谨、科学，为种子园经营管理提供更科学完善的依据。

通过对长白落叶松初级无性系种子园亲本当年生种子品质差异的分析，我们可以看出，不同无性系种子之间品质存在着较大的差异：无性系的空粒率差异最大，最高的 74 号无性系和最低的 90 号无性系的空粒率差异高达 9 倍；最高的 32 号无性系球果出种率是最低的 253 号无性系出种率的 8.6 倍；各无性系间种子涩粒率、千粒重、含水量、优良度、发芽率、发芽势差异均约为 2 倍，不同无性系间种子的净度差异最小，在 86.47%～97.12%。通过方差分析，我们可以看出，种子的千粒重、含水量、优良度、涩粒率、空粒率、发芽势、发芽率差异均极显著，分析原因可能是种子园内的授粉水平、土壤肥力、天气状况、病虫害等因素能够影响种子的品质，造成各无性系种子之间品质差异较大，说明种子的品质不仅受到遗传的控制，还受到环境因素的影响。

无性系种子品质分布差异虽然较大，但是大多数无性系种子各指标均在一定的范围内，各无性系种子的平均净度为 93.71%，大多数无性系种子净度分布在 90%～95%内；平均千粒重为 0.4756g，大多数无性系的种子千粒重为 0.4～0.5g，其变异系数的范围为 0.99%～6.80%；种子的平均含水量为 6.59%，大多数无性系的含水量为 5%～6%，其变异系数为 0.73%～8.04%；种子的平均优良度为 69.37%，大部分无性系的优良度为 60%～75%，其变异系数的范围在 2.52%～7.12%；平均涩粒率为 26.67%，大多数无性系涩粒率范围为 20%～30%，其变异系数为 2.47%～15.16%；平均空粒率为 15.76%，大多数无性系空粒率为 10%～20%，其遗传变异系数为 5.68%～30.32%。

通过对长白落叶松半同胞家系子代林生长指标差异的研究表明，各半同胞家系的保存率差异较大，最高的 10 号家系是最低的 82 号家系的保存率的 7.7 倍；该长白落叶松种子园各半同胞家系材积的差异近 2 倍；胸径、树高差异较小，分别是 1.30 倍、1.37 倍；各家系树高的变异系数为 0.27%～23.61%。对长白落叶松半同胞家系子代林树高、胸径和材积进行方差分析，结果表明，不同的半同胞家系子代林树高存在极显著的差异，而胸径和材积差异不显著。

综合各种子指标及树高的多重比较结果，选择优良无性系，按 10%的入选率，90 号无性系、253 号无性系最好，如按 20%入选率选择无性系，90 号、253 号、32 号、85 号无性系较好。

对长白落叶松各无性系种子品质及其半同胞家系生长性状进行相关分析，长白落叶松各无性系种子品质与其半同胞家系生长性状之间有相关性但不显著，说明子代林生长不仅受到种子遗传品质的影响，环境对其生长的影响也不容忽视。而无性系种子各品质之间存在很大的相关性，优良度与含水量、千粒重、发芽率呈极显著正相关，与空粒率、涩粒率呈极显著负相关，含水量与千粒重、发芽势呈极显著正相关，与空粒率呈极显著负相关，千粒重与发芽率、发芽势都呈极显著正相关，发芽率和发芽势之间呈极显著正相关，空粒率和涩粒率呈极显著正相关。其半同胞家系生长性状也存在着相关关系，树高和材积、胸径和材积、树高与胸径均为极显著正相关关系。这些相关性关系能够为今后种子园种子的采收贮藏，以及种子园的改良、营建子代林提供一些必要的科学依据。

通过对疏伐对种子园 SSR 遗传多样性影响的分析可知，长白落叶松初级无性系种子园依据无性系的子代表现及亲本生长结实能力对其实施去劣疏伐，在一定程度上减少了种子园的遗传多样性，而且种子园遗传多样性降低程度与疏伐强度呈正相关。小于 40%疏伐强度的疏伐，有效等位基因数与疏伐前基本一致，降幅小于 0.5%，期望杂合度在 0.5 以上，说明能维持种子园亲本较高的杂合度，而 50%、60%的疏伐强度，有效等位基因数降幅增大，分别下降了 2.61%、3.27%，期望杂合度下降到 0.5 以下，因此，建议长白落叶松初级无性系种子园疏伐强度在 40% 以内。

无性系内等位基因平均数、有效等位基因数、Shannon 多样性指数、Nei's 基因多样性指数总趋势都是随着无性系单株数量的减少而减少，但当到某一点后，下降的趋势明显增大，这拐点一般在 7～9 株。综上分析，去劣疏伐后每个无性系至少应保留 7～9 株，以维持无性系内的遗传多样性。如按照疏伐后保存率为 60% 推算，长白落叶松种子园建园时，每个无性系至少种植 12～15 株。

松科其他树种有去劣疏伐对种子园遗传多样性影响的报道，油松种子园进行 1/3 强度去劣疏伐后，以疏伐前（1993 年）和疏伐后不连续的 2 年（1996 年、2000 年）的油松种子为试验材料，每个位点的等位基因平均数减少 7% 和 17%，多态位点百分比下降 20% 和 17%，反映了去劣疏伐对油松种子园子代遗传多样性的影响。美国白松两个 250 年生天然林经 3/4 强度疏伐后，检测到的等位基因数都减少了约 25%，多态位点百分比降低了 33%，疏伐造成两个林分各约 40% 的低频等位基因和 80% 的稀有等位基因丢失。Lindgren 和 El-Kassaky（1989）、Kyu-Suk 等（2005）、陈建中（2006）采用状态数的方法，分析表明去劣疏伐在增加种子园遗传增益的同时，降低了种子园育种群体的遗传多样性。

本研究是基于长白落叶松初级无性系种子园的一个小区的全部亲本单株模拟疏伐得到的调查统计结果，避免了抽样调查产生的误差，真实地反映了不同疏伐强度及无性系内不同单株数量对该种子园生产小区遗传多样性的影响。同时，有利今后关于该种子园小区子代遗传多样性、园内交配系统的对比研究，探索亲本遗传多样性与子代遗传多样性的关系。

以往的去劣疏伐侧重获得较高的遗传增益，在未来的种子园发展中将会更加重视遗传增益和遗传多样性之间的平衡，种子园内各个家系或者无性系单株数量的不同，能更好地维持这种平衡。在制定种子园去劣疏伐的策略时，家系或无性系间的亲缘关系，以及家系或无性系的子代表现也应是需要考虑的内容。

6 落叶松种、无性系及杂种家系的鉴定

6.1 落叶松种的鉴定

6.1.1 试验材料与方法

6.1.1.1 试验材料

试验材料来源于黑龙江省牡丹江市林口县青山林场的落叶松种子园和收集区子代林。日本落叶松（*Larix kaempferi*）、兴安落叶松（*Larix gmelinii*）和长白落叶松（*Larix olgensis*）用于落叶松种间鉴定。采样时采取当年生嫩叶（松针），置于冰上保存带回，采回后在–20℃冰箱中保存，以备提取样本 DNA。

6.1.1.2 试验方法

1. 主要仪器

GBS-7500PC 凝胶成像系统、SEX-2P 标准型超净工作台、PCR 仪（GeneAmp PCR System 9700）、HH-42 快速恒温数显水箱、Milli-Q 纯水机、HZQ-X100 振荡培养箱（东联，哈尔滨）、Eppendorf BioPhotometer 生物分光光度计、电泳仪（DYY-Ⅲ-12B 型）、AF-100 制冰机、微量移液器（Eppendorf）、HHB11360 电热恒温培养箱（上海）。

2. 主要试剂及配置

1）CTAB 提取缓冲液：2%（w/V）CTAB，100mmol/L Tris-Cl（pH 8.0），20mmol/L EDTA（pH 8.0），1.4mol/L NaCl，高压灭菌（121℃ 20min）去离子水（定容至 1L），可室温下保存，2%β-巯基乙醇（在使用前加入）。

2）Tris-Cl 1mol/L（pH 8.0）。

3）EDTA（0.5mol/L）：在 700mL H_2O 中溶解 186.1g $Na_2EDTA \cdot 2H_2O$，用 10mol/L NaOH 调 pH 至 8.0（约 50mL），补加灭菌去离子水至 1L。

4）TE 缓冲液。

5）*Taq* DNA 聚合酶、dNTP、Mg^{2+} 购自大连宝生物工程有限公司。

6）50 ×TAE 电泳缓冲液（1L）：242g Tris 碱，57.1mL 冰醋酸，37.2g $Na_2EDTA \cdot 2H_2O$，加水定容至 1L，电泳时使用 1×TAE 工作液。

7）溴化乙锭 EB（10mg/mL）：0.2g 溴化乙锭溶解于 20mL H_2O 中混匀后于 4℃避光保存。

8）0.8%琼脂糖凝胶：30mL 1×TAE，0.24g 琼脂糖，EB 15μL。1.5%琼脂糖凝胶：300mL 1×TAE，4.5g 琼脂糖，EB 150μL。

9）氯仿：异戊醇（24∶1），75%乙醇，ddH_2O 水。

10）LB 液体培养基（1L）：胰化蛋白胨 10g，酵母提取物 5g，NaCl 10g，去离子水定容至总体积 1L，用 5mol/L NaOH 调 pH 至 7.4，高压灭菌 20min。LB 固体培养基：每 100mL 液体培养基加 1g 琼脂粉。

11）氨苄西林（AMP）溶液（50mg/mL）（20mL）：过滤灭菌，分装成 1mL 小份，于–20℃保存备用。

12）X-gal（20mg/mL）（1mL）：X-gal 20mg，二甲基甲醛胺（DMF）1mL，–20℃避光保存备用。

3. 落叶松基因组 DNA 的提取与检测

1）在 1.5mL 离心管中加入 700μL CTAB 抽提液和 20μL β-巯基乙醇于 65℃预热。

2）称取落叶松叶子约 0.3g，放入消毒过的研钵中，加入液氮迅速研磨，重复操作直至将样品研磨成白色粉末。

3）将粉末移入预热的 CTAB 抽提液中，混匀，65℃恒温 30min，期间定时温和摇匀。

4）待离心管凉至室温，加入 700μL 氯仿：异戊醇（24∶1）轻轻摇匀，12 000r/min 离心 10min，抽取上清液，再重复两次。

5）加入 900μL 无水乙醇，混匀，12 000r/min 离心 15min，弃上清液。

6）75%乙醇洗两次，去除 DNA 表面的盐或试剂小分子物质，室温气干。

7）加入 50μL 灭菌的去离子水，使 DNA 充分溶解。

8）0.8%琼脂糖凝胶电泳检测，以电压 4～5V/cm 电泳约 20min。凝胶成像系统照相检测，保存。

9）在上述样品中加入 2～3μL RNase（10μg/μL），5μL 10×*Taq* buffer，37℃下放置 1～2h。

10）加入等体积氯仿，12 000r/min 离心 5min，抽取上清液。

11）加入 3 倍体积无水乙醇，混匀，12 000r/min 离心 15min，弃上清液。

12）室温气干，加入 30μL 灭菌的去离子水，使 DNA 充分溶解。

4. 落叶松 ISSR-PCR 反应体系、反应程序及引物筛选

对模板 DNA 进行扩增，反应体系及反应程序参照林萍等（2005）正交设计优化的落叶松 ISSR-PCR 反应体系，具体见表 6-1 和表 6-2。

表 6-1　落叶松 ISSR-PCR 反应体系

名称	dNTP （2.5mmol/L）	10×Taq buffer	Mg²⁺ （2.5mmol/L）	ISSR 引物	Taq DNA 聚合酶	模板 DNA	ddH₂O	总体积
反应体系	1.4μL	2.0μL	0.4μL	2.0μL	0.2μL	2.0μL	12.0μL	20.0μL

表 6-2　落叶松 ISSR-PCR 反应程序

名称	预变性	变性	退火	延伸	循环次数	延伸
反应 程序	94℃ 3min	94℃ 30s	56℃ 45s	72℃ 30s	35	72℃ 7min

扩增产物用含有溴化乙锭的 1.5% 琼脂糖凝胶在 1×TAE 缓冲液中于电压 3～4V/cm 下电泳分离，最后在紫外灯下用 GENE GENIUS 摄像系统照相记录结果。

本试验中初次筛选的 488 个引物来源于东北林业大学林木遗传育种学科所设计的 ISSR 引物和加拿大哥伦比亚大学（UBC）公布的第 9 套 ISSR 引物序列的部分。利用上述反应体系和反应程序，采用无性系的 DNA 模板同种混合的方法，组成应用于引物筛选的模板 DNA。用不同引物对模板进行扩增，从 488 个 ISSR 引物中挑选电泳结果中谱带清晰、差异明显、结果稳定且重复性好的引物用于进一步鉴别不同种和无性系，共筛选出 49 个引物，这些引物由生工生物工程（上海）股份有限公司合成。

5. ISSR 特异片段的回收

扩增产物在 1.5% 的琼脂糖凝胶中电泳分析，扩增产物特异条带从琼脂糖凝胶中切下，用 TIAN gel Midi Purification Kit 试剂盒回收。

1）在紫外灯下切出含有目的 DNA 的琼脂糖凝胶，用纸巾吸尽凝胶表面的液体。尽量切除不含目的 DNA 部分的凝胶，减少凝胶体积，提高 DNA 回收率。

2）切碎胶块，并且称量胶块的重量（如凝胶重为 0.1g，其体积可视为 100μL，依此类推）。

3）向吸附柱 CA2 中加入 500μL 平衡液 BL，12 000r/min 离心 1min，弃滤液。

4）向胶块中加入 3 倍体积溶液 PN，50℃ 水浴放置 10min，其间不断温和地上下翻转离心管，使胶块充分融解。

5）将上述所得溶液加入一个吸附柱 CA2 中。室温放置 2min，12 000r/min 离心 1min，弃滤液。

6）向吸附柱 CA2 中加入 700μL 漂洗液 PW，12 000r/min 离心 30s，弃滤液。

7）向吸附柱 CA2 中加入 500μL 漂洗液 PW，12 000r/min 离心 30s，弃滤液。

8）将吸附柱 CA2 放回收集管中，12 000r/min 离心 2min，尽量除尽漂洗液。将吸附柱 CA2 开盖置于室温放置数分钟，彻底晾干，以防止残留的漂洗液产生影响。

9）将吸附柱 CA2 放到一个干净离心管中，向吸附膜中间位置悬空滴加 30μL 洗脱缓冲液，室温静置 2min，12 000r/min 离心 2min，收集 DNA 溶液。

将回收纯化后的扩增产物在核酸蛋白测定仪中分析其浓度，确定连接反应中外源插入片段的量。

6. ISSR 特异片段的克隆

利用 PMD19-T Vector 系统克隆差异片段。PMD19-T Vector 是一种高效克隆 PCR 产物（T/A Cloning）的专用载体，它是由 PUC19 载体改造而成的。在 PUC19 载体的多克隆位点处的 *Xba* I 和 *Sal* I 识别位点之间插入了 *Eco*R V 识别位点，用 *Eco*R V 进行酶切反应后，再在两侧的 3′端添加"T"而成。因为大部分耐热性 DNA 聚合酶反应时都有在 PCR 产物的 3′端添加"A"的特性，所以该载体具有较高的 PCR 产物连接、克隆效率。

1）回收的 ISSR 特异片段与 PMD 19-T Vector 的连接。

2）连接产物的转化。

大肠杆菌保存：TOP10 感受态细胞（购自北京天根生化科技有限公司）保存于–70℃条件下，不可以多次冻融，进行转化操作时候，应该尽量在低温的条件下进行。

连接产物转化的操作方法：取感受态细胞置于冰上融化；用冷却无菌吸头将上述细胞悬液分装到新的预冷的离心管中；加入目的 DNA，轻轻旋转以混匀内容物，在冰浴中静置 30min 后将离心管放到 42℃水浴中 60～90s，然后快速将管转移到冰浴中，使细胞冷却 2～3min；每管加 500μL LB 培养基，置于 37℃摇床培养，温育 45min（200r/min）使细菌复苏，并且表达质粒编码的抗生素抗性标记基因；取 100μL 已转化的感受态细胞转移到含 Amp（150μL/mL）和 X-gal（40μL/mL）的 LB 琼脂培养基上，用一个无菌的弯头玻璃棒轻轻地将细菌均匀涂开；将平板置于室温直至液体被吸收；倒置平板，于 37℃培养 12～16h。

每个平板中挑选白色菌落 4～5 个，分别置于 10mL LB（含有 Amp）液体培养基中，37℃摇床培养 12 h。

取出菌液，进行 PCR 检测，确保目的片段插入。

选用目的 DNA 在 PMD 19-T Vector 上插入位点两侧的已知序列为引物，对插入片段进行 PCR 扩增，反应体系及反应程序见表 6-3 和表 6-4。

表 6-3 菌液 PCR 反应体系

名称	dNTP（2.5mmol/L）	10×*Taq* buffer	引物 M13⁺	引物 M13⁻	*Taq* DNA 聚合酶	菌液 DNA	ddH₂O	总体积
反应体系	0.5μL	2.0μL	1.0μL	1.0μL	0.2μL	1.0μL	14.3μL	20.0μL

表 6-4 菌液 ISSR-PCR 反应程序

名称	预变性	变性	退火	延伸	循环次数	延伸
反应 程序	94℃ 3min	94℃ 30s	52℃ 30s	72℃ 45s	30	72℃ 7min

扩增产物在 1.5%的琼脂糖凝胶电泳中分离，紫外灯下用 GENE GENIUS 摄像系统照相记录结果。

7. ISSR 特异片段的测序及 SCAR 引物设计

根据 PCR 检测结果挑选含有正确插入目的片段的菌液，送生工生物工程（上海）股份有限公司测序。

根据测序结果，用 Primer 5 软件对测序片段的碱基序列进行分析，去除载体与引物序列部分，按两端序列的特点设计扩增此目的片段的 SCAR 物种特异引物。用相应的 SCAR 物种特异引物对三种落叶松的所有样品进行 PCR 扩增和电泳检测，检验是否扩增出相应的物种特异片段，验证其鉴别落叶松的可行性。反应体系及反应程序见表 6-5 和表 6-6。

表 6-5 SCAR 反应体系

名称	dNTP (2.5mmol/L)	10×*Taq* buffer	引物 1	引物 2	*Taq* DNA 聚合酶	模板 DNA	ddH₂O	总体积
反应 体系	1.6μL	2.0μL	1.0μL	1.0μL	0.2μL	2.0μL	12.2μL	20.0μL

表 6-6 SCAR 反应程序

名称	预变性	变性	退火	延伸	循环次数	延伸
反应 程序	94℃ 3min	94℃ 30s	56℃ 30s	72℃ 45s	30	72℃ 7min

扩增产物用含有溴化乙锭的 1.5%琼脂糖凝胶在 1×TAE 缓冲液中于电压 3～4V/cm 下电泳分离，最后在紫外灯下用 GENE GENIUS 摄像系统照相记录结果。

8. 遗传距离分析

将所有引物扩增的电泳结果进行统计分析，根据 ISSR 扩增产物相同电泳迁移位置带的有无，建立分子标记资料（多态性片段的数目、大小和信息量）的 0-1 数据。估计 DNA 样品扩增产物的分子质量大小，有带记为 1，无带或模糊不清的条带记为 0。采用 POPGENE 32 软件进行数据处理，计算家系间的遗传距离，再以 UPGMA 法建立聚类图。

6.1.2 结果与分析

6.1.2.1 DNA 提取

用 CTAB 法提取落叶松样品针叶基因组 DNA, 取 2μL DNA 样品, 在浓度为 0.8% 琼脂糖凝胶中于电压 4～5V/cm 的条件下对样品进行电泳检测, 二倍体针叶基因组 DNA 的电泳结果如图 6-1 所示, 表明提取的 DNA 中含有大量降解的 RNA, 但是 RNA 对 DNA 的 PCR 扩增影响很小。有些样品的点样孔较亮, 这是因为样品中有一些蛋白质和糖类杂质, 由于 PCR 只针对样品基因组 DNA, 一般情况下, 并不影响 DNA 的扩增。但考虑到纯度低的样品可能会消耗更多的试验药品, 也可能会影响试验的可靠性, 应该对样品 DNA 进行消化处理, 重新提纯、沉淀, 提高 DNA 的纯度。

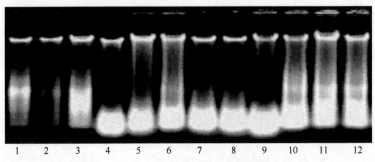

图 6-1　针叶 DNA 消化前琼脂糖凝胶电泳图

1～12 为随机样品提取的 DNA

如图 6-1 所示, 各样品提取的 DNA 浓度有所差别。虽然 ISSR 分子标记技术对模板的浓度要求并不是很严格, 一般模板浓度在 30～300ng, 都能够较好地进行 PCR 扩增, 得到多态性好的片段, 但是在 RNase 消化后, 根据样品间 DNA 条带的亮度和宽度的不同, 大致调整 DNA 浓度, 使样品间的 DNA 浓度尽量大小一致, 以保证试验结果的无偏差性。电泳时加入 λDNA (50ng/μL), 粗略估算样品 DNA 浓度, 电泳结果如图 6-2 所示。

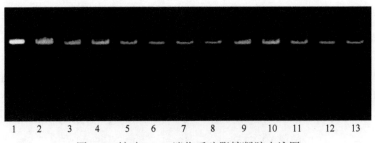

图 6-2　针叶 DNA 消化后琼脂糖凝胶电泳图

1 号为 λDNA, 2～13 号为不同样品 DNA

6.1.2.2 引物的筛选

本试验中初次筛选的 488 个引物来源于东北林业大学林木遗传育种学科所设计的 ISSR 引物和加拿大哥伦比亚大学（UBC）公布的第 9 套 ISSR 引物序列的部分，反应体系及反应程序参照落叶松 ISSR-PCR 反应体系及程序。初步筛选出扩增谱带清晰、差异明显、结果稳定且重复性好的 49 个 ISSR 引物，见表 6-7。

表 6-7 ISSR 引物

引物	序列 5′→3′	引物	序列 5′→3′
ISSR01	AGAGAGAGAGAGAGAGG	ISSR26	ACACACACACACACACG
ISSR02	AGAGAGAGAGAGAGAGT	ISSR27	ACACACACACACACGTT
ISSR03	TGTGTGTGTGTGTGTGA	ISSR28	ACACACACACACACGGT
ISSR04	AGAGAGAGAGAGAGAGYT	ISSR29	AGAGAGAGAGAGAGGCT
ISSR05	AGCAGCAGCAGCAGC	ISSR30	AGAGAGAGAGAGAGTAA
ISSR06	GACAGACAGACAGACA	ISSR31	ACACACACACACACTAA
ISSR07	CTCTCTCTCTCTCTYA	ISSR32	ACACACACACACACTAG
ISSR08	AGAGAGAGAGAGAGAGC	ISSR33	ACACACACACACACTAT
ISSR09	GACACACACACACAC	ISSR34	ACACACACACACACTTA
ISSR10	AGAGAGAGAGAGAGAGTT	ISSR35	ACACACACACACACTTG
ISSR11	ACACACACACACACTA	ISSR36	ACACACACACACACTGG
ISSR12	AGAGAGAGAGAGAGCT	ISSR37	ACACACACACACACAAT
ISSR13	AGAGAGAGAGAGAGCG	ISSR38	ACACACACACACACATT
ISSR14	AGAGAGAGAGAGAGCC	ISSR39	ACACACACACACACAAG
ISSR15	ACACACACACACACAAG	ISSR40	ACACACACACACACCAT
ISSR16	AGAGAGAGAGAGAGAGGTG	ISSR41	ACACACACACACACCCT
ISSR17	ACACACACACACACGTG	ISSR42	ACACACACACACACGAA
ISSR18	ACACACACACACACACC	ISSR43	ACACACACACACACCGT
ISSR19	TCTCTCTCTCTCTCTCC	ISSR44	ACACACACACACACCTT
ISSR20	CACACACACACACACAG	ISSR45	ACACACACACACACTAT
ISSR21	CACACACACACACARG	ISSR46	CTCTCTCTCTCTCTCTTG
ISSR22	ACACACACACACACGAG	ISSR47	CTCTCTCTCTCTCTCTAC
ISSR23	ACACACACACACACGAC	ISSR48	ACACACACACACACGCG
ISSR24	ACACACACACACACGAT	ISSR49	AGAGAGAGAGAGAGGA
ISSR25	CTCTCTCTCTCTCTCTT		

注：Y=G/C

6.1.2.3 种间鉴定

利用 49 个 ISSR 引物对所有无性系进行扩增，在这些引物中筛选出 5 个在种间有差异的特异引物（ISSR12、ISSR18、ISSR32、ISSR38、ISSR41）。各引物检测到的数据如表 6-8 所示。

表 6-8 落叶松种间 ISSR 特异引物的检测结果

引物	物种	特异片段位置/bp	检测个体数	有特异条带个体数	特异率/%
	日本落叶松 *L. leptolepis*	无	12	0	0
ISSR12	兴安落叶松 *L. gmelinii*	650	7	7	100
	长白落叶松 *L. olgensis*	650	16	16	100
	日本落叶松 *L. leptolepis*	650	12	12	100
ISSR18	兴安落叶松 *L. gmelinii*	无	7	0	0
	长白落叶松 *L. olgensis*	650	16	16	100
	日本落叶松 *L. leptolepis*	350	12	12	100
ISSR32	兴安落叶松 *L. gmelinii*	无	7	0	0
	长白落叶松 *L. olgensis*	无	16	0	0
	日本落叶松 *L. leptolepis*	无	12	0	0
ISSR38	兴安落叶松 *L. gmelinii*	无	7	0	0
	长白落叶松 *L. olgensis*	500	16	16	100
	日本落叶松 *L. leptolepis*	无	12	0	0
ISSR41	兴安落叶松 *L. gmelinii*	无	7	0	0
	长白落叶松 *L. olgensis*	1400	16	16	100

各引物扩增产物得到的电泳图谱如下，将扩增出的特异条带与标准分子质量 DNA 的条带位置比对，引物 ISSR12 扩增出的特异片段位置在标准分子质量 650bp 处，长白落叶松的所有 16 个无性系和兴安落叶松所有的 7 个无性系在 650bp 位置处都有特异片段，而日本落叶松的 12 个无性系均没有特异片段，其中部分无性系电泳结果如图 6-3 所示。引物 ISSR32 扩增出的特异片段位置在标准分子质量

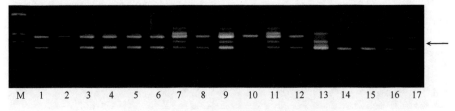

M 1 2 3 4 5 6 7 8 9 10 11 12 13 14 15 16 17

图 6-3 ISSR12 对三种落叶松的扩增结果

M 为 Marker，标准片段由下至上为 100bp、250bp、500bp、750bp、1000bp、2000bp；1~6 号为日本落叶松，7~12 号为长白落叶松，13~17 号为兴安落叶松

350bp 处，日本落叶松的所有 12 个无性系在 350bp 处有特异片段，而长白落叶松和兴安落叶松没有扩增出特异片段，电泳结果如图 6-4 所示。由这两个 ISSR 引物可以鉴别日本落叶松。

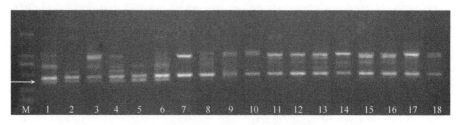

图 6-4　ISSR 32 对三种落叶松的扩增结果

M 为 Marker，标准片段由下至上为 100bp、250bp、500bp、750bp、1000bp、2000bp；1～6 号为日本落叶松，7～12 号为兴安落叶松，13～18 号为长白落叶松

引物 ISSR18 扩增出的特异片段位置在标准分子质量 650bp 处，日本落叶松的 12 个无性系和长白落叶松的 16 个无性系均有 650bp 片段，兴安落叶松的 7 个无性系没有出现 650bp 片段，由此可以鉴别兴安落叶松，电泳结果如图 6-5 所示。

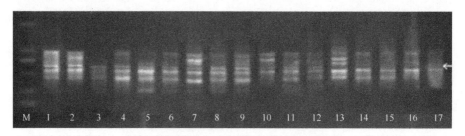

图 6-5　ISSR18 对三种落叶松的扩增结果

M 为 Marker，标准片段由下至上为 100bp、250bp、500bp、750bp、1000bp、2000bp；1～6 号为日本落叶松，7～12 号为长白落叶松，13～17 号为兴安落叶松

引物 ISSR38 在标准分子质量 500bp 处只有长白落叶松所有的 16 个无性系扩增出特异片段，日本和兴安落叶松均没有 500bp 片段出现，电泳结果如图 6-6 所

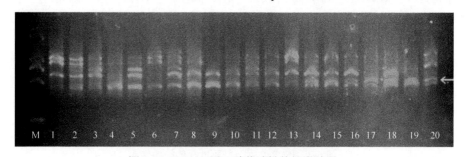

图 6-6　ISSR38 对三种落叶松的扩增结果

M 为 Marker，标准片段由下至上为 100bp、250bp、500bp、750bp、1000bp、2000bp；1～7 号为日本落叶松，8～13 号为兴安落叶松，14～20 号为长白落叶松

示。引物 ISSR41 扩增出的特异片段位置在标准分子质量 1300bp 处，长白落叶松的 16 个无性系在 1400bp 处存在特异片段，而日本落叶松和兴安落叶松没有特异片段，电泳结果如图 6-7 所示。依电泳图谱显示，引物 ISSR41 的鉴别效果要好于引物 ISSR38，ISSR38 扩增结果的电泳图谱可能受到了电压或其他因素的影响。

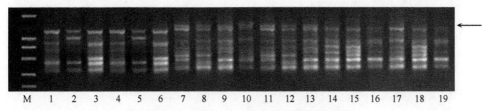

图 6-7　ISSR41 对三种落叶松的扩增结果

M 为 Marker，标准片段由下至上为 100bp、250bp、500bp、750bp、1000bp、2000bp；1～6 号为日本落叶松，7～13 号为长白落叶松，14～19 号为兴安落叶松

6.2　落叶松无性系的鉴定

6.2.1　试验材料与方法

6.2.1.1　试验材料

同 6.1.1.1。包括无性系 35 个，其中日本落叶松（*Larix kaempferi*）12 个、兴安落叶松（*Larix gmelinii*）7 个和长白落叶松（*Larix olgensis*）16 个（表 6-9）。

表 6-9　种及无性系名称

种类	编号	无性系	种类	编号	无性系	种类	编号	无性系
							19-3	长 78-3
							19-5	长 78-5
	19-1	日 76-2					19-6	长 77-3
	19-7	日 12					19-10	长 77-2
	19-14	日 3					19-11	长 77-1
	19-15	日 5		19-2	兴 12		20-2	长 73-3
	20-12	日 73-2		19-4	兴 6		20-3	长 73-11
日本落叶松 *L. leptolepis*	20-13	日卫 1	兴安落叶松 *L. gmelinii*	19-8	兴 2	长白落叶松 *L. olgensis*	20-4	长 73-14
	20-14	日 73-15		19-9	兴 8		20-5	长 73-1
	20-15	日 73-17		19-12	兴 7		20-6	长 73-41
	20-16	日 73-19		19-13	兴 9		20-7	长 73-18
	20-17	日 73-1		20-1	兴 5		20-8	长 73-13
	20-18	日 73-13					20-9	长 73-29
	20-19	日卫 2					20-10	长 73-50
							20-11	长 73-27
							20-20	长 73-35

6.2.1.2 试验方法

同 6.1.1.2。

6.2.2 结果与分析

6.2.2.1 DNA 提取

同 6.1.2.1。

6.2.2.2 引物筛选

同 6.1.2.2。

6.2.2.3 无性系鉴别

在用上述 5 个引物区分开长白落叶松、兴安落叶松和日本落叶松三种落叶松后，筛选出 9 个引物在种内进行无性系的鉴定，利用不同引物对每个无性系进行扩增，每个无性系在不同位置处扩增出特异片段，可以区分出不同的无性系。各引物检测到的数据如表 6-10 所示。

表 6-10　无性系间 ISSR 特异引物的检测结果

	编号	无性系	引物编号及特异谱带位置
日本落叶松 *L. leptolepis*	19-7	日 12	ISSR7 引物 1100bp；ISSR 30 引物 550bp；ISSR 44 引物 1200bp 和 600bp
	19-14	日 3	ISSR 11 引物 450bp；ISSR 24 引物 750bp
	19-15	日 5	ISSR 7 引物 750bp；ISSR 30 引物 500bp
	20-12	日 73-2	ISSR 33 引物 550bp
	20-14	日 73-15	ISSR 38 引物 750bp；ISSR 43 引物 1200bp；ISSR 44 引物 400bp
	20-15	日 73-17	ISSR 33 引物 800bp；ISSR 11 引物 1500bp；ISSR 36 引物 850bp 和 350bp；ISSR 44 引物 300bp
	20-19	日卫 2	ISSR 38 引物 1100bp
兴安落叶松 *L. gmelinii*	19-2	兴 12	ISSR 38 引物 1100bp；ISSR 11 引物 450bp；ISSR 36 引物 35bp；ISSR 44 引物 900bp
	19-4	兴 6	ISSR 7 引物 350bp；ISSR 24 引物 1200bp
	19-8	兴 2	ISSR 11 引物 1100bp；ISSR 24 引物 900bp；ISSR 44 引物 1100bp；ISSR 44 引物 400bp；ISSR 33 引物 1200bp
	19-9	兴 8	ISSR 44 引物 600bp
	19-12	兴 7	ISSR 33 引物 500bp；ISSR 30 引物 300bp；ISSR 43 引物 500bp 和 300bp

续表

	编号	无性系	引物编号及特异谱带位置
兴安 落叶松 *L. gmelinii*	19-13	兴 9	ISSR 7 引物 1100bp 和 750bp；ISSR 30 引物 550bp
	20-1	兴 5	ISSR 24 引物 1100bp
	19-3	长 78-3	ISSR 38 引物 600bp
	19-11	长 77-1	ISSR 7 引物 1100bp
长白 落叶松 *L. olgensis*	20-5	长 73-1	ISSR 24 引物 400bp
	20-7	长 73-18	ISSR 11 引物 1500bp；ISSR 30 引物 550bp
	20-9	长 73-29	ISSR 38 引物 600bp
	20-10	长 73-50	ISSR 24 引物 1100bp 和 950bp
	20-11	长 73-27	ISSR 36 引物 850bp 和 600bp
	20-20	长 73-35	ISSR 11 引物 450bp

用引物 ISSR24 对长白落叶松无性系进行扩增发现，长 73-1（20-5）在标准分子质量 400bp 处扩增出特异谱带，其他长白落叶松无性系没有出现此片段。同时所有无性系在标准分子质量 1100bp 和 950bp 处有扩增谱带出现，而长 73-50（20-10）没有出现谱带，可以作为鉴定这两个无性系的依据，电泳结果如图 6-8 所示。

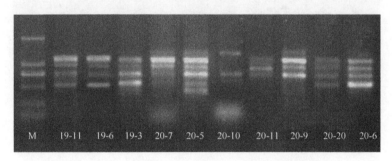

图 6-8　ISSR24 对长白落叶松不同无性系的扩增结果
M 为 Marker，标准片段由下至上为 100bp、250bp、500bp、750bp、1000bp、2000bp

用引物 ISSR33 对兴安落叶松无性系进行扩增发现，兴 2（19-8）在标准分子质量 1200bp 处扩增出特异谱带，同时所有无性系在标准分子质量 500bp 处有扩增谱带出现，而兴 7（19-12）没有出现谱带，电泳结果如图 6-9 所示。

用引物 ISSR44 对日本落叶松无性系进行扩增发现，日 12（19-7）在标准分子质量 1200bp 处扩增出特异谱带，同时所有无性系在标准分子质量 600bp 处有扩增谱带出现，而日 12 没有出现谱带；日 73-15（20-14）与其他无性系区别于在标准分子质量 400bp 处没有扩增谱带出现；日 73-17（20-15）在标准分子质量 300bp 处扩增出特异谱带，与其他无性系有所差别，电泳结果如图 6-10 所示。

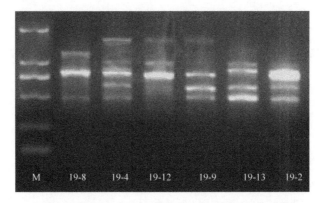

图 6-9   ISSR33 对兴安落叶松不同无性系的扩增结果

M 为 Marker，标准片段由下至上为 100bp、250bp、500bp、750bp、1000bp、2000bp

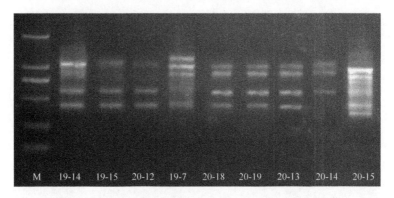

图 6-10   ISSR44 对日本落叶松不同无性系的扩增结果

M 为 Marker，标准片段由下至上为 100bp、250bp、500bp、750bp、1000bp、2000bp

表 6-11 中所列出的是利用单独引物可以鉴定的 13 个无性系，其他无性系可以利用多个引物扩增谱带的差异进行区别。如某一条谱带属于两个无性系共有，其他无性系没有，且其中一个无性系是具有特异谱带可以一次鉴定的，另一个无性系就可以通过两个 ISSR 引物得到鉴别，其具体统计结果如表 6-11 所示。这样虽能鉴别所有无性系，但是操作过程略烦琐。

表 6-11   通过多个引物鉴别的无性系的检测结果

	编号	无性系	引物	扩增片段位置/bp	同种具有相同片段的样品
日本 落叶松 *L. leptolepis*	19-1	日 76-2	ISSR11	800	19-15，20-13
	20-13	日卫 1	ISSR36	600	19-15，20-15，20-18
	20-16	日 73-19	ISSR07	600	19-15
	20-17	日 73-1	ISSR38	900	20-19
	20-18	日 73-13	ISSR24	1100	20-14

续表

编号	无性系	引物	扩增片段位置/bp	同种具有相同片段的样品
19-5	长 78-5	ISSR43	700	19-11
19-6	长 77-3	ISSR38	600	19-10
19-10	长 77-2	ISSR38	1100	19-11
20-2	长 73-3	ISSR11	1200	20-7
20-3	长 73-11	ISSR11	1000	20-7
20-4	长 73-14	ISSR38	400	20-3，20-6，20-11
20-6	长 73-41	ISSR36	700	19-3，19-6，20-11
20-8	长 73-13	ISSR44	300	19-6，20-5

（编号左侧标注：长白落叶松 *L. olgensis*）

在用引物 ISSR24 对日本落叶松所有无性系进行扩增时（图 6-11），除 19-14 在 750bp 处与其他无性系有所差别外，20-18 与 20-14 在 1100bp 处都没有扩增出谱带，而其他无性系均有 1100bp 片段出现。因为 20-14 可以利用 ISSR38 等引物扩增的条带进行一次性鉴别，所以 20-18 与 20-14 在标准分子质量 1100bp 处的共同之处可以成为鉴定 20-18 的依据。

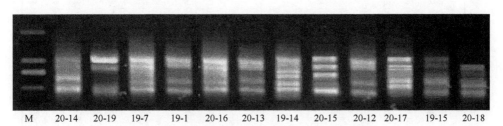

M 20-14 20-19 19-7 19-1 20-16 20-13 19-14 20-15 20-12 20-17 19-15 20-18

图 6-11　ISSR 24 对日本落叶松无性系的扩增结果

M 为 Marker，标准片段由下至上为 500bp、750bp、1000bp、2000bp

6.2.2.4　无性系间遗传距离分析

将 49 个引物对无性系 ISSR-PCR 扩增的结果纪录成 0-1 数据，输入软件。这些引物共扩增出 247 条谱带，其中 229 条谱带在 35 个无性系中呈多态性，占 92.71%。

表 6-12 是 35 个无性系间的遗传距离，不同无性系间遗传距离的平均值及变幅为 0.3506 和 0.0245～0.6156。遗传距离最小的是日 5 和日 3。

遗传距离分析中家系代表的编号如表 6-13 所示。

无性系间的遗传关系聚类图如图 6-12 所示，可以看出在 0.52 的遗传距离上，34 个无性系被分为 3 类，分别是三种不同的落叶松，即日本落叶松、兴安落叶松和长白落叶松。根据遗传距离进行的分类表明不同落叶松种基本上是可以进行区分的，与分子标记得到的结果相符合。

表 6-12　无性系间的遗传一致度及遗传距离

	1	2	3	4	5	6	7	8	9	10	11	12	13	14	15	16	17
1		0.9516	0.9597	0.7016	0.8710	0.8629	0.6774	0.7419	0.9355	0.8306	0.8387	0.7903	0.6452	0.6210	0.7097	0.6774	0.5806
2	0.0496		0.9758	0.7177	0.8710	0.8952	0.6613	0.7742	0.9677	0.8306	0.8548	0.7903	0.6290	0.6210	0.7097	0.7097	0.5645
3	0.0412	0.0245		0.7258	0.8629	0.8871	0.6532	0.7500	0.9597	0.8387	0.8629	0.7984	0.6371	0.6129	0.7016	0.7016	0.5565
4	0.3544	0.3316	0.3205		0.7177	0.7419	0.8306	0.8629	0.6855	0.8065	0.8306	0.8145	0.5887	0.6129	0.6371	0.6371	0.5726
5	0.1382	0.1382	0.1475	0.3316		0.9597	0.7258	0.8065	0.8387	0.8790	0.8548	0.8226	0.6290	0.6855	0.6613	0.6935	0.6452
6	0.1475	0.1108	0.1198	0.2985	0.0412		0.7177	0.8468	0.8629	0.8871	0.8790	0.8306	0.6210	0.6613	0.6694	0.7016	0.6532
7	0.3895	0.4136	0.4258	0.1856	0.3205	0.3316		0.7581	0.6290	0.7823	0.7581	0.7742	0.6290	0.6210	0.7097	0.6774	0.6452
8	0.2985	0.2559	0.2877	0.1475	0.2151	0.1663	0.2770		0.7419	0.7339	0.7419	0.6774	0.5968	0.6210	0.6613	0.6290	0.6291
9	0.0667	0.0328	0.0412	0.3776	0.1759	0.1475	0.2456	0.2985		0.7984	0.8226	0.7581	0.6129	0.6048	0.7258	0.6774	0.5806
10	0.1856	0.1856	0.1759	0.2151	0.1289	0.1198	0.2770	0.3094	0.2252		0.9758	0.9113	0.6210	0.6774	0.7016	0.7339	0.6532
11	0.1759	0.1568	0.1475	0.1856	0.1568	0.1289	0.2559	0.2985	0.1953	0.0245		0.9032	0.6129	0.6694	0.6774	0.7581	0.6290
12	0.2353	0.2353	0.2252	0.2052	0.1953	0.1856	0.4636	0.3895	0.2770	0.0929	0.1018		0.6613	0.6371	0.6129	0.6935	0.6290
13	0.4383	0.4636	0.4508	0.5298	0.4636	0.4765	0.4765	0.5162	0.4895	0.4765	0.4895	0.4136		0.7339	0.6935	0.6935	0.8548
14	0.4765	0.4765	0.4895	0.4895	0.3776	0.4136	0.3429	0.4765	0.5028	0.3895	0.4014	0.4508	0.3094		0.6855	0.6694	0.7984
15	0.3429	0.3429	0.3544	0.4508	0.4136	0.4014	0.3895	0.4136	0.3205	0.3544	0.3895	0.4895	0.3659	0.3776		0.7258	0.7097
16	0.3895	0.3429	0.3544	0.4508	0.3659	0.3544	0.4383	0.4636	0.3895	0.3094	0.2770	0.3659	0.3659	0.4014	0.3205		0.7097
17	0.5436	0.5718	0.5862	0.5576	0.4383	0.4258	0.4383	0.4636	0.5436	0.4258	0.4636	0.4636	0.1568	0.2252	0.3429	0.3429	
18	0.3659	0.3429	0.3544	0.4765	0.4383	0.4258	0.4258	0.4383	0.3659	0.4014	0.3895	0.5436	0.3429	0.1663	0.2151	0.4136	0.3659
19	0.3776	0.3544	0.3429	0.4136	0.4258	0.4136		0.4258	0.3776	0.4383	0.4014	0.4258	0.2252	0.3429	0.1856	0.3094	0.4258

续表

	1	2	3	4	5	6	7	8	9	10	11	12	13	14	15	16	17
20	0.3429	0.3659	0.3776	0.5298	0.4383	0.4258	0.3895	0.4636	0.3895	0.3776	0.4136	0.5162	0.1759	0.3316	0.1953	0.2985	0.1953
21	0.4383	0.4136	0.4258	0.3776	0.3659	0.3544	0.3895	0.3659	0.4383	0.3544	0.3205	0.4136	0.3659	0.2252	0.2151	0.2559	0.2559
22	0.3659	0.3659	0.3776	0.5028	0.4383	0.4765	0.4636	0.5162	0.3895	0.4014	0.4136	0.4636	0.2770	0.1108	0.2353	0.3895	0.3429
23	0.3205	0.3205	0.3094	0.4765	0.2985	0.2877	0.3205	0.4136	0.3429	0.3316	0.3659	0.3895	0.2559	0.5028	0.2770	0.1759	0.3659
24	0.3895	0.3895	0.4014	0.3544	0.2985	0.3094	0.3205	0.3429	0.4136	0.2877	0.2985	0.3895	0.3429	0.2052	0.1568	0.2770	0.2353
25	0.3429	0.3659	0.3776	0.5298	0.4383	0.4258	0.3895	0.4636	0.3895	0.3776	0.4136	0.5162	0.1568	0.3316	0.1953	0.2985	0.1759
26	0.4136	0.3895	0.3776	0.4765	0.4383	0.4258	0.4895	0.4636	0.4136	0.4765	0.4383	0.5162	0.2559	0.1663	0.3659	0.4636	0.4136
27	0.4765	0.4765	0.4895	0.5162	0.4508	0.4383	0.5028	0.4765	0.5028	0.4383	0.4014	0.5028	0.2052	0.2151	0.4014	0.2664	0.1108
28	0.4014	0.3776	0.3659	0.4636	0.4258	0.4383	0.5028	0.4765	0.4014	0.4895	0.4508	0.4765	0.2456	0.1568	0.3776	0.4508	0.4014
29	0.3544	0.3776	0.3659	0.5718	0.3316	0.3205	0.5028	0.5298	0.3776	0.3659	0.4014	0.3544	0.4014	0.2985	0.4508	0.4765	0.4014
30	0.3544	0.3776	0.3659	0.5436	0.3316	0.3205	0.4765	0.5298	0.3776	0.3429	0.3776	0.3544	0.4014	0.2985	0.4014	0.4508	0.4014
31	0.4136	0.4136	0.4258	0.4765	0.3429	0.3544	0.4383	0.6008	0.4636	0.3316	0.3429	0.2559	0.3659	0.3094	0.4895	0.3659	0.4636
32	0.5028	0.5298	0.5436	0.4383	0.4014	0.4136	0.3544	0.4508	0.5862	0.3205	0.3544	0.4508	0.4765	0.3429	0.4258	0.4258	0.4014
33	0.3429	0.3659	0.3544	0.4508	0.3205	0.3094	0.3659	0.4636	0.3659	0.3094	0.3429	0.3429	0.3205	0.3316	0.2770	0.4136	0.3205
34	0.4258	0.4508	0.4383	0.5436	0.5298	0.5162	0.5028	0.6156	0.4508	0.3895	0.3776	0.4765	0.4508	0.4136	0.4014	0.4014	0.4508
35	0.5436	0.5436	0.5576	0.4258	0.4636	0.4765	0.4383	0.4895	0.6008	0.4508	0.4636	0.3659	0.2770	0.2877	0.4383	0.4136	0.3659

续表

	18	19	20	21	22	23	24	25	26	27	28	29	30	31	32	33	34	35
1	0.6935	0.6855	0.7097	0.6452	0.6935	0.7258	0.6774	0.7097	0.6613	0.6210	0.6694	0.7016	0.7016	0.6613	0.6048	0.7097	0.6532	0.5806
2	0.7097	0.7016	0.6935	0.6613	0.6935	0.7258	0.6774	0.6935	0.6774	0.6210	0.6855	0.6855	0.6855	0.6613	0.5887	0.6935	0.6371	0.5806
3	0.7016	0.7097	0.6855	0.6532	0.6855	0.7339	0.6694	0.6855	0.6855	0.6129	0.6935	0.6935	0.6935	0.6532	0.5806	0.7016	0.6452	0.5726
4	0.6210	0.6613	0.5887	0.6855	0.6048	0.6210	0.7016	0.5887	0.6210	0.5968	0.6290	0.5645	0.5806	0.6210	0.6452	0.6371	0.5806	0.6532
5	0.6452	0.6532	0.6452	0.6935	0.6452	0.7419	0.7419	0.6452	0.6452	0.6371	0.6532	0.7177	0.7177	0.7097	0.6694	0.7258	0.5887	0.6290
6	0.6532	0.6613	0.6532	0.7016	0.6210	0.7500	0.7339	0.6532	0.6532	0.6452	0.6452	0.7258	0.7258	0.7016	0.6613	0.7339	0.5968	0.6210
7	0.6452	0.6532	0.6774	0.6774	0.6290	0.7258	0.7258	0.6774	0.6129	0.6048	0.6048	0.6048	0.6210	0.6452	0.7016	0.6935	0.6048	0.6452
8	0.6452	0.6532	0.6290	0.6935	0.5968	0.6613	0.7097	0.6290	0.6290	0.6210	0.6210	0.5887	0.5887	0.5484	0.6371	0.6290	0.5403	0.6129
9	0.6935	0.6855	0.6774	0.6452	0.6774	0.7097	0.6613	0.6774	0.6613	0.6048	0.6694	0.6855	0.6855	0.6290	0.5565	0.6935	0.6371	0.5484
10	0.6694	0.6452	0.6855	0.7016	0.6694	0.7177	0.7500	0.6855	0.6210	0.6452	0.6129	0.6935	0.7097	0.7177	0.7258	0.7339	0.6774	0.6371
11	0.6774	0.6694	0.6613	0.7258	0.6613	0.6935	0.7419	0.6613	0.6452	0.6694	0.6371	0.6694	0.6855	0.7097	0.7016	0.7097	0.6855	0.6290
12	0.5806	0.6532	0.5968	0.6613	0.6290	0.6774	0.6774	0.5968	0.5968	0.6048	0.6210	0.7016	0.7016	0.7742	0.6371	0.7097	0.6210	0.6935
13	0.7097	0.7984	0.8387	0.6935	0.7581	0.7742	0.7097	0.8548	0.7742	0.8145	0.7823	0.6694	0.6694	0.6935	0.6210	0.7258	0.6371	0.7581
14	0.8468	0.7097	0.7177	0.7984	0.8952	0.6048	0.8145	0.7177	0.8468	0.8065	0.8548	0.7419	0.7419	0.7339	0.7097	0.7177	0.6613	0.7500
15	0.8065	0.8306	0.8226	0.8065	0.7903	0.7581	0.8548	0.8226	0.6935	0.6694	0.6855	0.6371	0.6694	0.6129	0.6532	0.7581	0.6694	0.6452
16	0.6613	0.7339	0.7419	0.7742	0.6774	0.8387	0.7581	0.7419	0.6290	0.7661	0.6371	0.6210	0.6371	0.6935	0.6532	0.6613	0.6694	0.6613
17	0.6935	0.6532	0.8226	0.7742	0.7097	0.6935	0.7903	0.8387	0.6613	0.8952	0.6694	0.6694	0.6694	0.6290	0.6694	0.7258	0.6371	0.6935
18		0.7177	0.8387	0.6935	0.9516	0.6613	0.7097	0.8387	0.8871	0.7016	0.8790	0.7177	0.7339	0.6774	0.7177	0.7258	0.7177	0.6935
19	0.3316		0.6855	0.8790	0.7339	0.7661	0.8306	0.7016	0.8145	0.7258	0.8226	0.6452	0.6613	0.6855	0.5806	0.7177	0.6290	0.7016

续表

	18	19	20	21	22	23	24	25	26	27	28	29	30	31	32	33	34	35
20	0.1759	0.3776		0.6613	0.8226	0.7742	0.7097	0.9677	0.7258	0.8145	0.7177	0.6694	0.6855	0.6290	0.7016	0.7581	0.7016	0.6613
21	0.3659	0.1289	0.4136		0.7097	0.6935	0.9516	0.6774	0.7097	0.8306	0.7339	0.6532	0.6694	0.6613	0.6371	0.7258	0.6371	0.6774
22	0.0496	0.3094	0.1953	0.3429		0.6452	0.7258	0.8226	0.8710	0.7177	0.8952	0.7339	0.7339	0.7258	0.7016	0.7097	0.7016	0.7419
23	0.4136	0.2664	0.2559	0.3659	0.4383		0.7419	0.7742	0.6935	0.6694	0.6855	0.7016	0.7339	0.7097	0.6532	0.7742	0.6371	0.6774
24	0.3429	0.1856	0.3429	0.0496	0.3205	0.2985		0.7258	0.6774	0.7823	0.6855	0.6694	0.7016	0.6774	0.6855	0.7742	0.6210	0.6935
25	0.1759	0.3544	0.0328	0.3895	0.1953	0.2559	0.3205		0.7258	0.8306	0.7177	0.6694	0.6855	0.6290	0.6855	0.7419	0.6855	0.6452
26	0.1198	0.2052	0.3205	0.3429	0.1382	0.3659	0.3895	0.3205		0.7177	0.9597	0.7016	0.7016	0.7097	0.6532	0.6935	0.6694	0.7258
27	0.3544	0.3205	0.2052	0.1856	0.3316	0.4014	0.2456	0.1856	0.3316		0.7419	0.6452	0.6452	0.6371	0.6290	0.7016	0.6452	0.6694
28	0.1289	0.1953	0.3316	0.3094	0.1108	0.3776	0.3776	0.3316	0.0412	0.2985		0.7258	0.7258	0.7500	0.6452	0.7016	0.6452	0.7661
29	0.3316	0.4383	0.4014	0.4258	0.3094	0.3544	0.4014	0.4014	0.3544	0.4383	0.3205		0.9677	0.8629	0.7097	0.8306	0.6774	0.7177
30	0.3094	0.4136	0.3776	0.4014	0.3094	0.3094	0.3544	0.3776	0.3544	0.4383	0.3205	0.0328		0.8468	0.7097	0.8629	0.6774	0.7016
31	0.3895	0.3776	0.4636	0.4136	0.3205	0.3429	0.3895	0.4636	0.3429	0.4508	0.2877	0.1475	0.1663		0.7016	0.7258	0.6048	0.8065
32	0.3316	0.5436	0.3544	0.4508	0.3544	0.4258	0.3776	0.3776	0.4258	0.4636	0.4383	0.3429	0.3429	0.3544		0.7177	0.7097	0.7339
33	0.3205	0.3316	0.2770	0.3205	0.3429	0.2559	0.2559	0.2985	0.3659	0.3544	0.3544	0.1856	0.1475	0.3205	0.3316		0.7177	0.7258
34	0.3316	0.4636	0.3544	0.4508	0.3544	0.4508	0.4765	0.3776	0.4014	0.4383	0.4383	0.3895	0.3895	0.5028	0.3429	0.3316		0.6210
35	0.3659	0.3544	0.4136	0.3895	0.2985	0.3895	0.3659	0.4383	0.3205	0.4014	0.2664	0.3316	0.3544	0.2151	0.3094	0.3205	0.4765	

注：右上角为遗传一致度，左下角为遗传距离

表 6-13　遗传距离分析中各无性系代号

编号	无性系	编号	无性系	编号	无性系	编号	无性系	编号	无性系	编号	无性系
1	日 76-2	7	日 73-15	13	长 77-2	19	长 73-11	25	长 73-29	31	兴 6
2	日 3	8	日 73-17	14	长 78-5	20	长 73-14	26	长 73-50	32	兴 2
3	日 5	9	日 73-19	15	长 77-3	21	长 73-1	27	长 73-27	33	兴 8
4	日 12	10	日 73-1	16	长 78-3	22	长 73-41	28	长 73-35	34	兴 12
5	日 73-2	11	日 73-13	17	长 77-1	23	长 73-18	29	兴 5		
6	日卫 1	12	日卫 2	18	长 73-3	24	长 73-13	30	兴 7		

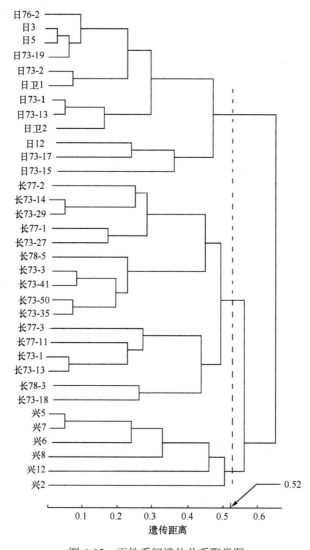

图 6-12　无性系间遗传关系聚类图

6.3 落叶松杂种家系的鉴定

6.3.1 试验材料与方法

6.3.1.1 试验材料

同 6.1.1.1。包括兴安落叶松×日本落叶松 5 个、兴安落叶松×长白落叶松 2 个、日本落叶松×兴安落叶松 8 个、日本落叶松×长白落叶松 5 个共计 20 个家系，单株 276 个。采样时采取当年生嫩叶（松针），置于冰上保存带回，采回后在–40℃冰箱中保存，以备提取样本 DNA。具体试验材料名称见表 6-14。

表 6-14 家系名称及子代个数

家系	子代数	家系	子代数	家系	子代数	家系	子代数
兴 7×长 77-3	20	日 3×兴 2	11	兴 2×日 76-2	20	日 5×长 77-3	12
兴 9×长 78-5	10	日 12×兴 9	10	兴 9×日 76-2	15	日 5×长 77-2	15
		日 3×兴 8	12	兴 12×日 5	10	日 5×长 78-5	10
		日 5×兴 8	10	兴 6×日 5	10	日 5×长 78-3	10
		日 3×兴 9	15	兴 2×日 5	10	日 5×长 77-1	11
		日 5×兴 2	10				
		日 5×兴 12	10				
		日 5×兴 6	10				

6.3.1.2 试验方法

同 6.1.1.2。

6.3.2 结果与分析

6.3.2.1 DNA 提取

同 6.1.2.1。

6.3.2.2 引物筛选

同 6.1.2.2。

6.3.2.3 杂种组合间鉴定

日本落叶松、兴安落叶松和长白落叶松相互杂交，得到 4 种不同的杂种落叶松，分别是日×兴、兴×日、日×长、兴×长。对电泳图片结果分析发现，日×兴和兴×日的杂种落叶松很难区分。而日×长和兴×长的杂交子代可以通过扩增的条带的特异性来与其他杂种落叶松区别，通过扩增特异谱带的有无可以对日×长和兴×

长杂种组合进行鉴定，各引物检测到的数据如表 6-15 所示。

表 6-15　落叶松杂交组合 ISSR 特异引物的检测结果

引物代号	物种	特异片段位置/bp	检测个体数	有特异条带个体数	特异率/%
ISSR16	日×兴	无	24	0	0
	日×长	无	24	0	0
	兴×日	无	24	0	0
	兴×长	1500	24	24	100
ISSR19	日×兴	900	24	24	100
	日×长	无	24	0	0
	兴×日	900	24	24	100
	兴×长	900	24	24	100

利用引物 ISSR16 对 4 种杂种进行扩增，在标准分子质量 1500bp 处，杂种兴×长的个体全部扩增出特异谱带，而日×兴、日×长和兴×日三种杂种均没有 1500bp 谱带出现，电泳结果如图 6-13 所示。

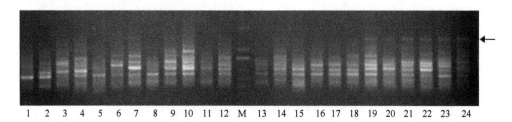

图 6-13　ISSR16 对不同杂交组合的扩增结果

M 为 Marker，标准片段由下至上为 100bp、250bp、500bp、750bp、1000bp、2000bp；1～7 号为日×兴，8～12 号为日×长，13～18 号为兴×日，19～24 号为兴×长

引物 ISSR19 扩增出特异片段的位置在 900bp。日×长杂种与日×兴、兴×日和兴×长三种杂种可以通过扩增谱带的有或无进行区分。日×兴、兴×日和兴×长三种杂种在标准分子质量 900bp 处均有扩增谱带出现，而日×长白落叶松的杂交子代在 ISSR19 引物的扩增下在相同标准分子质量处没有任何扩增谱带出现，电泳结果如图 6-14 所示。

6.3.2.4　杂种子代与亲本的鉴别

在一些引物的扩增下，杂交子代可以与父本、母本进行区别，判断其为杂种，但是目前无法断定样品的具体家系构成。各引物检测到的数据如表 6-16 所示。

在引物 ISSR44 的扩增下，家系日 12×兴 9 的 10 个子代中有 9 个子代在标准分子质量 1000bp 处扩增出谱带，而母本日 12 和父本兴 9 没有出现此片段，电泳结果如图 6-15 所示。

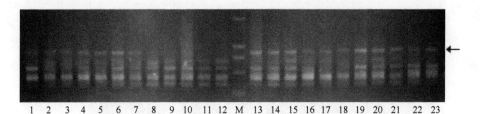

图 6-14　ISSR19 对不同杂交组合的扩增结果

M 为 Marker，标准片段由下至上为 250bp、500bp、750bp、1000bp、2000bp；
1～7 号为日×兴，8～12 号为日×长，13～18 号为兴×日，19～23 号为兴×长

表 6-16　杂种家系子代与父母双亲区别 ISSR 的检测结果

家系名称	引物编号	扩增片段位置/bp	子代个体数	扩增出谱带的个体数	特异谱代百分比/%
日 12×兴 9	ISSR44	1000	10	9	90
日 12×兴 9	ISSR 38	900	10	9	90
日 5×长 78-5	ISSR 22	450	10	10	100
日 5×长 77-2	ISSR 18	450	14	0	0
日 5×兴 12	ISSR36	400	10	9	90
兴 12×日 5	ISSR36	400	10	10	100

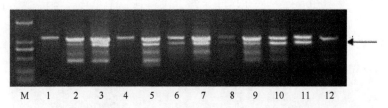

图 6-15　ISSR44 对日 12、兴 9 及日 12×兴 9 的扩增结果

M 为 Marker，标准片段由下至上为 100bp、250bp、500bp、750 bp、1000bp、2000bp；
1 号为日 12，2～11 号为日 12×兴 9，12 号为兴 9

可以说明利用 ISSR44 扩增出 1000bp 条带的一定为杂种落叶松。

用引物 ISSR38 扩增家系日 12×兴 9，在标准分子质量 900bp 处子代与亲本的扩增结果出现差异，日 12 和兴 9 没有 900bp 片段出现，而 90% 的子代扩增出这一标准分子质量的谱带，电泳结果如图 6-16 所示。

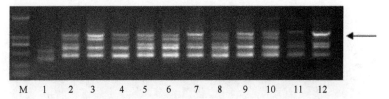

图 6-16　ISSR38 对日 12、兴 9 及日 12×兴 9 的扩增结果

M 为 Marker，标准片段由下至上为 100bp、250bp、500bp、750bp、1000bp、2000bp；
1 号为日 12，2～11 号为日 12×兴 9，12 号为兴 9

用引物 ISSR22 扩增家系日 5×长 78-5，共 10 个子代个体全部在标准分子质量 450bp 处有扩增谱带出现，而母本日 5 和长 78-5 没有 450bp 片段出现，电泳结果如图 6-17 所示。

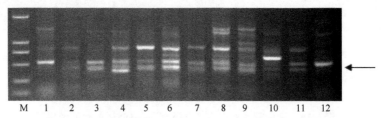

图 6-17　ISSR22 对日 5、长 78-5 及日 5×长 78-5 的扩增结果

M 为 Marker，标准片段由下至上为 100bp、250bp、500bp、750bp、1000bp、2000bp；
1 号为日 5，2～11 号为日 5×长 78-5，12 号为长 78-5

6.3.2.5　正反交家系鉴别

试验材料中包括正反交家系。在不同引物的扩增下，对电泳图片结果比较分析时发现，有 2 组正反交家系可以进行区分，其中所涉及的 4 个家系每个各包括 10 个子代。

在标准片段 700bp 处，兴 12×日 5 的子代只有 2 个个体扩增出颜色非常浅的谱带，可以忽略不计（图 6-18），而日 5×兴 12 的子代在相同位置有 80%扩增出条带（图 6-19）。所以用 ISSR36 可以鉴别日 5 与兴 12 的杂交子代，当已知样品为

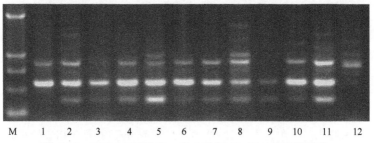

图 6-18　ISSR36 对兴 12、日 5 及兴 12×日 5 的扩增结果

M 为 Marker，标准片段由下至上为 250bp、500bp、750bp、1000bp、2000bp；
1 号为兴 12，2～11 号为兴 12×日 5，12 号为日

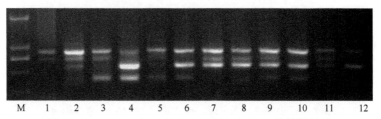

图 6-19　ISSR36 对日 5、兴 12 及日 5×兴 12 的扩增结果

M 为 Marker，标准片段由下至上为 250bp、500bp、750bp、1000bp、2000bp；
1 号为日 5，2～11 号为日 5×兴 12，12 号为兴 12

日5和兴12杂交所得，但不确定父母本时，用 ISSR36 引物对其进行扩增时，可以在标准片段 700bp 处扩增出条带的一定为日5×兴12 的子代；反之，如在此位置没有扩增条带出现，则样品为兴12×日5 子代的可能性为 83.33%。

引物 ISSR32 对日5和兴6 正反交两个家系扩增出差异片段的位置在标准分子质量 350bp 处。日5×兴6 的10个子代个体中9个在标准分子质量 350bp 处有扩增条带出现，其扩增率达到 90%，电泳结果如图 6-20 所示，而兴6×日5 的10个子代中有9个没有 350bp 片段，电泳结果如图 6-21 所示。所以当样品已知为日5和兴6 的杂交子代，但不确定父母双亲时，可以用引物 ISSR32 扩增，通过 350bp 扩增片段的有无进行区别，如果有扩增条带出现，则样品是日5×兴6 子代的可能性远远大于是兴6×日5 的子代，且其母本为日5 的可能性为 90%。

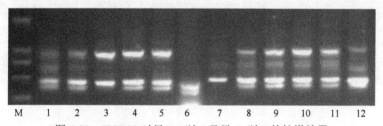

图 6-20　ISSR32 对日5、兴6 及日5×兴6 的扩增结果

M 为 Marker，标准片段由下至上为 250bp、500bp、750bp、1000bp、2000bp；1 号为日5，2～11 号为日5×兴6，12 号为兴6

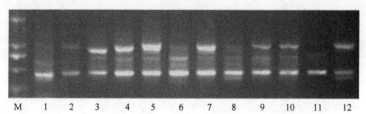

图 6-21　ISSR32 对兴6、日5 及兴6×日5 的扩增结果

M 为 Marker，标准片段由下至上为 250bp、500bp、750bp、1000bp、2000bp；1 号为兴6，2～11 号为兴6×日5，12 号为日5

6.3.2.6　双亲之一相同的不同家系间的鉴别

试验材料中包括双亲之一相同的不同家系。在不同引物的扩增下，对电泳图片结果比较分析，部分不同的家系间在某一标准分子质量处出现谱带的频率有比较大的差异，可以通过引物扩增的片段出现的概率推断另一亲本及其可能性。

在引物 ISSR36 的扩增下，日3 为母本，父本分别为兴2、兴8 和兴9 的三个不同的家系共有 4 条扩增谱带。其中在标准分子质量 850bp、600bp 和 350bp 处，全部或大部分子代个体都扩增出谱带，而在标准分子质量 700bp 处，日3×兴2 的11个个体中有9个扩增出 700bp 片段，子代扩增出此谱带的概率是 81.81%，电泳结果见图 6-22；日 3×兴 8 的 12 个家系中有 6 个有 700bp 片段出现，其子代出现此扩增谱带的概率为 50%，电泳结果见图 6-23；日 3×兴 9 的 15 个子代中只有个别子代有很浅的扩增谱带出现，可以忽略不计，电泳结果如图 6-24 所示。

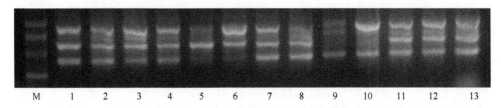

图 6-22　ISSR36 对日 3、兴 2 及日 3×兴 2 的扩增结果

M 为 Marker，标准片段由下至上为 250bp、500bp、750bp、1000bp；1 号为日 3，2~12 号为日 3×兴 2，13 号为兴 2

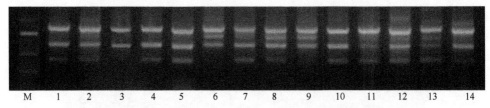

图 6-23　ISSR36 对日 3、兴 8 及日 3×兴 8 的扩增结果

M 为 Marker，标准片段由下至上为 250bp、500bp、750bp、1000bp；1 号为日 3，2~13 号为日 3×兴 8，14 号为兴 8

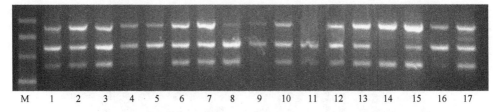

图 6-24　ISSR36 对日 3、兴 9 及日 3×兴 9 的扩增结果

M 为 Marker，标准片段由下至上为 250bp、500bp、750bp、1000bp；1 号为日 3，2~16 号为日 3×兴 9，17 号为兴 9

所以，当已知样品母本为日 3，而父本不确定时，用引物 ISSR36 对样品进行扩增，根据在标准片段 700bp 处扩增谱带的有无可判断其父本及其可能性，如出现扩增谱带，则样品的父本为兴 2 的可能性远大于其他两者，其父本为兴 2 的概率为 64.52%；其父本为兴 8 的概率为 35.48%；如没有扩增谱带出现，则其父本为兴 9 的可能性远远大于其他两者，其父本为兴 9 的概率为 62.86%，其父本为兴 2 的概率为 5.71%，其父本为兴 8 的概率为 31.43%。

日 5 为父本，母本分别为兴 6 和兴 12 的 2 个不同的家系在引物 ISSR38 的扩增下共出现 6 条扩增谱带。其中在标准分子质量 700bp 处，2 个家系的子代扩增条带出现的概率有所不同。兴 6×日 5 的 9 个个体有 8 个扩增出 700bp 片段，出现扩增谱带的概率是 88.89%，电泳结果见图 6-25；而兴 12×日 5 的 10 个子代在此处仅有 1 个个体扩增出谱带，概率为 10%，电泳结果见图 6-26。

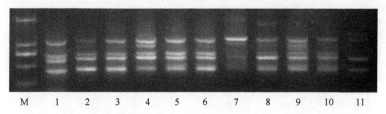

图 6-25 ISSR38 对兴 6、日 5 及兴 6×日 5 的扩增结果

M 为 Marker，标准片段由下至上为 250bp、500bp、750bp、1000bp、2000bp；
1 号为兴 6，2～10 号为兴 6×日 5，11 号为日 5

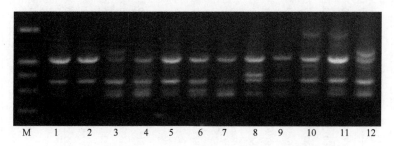

图 6-26 ISSR 38 对兴 12、日 5 及兴 12×日 5 的扩增结果

M 为 Marker，标准片段由下至上为 250bp、500bp、750bp、1000bp、2000bp；
1 号为兴 12，2～11 号为兴 12×日 5，12 号为日 5

结果表明，在已知父本为日 5，而母本不确定时，用 ISSR38 引物对样品进行扩增，根据在标准片段 700bp 处扩增谱带的有无可判断其母本及其可能性，如出现扩增谱带，则样品的母本为兴 6 的可能性大于其母本为兴 12 的可能性，其母本为兴 6 的可能性为 89.89%，其母本为兴 12 的概率为 10.11%；如没有扩增谱带出现，则情况相反，其母本为兴 6 的概率为 10.99%，其母本为兴 12 的概率为 89.01%。

6.3.2.7 家系间遗传距离分析

在 49 个 ISSR 引物中，将 24 个重复性好的引物在不同杂交组合中扩增的谱带记录成 0-1 数据，输入 POPGENE 32 软件。这些引物共扩增出 146 条谱带，其中 107 条谱带在 20 个家系中呈多态性，占 73.29%。

表 6-17 是子代数目不同的 20 个家系间的遗传距离，表 6-18 是子代数目相等（每个家系 10 个子代）的 20 个家系间的遗传距离，两者比较可以看出遗传距离基本一致，说明个体数目是否相同对遗传距离的计算结果影响不大。以子代个体数相同的 20 个家系的遗传距离进行计算，其遗传距离的平均值及变化幅度为 0.2642 和 0.0161～0.4989。遗传距离最小的是日 5×长 77-1 和日 5×长 77-3 家系。

遗传距离分析中家系代表的编号如表 6-19 所示。

表 6-17　20 个家系的遗传一致度和遗传距离（每个家系子代数目不相同）

编号	1	2	3	4	5	6	7	8	9	10	11	12	13	14	15	16	17	18	19	20
1		0.8060	0.7741	0.7652	0.7660	0.7796	0.7718	0.7648	0.6137	0.6672	0.6782	0.6164	0.6776	0.7422	0.7922	0.7802	0.7083	0.7933	0.6882	0.6758
2	0.2157		0.8068	0.7103	0.7160	0.7381	0.7309	0.7621	0.6621	0.7076	0.6865	0.6636	0.7285	0.6996	0.7885	0.7781	0.7364	0.7149	0.6916	0.6993
3	0.2561	0.2146		0.8200	0.7713	0.8099	0.7892	0.7766	0.6632	0.6553	0.6354	0.6072	0.6510	0.7541	0.8001	0.7932	0.7601	0.7580	0.6934	0.7194
4	0.2676	0.3420	0.1985		0.8731	0.9558	0.9446	0.8387	0.6784	0.7015	0.6936	0.6297	0.7053	0.6946	0.7690	0.7827	0.7705	0.7203	0.7432	0.7194
5	0.2665	0.3341	0.2597	0.1357		0.9548	0.9573	0.8760	0.7674	0.7682	0.6958	0.6758	0.7091	0.7256	0.7848	0.7907	0.7184	0.7122	0.7791	0.7612
6	0.2490	0.3036	0.2109	0.0452	0.0462		0.9825	0.8820	0.7322	0.7369	0.6841	0.6702	0.7175	0.7361	0.7916	0.8073	0.7555	0.7248	0.7689	0.7423
7	0.2590	0.3135	0.2367	0.0570	0.0436	0.0176		0.8719	0.7589	0.7632	0.7073	0.6685	0.7299	0.7347	0.7980	0.8147	0.7659	0.7385	0.7698	0.7316
8	0.2681	0.2717	0.2529	0.1759	0.1324	0.1256	0.1371		0.6735	0.7048	0.6760	0.6584	0.7057	0.6646	0.7791	0.7517	0.7146	0.7485	0.6688	0.6672
9	0.4882	0.4123	0.4107	0.3880	0.2648	0.3117	0.2759	0.3953		0.9530	0.7854	0.8364	0.7974	0.7043	0.7649	0.7723	0.7550	0.7299	0.7585	0.7294
10	0.4047	0.3459	0.4227	0.3545	0.2637	0.3053	0.2702	0.3498	0.0481		0.9032	0.8578	0.8749	0.7130	0.7981	0.8056	0.7550	0.6810	0.7388	0.7489
11	0.3883	0.3761	0.4536	0.3659	0.3627	0.3797	0.3463	0.3915	0.2416	0.1018		0.7694	0.9046	0.6128	0.7236	0.7258	0.7310	0.6836	0.7388	0.7100
12	0.4839	0.4101	0.4989	0.4625	0.3919	0.4001	0.4027	0.4180	0.1787	0.1534	0.2621		0.8093	0.7165	0.7989	0.7822	0.7668	0.6810	0.7043	0.6843
13	0.3892	0.3168	0.4292	0.3491	0.3438	0.3320	0.3149	0.3486	0.2264	0.1337	0.1002	0.2115		0.6514	0.7263	0.7219	0.7091	0.6421	0.7167	0.6872
14	0.2981	0.3573	0.2822	0.3644	0.3207	0.3064	0.3083	0.4086	0.3506	0.3383	0.4897	0.3333	0.4287		0.8841	0.9063	0.7460	0.7619	0.6875	0.6792
15	0.2329	0.2377	0.2230	0.2626	0.2423	0.2337	0.2257	0.2496	0.2680	0.2255	0.3235	0.2246	0.3198	0.1232		0.9840	0.9225	0.9228	0.7766	0.7731
16	0.2483	0.2509	0.2317	0.2450	0.2348	0.2140	0.2049	0.2854	0.2584	0.2162	0.3204	0.2456	0.3259	0.0984	0.0161		0.9239	0.8970	0.7767	0.7666
17	0.3449	0.3060	0.2743	0.2607	0.3307	0.2804	0.2668	0.3361	0.3367	0.2811	0.3133	0.2655	0.3438	0.2931	0.0806	0.0791		0.8616	0.7760	0.7796
18	0.2316	0.3356	0.2771	0.3281	0.3395	0.3219	0.3031	0.2897	0.3898	0.3149	0.3805	0.3842	0.4430	0.2720	0.0804	0.1087	0.1489		0.7269	0.7126
19	0.3737	0.3688	0.3662	0.2968	0.2496	0.2628	0.2616	0.4022	0.2765	0.2475	0.3028	0.3505	0.3332	0.3746	0.2529	0.2527	0.2536	0.3189		0.9716
20	0.3919	0.3577	0.3293	0.3294	0.2728	0.2980	0.3126	0.4047	0.3156	0.2892	0.3426	0.3793	0.3752	0.3869	0.2573	0.2658	0.2489	0.3388	0.0289	

注：右上角为遗传一致度，左下角为遗传距离

表6-18 20个家系的遗传一致度和遗传距离（每个家系子代数目相等）

编号	1	2	3	4	5	6	7	8	9	10	11	12	13	14	15	16	17	18	19	20
1		0.8060	0.7741	0.7652	0.7660	0.7796	0.7718	0.7648	0.6137	0.6672	0.6782	0.6164	0.6776	0.7422	0.7922	0.7802	0.7083	0.7933	0.6882	0.6758
2	0.2157		0.8068	0.7103	0.7160	0.7381	0.7309	0.7621	0.6621	0.7076	0.6865	0.6636	0.7285	0.6996	0.7885	0.7781	0.7364	0.7149	0.6916	0.6993
3	0.2561	0.2146		0.8200	0.7713	0.8099	0.7892	0.7766	0.6632	0.6553	0.6354	0.6072	0.6510	0.7541	0.8001	0.7932	0.7601	0.7580	0.6934	0.7194
4	0.2676	0.3420	0.1985		0.8731	0.9558	0.9446	0.8387	0.6784	0.7015	0.6936	0.6297	0.7053	0.6946	0.7690	0.7827	0.7705	0.7203	0.7432	0.7194
5	0.2665	0.3341	0.2597	0.1357		0.9548	0.9573	0.8760	0.7674	0.7682	0.6958	0.6758	0.7091	0.7256	0.7848	0.7907	0.7184	0.7122	0.7791	0.7612
6	0.2490	0.3036	0.2109	0.0452	0.0462		0.9825	0.8820	0.7322	0.7369	0.6841	0.6702	0.7175	0.7361	0.7916	0.8073	0.7555	0.7248	0.7689	0.7423
7	0.2590	0.3135	0.2367	0.0570	0.0436	0.0176		0.8719	0.7589	0.7632	0.7073	0.6685	0.7299	0.7347	0.7980	0.8147	0.7659	0.7385	0.7698	0.7316
8	0.2681	0.2717	0.2529	0.1759	0.1324	0.1256	0.1371		0.6735	0.7048	0.6760	0.6584	0.7057	0.6646	0.7791	0.7517	0.7146	0.7485	0.6688	0.6672
9	0.4882	0.4123	0.4107	0.3880	0.2648	0.3117	0.2759	0.3953		0.9530	0.7854	0.8364	0.7974	0.7043	0.7649	0.7723	0.7141	0.6772	0.7585	0.7294
10	0.4047	0.3459	0.4227	0.3545	0.2637	0.3053	0.2702	0.3498	0.0481		0.9032	0.8578	0.8749	0.7130	0.7981	0.8056	0.7550	0.7299	0.7807	0.7489
11	0.3883	0.3761	0.4536	0.3659	0.3627	0.3797	0.3463	0.3915	0.2416	0.1018		0.7694	0.9046	0.6128	0.7236	0.7258	0.7310	0.6836	0.7388	0.7100
12	0.4839	0.4101	0.4989	0.4625	0.3919	0.4001	0.4027	0.4180	0.1787	0.1534	0.2621		0.8093	0.7165	0.7989	0.7822	0.7668	0.6810	0.7043	0.6843
13	0.3892	0.3168	0.4292	0.3491	0.3438	0.3320	0.3149	0.3486	0.2264	0.1337	0.1002	0.2115		0.6514	0.7263	0.7219	0.7091	0.6421	0.7167	0.6872
14	0.2981	0.3573	0.2822	0.3644	0.3207	0.3064	0.3083	0.4086	0.3506	0.3383	0.4897	0.3333	0.4287		0.8841	0.9063	0.7460	0.7619	0.6875	0.6792
15	0.2329	0.2377	0.2230	0.2626	0.2423	0.2337	0.2257	0.2496	0.2680	0.2255	0.3235	0.2246	0.3198	0.1232		0.9840	0.9225	0.9228	0.7766	0.7731
16	0.2483	0.2509	0.2317	0.2450	0.2348	0.2140	0.2049	0.2854	0.2584	0.2162	0.3204	0.2456	0.3259	0.0984	0.0161		0.9239	0.8970	0.7767	0.7666
17	0.3449	0.3060	0.2743	0.2607	0.3307	0.2804	0.2668	0.3361	0.3367	0.2811	0.3133	0.2655	0.3438	0.2931	0.0806	0.0791		0.8616	0.7760	0.7796
18	0.2316	0.3356	0.2771	0.3281	0.3395	0.3219	0.3031	0.2897	0.3898	0.3149	0.3805	0.3842	0.4430	0.2720	0.0804	0.1087	0.1489		0.7269	0.7126
19	0.3737	0.3688	0.3662	0.2968	0.2496	0.2628	0.2616	0.4022	0.2765	0.2475	0.3028	0.3505	0.3332	0.3746	0.2529	0.2527	0.2536	0.3189		0.9716
20	0.3919	0.3577	0.3293	0.3294	0.2728	0.2980	0.3126	0.4047	0.3156	0.2892	0.3426	0.3793	0.3752	0.3869	0.2573	0.2658	0.2489	0.3388	0.0289	

注：右上角为遗传一致度，左下角为遗传距离

表 6-19　遗传距离分析中家系代号

编号	家系号	编号	家系号	编号	家系号	编号	家系号
1	日3×兴2	6	日5×兴2	11	兴6×日5	16	日5×长77-3
2	日3×兴8	7	日5×兴8	12	兴9×日76-2	17	日5×长77-2
3	日3×兴9	8	日12×兴9	13	兴12×日5	18	日5×长78-5
4	日5×兴6	9	兴2×日76-2	14	日5×长78-3	19	兴7×长77-3
5	日5×兴12	10	兴2×日5	15	日5×长77-1	20	兴9×长78-5

　　从家系间的遗传关系聚类图（图 6-27）可以看出，在 0.4 的遗传距离上，可以将 20 个家系分为 4 类，分别是 4 种不同的杂交组合，即日×兴、日×长、兴×长和兴×日。根据遗传距离进行的分类表明不同落叶松杂种是可以进行区分的，与分子标记得到的结果相符合。

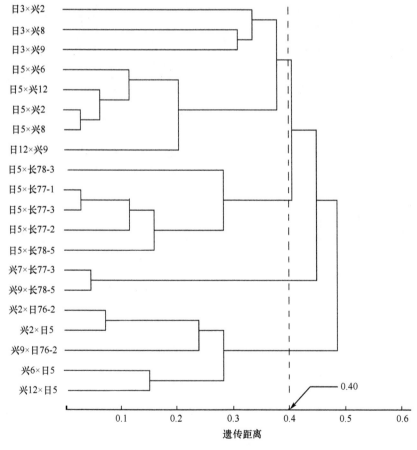

图 6-27　家系间遗传关系聚类图

6.4 SCAR 检测

由于 SCAR 标记所用的引物长，因此它具有更高的重复性，且 SCAR 标记有时呈现出共显性遗传的特点，它比 ISSR 分子标记有更好的应用前景，所以有必要将 ISSR 转化成为稳定的 SCAR 标记。

6.4.1 目的片段的获取、连接与转化

将 ISSR 鉴别种间、杂种组合的 7 个特异片段回收，引物及目的片段的统计结果如表 6-20 所示。

表 6-20 特异片段回收统计结果

引物	回收片段位置/bp	鉴别样品名称
ISSR12	650	日本落叶松 *L. leptolepis*
ISSR18	650	兴安落叶松 *L. gmelinii*
ISSR32	350	日本落叶松 *L. leptolepis*
ISSR38	500	长白落叶松 *L. olgensis*
ISSR41	1500	长白落叶松 *L. olgensis*
ISSR16	1400	兴×长
ISSR19	900	日×长

对特异片段用琼脂糖凝胶回收试剂盒进行回收，将回收产物与载体 pMD-19 连接，与 TOP10 感受态细胞混合进行转化，转化后的大肠杆菌菌液经过蓝白斑筛选，挑选阳性菌落放入液体 LB 培养基（含 Amp）中振荡培养至对数生长期，收集菌液作为 PCR 模板 DNA，参照菌液 PCR 反应体系及反应程序，进行 PCR 检测，保证克隆的片段是目的特异片段。电泳结果如图 6-28 所示。电泳结果中 2 号为不

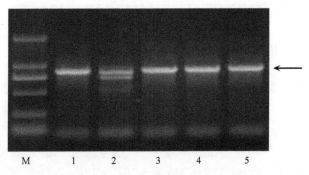

图 6-28 ISSR12-650bp 菌液 PCR 结果

M 为 marker，1～5 号分别为 5 个不同的单菌落振荡培养后的菌液

合格菌液，应在其他 4 个样品中挑选一个作为正确插入特异片段的菌液，送往生物公司进行测序。

6.4.2 扩增片段测序结果及引物设计

将以上特异片段送出测序，根据特异片段的大小，选择单向或双向测序。如果片段大小超过 500bp 则进行双向测序，根据测序结果利用 BioEdit 进行拼接序列，得到特异片段的全长序列。利用 Primer 5 软件对所测序列进行分析，设计成对的 SCAR 引物，引物编号及序列如表 6-21 所示。

表 6-21　SCAR 引物碱基序列列表

原 ISSR 引物	SCAR 引物	SCAR 引物碱基序列 5′→3′	新扩增特异片段大小/bp
ISSR12	SC12s	CATAAACTTATCTCCACCAC	484
	SC12a	AATCGTAGTATGTCCGTG	
ISSR18	SC18s	GTTGCCTCCATCTTCACA	271
	SC18a	TTGGGAAGTTATTTAGGG	
ISSR32	SC32s	GAAACTAACCAGGCTCACTCAC	158
	SC32a	GTTGTAAGGGAGGTAATGGTAA	
ISSR38	SC38s	TTACCTTAGAAACCCTT	539
	SC38a	CAGAGTGTACCGTAAC	
ISSR41	SC41s	GGGGTAGGCATCCAAATA	551
	SC41a	TCGTCCGTTCATCGTTCC	
ISSR16	SC16s	CATCTATTGGCAAGGCTAC	469
	SC16a	AACCAGCTCTTGTATTCCT	
ISSR19	SC19s	TTTGCCATTGCATTCTTAC	315
	SC19a	GTGGGACTGAAGTAGGTGT	

6.4.3 SCAR 引物检测结果

用无性系和不同杂交组合的落叶松 DNA 作为验证 SCAR 的模板 DNA，将设计好的 7 对 SCAR 引物参照 SCAR 反应体系及反应程序进行 PCR 扩增。电泳结果显示转化效率均没有达到 100%，其中有 3 对 SCAR 引物扩增得到的结果可以进一步应用，SCAR 扩增结果如表 6-22 所示。SC12s/SC12a、SC32s/SC32a 的扩增产物为 0，无法应用，而 SC38s/SC38a 和 SC41s 和 SC41a 的扩增产物谱带混乱，不适宜应用于实际鉴别。

表 6-22 SCAR 引物扩增结果

引物	目的片段长度/bp	样品名称	样品个体数	扩增出目的片段个体数
SC18s/SC18a	271	日本落叶松	7	5
		兴安落叶松	6	0
		长白落叶松	6	3
SC16s/SC16a	469	日×兴	6	1
		兴×日	6	1
		兴×长	6	6
		日×长	5	0
SC19s/SC19a	315	日×兴	6	5
		兴×日	6	5
		兴×长	6	5
		日×长	5	0

用 SC18s/SC18a 对 3 个种共 19 个无性系进行扩增,兴安落叶松没有扩增出条带,与 ISSR18 特异谱带的扩增结果一致,7 个长白落叶松无性系和 6 个日本落叶松无性系共扩增出目的条带 8 个。电泳结果如图 6-29 所示。

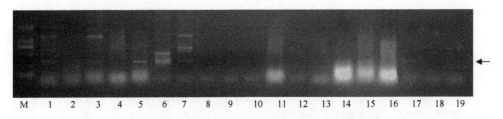

图 6-29 SC18s/SC18a 对三种落叶松的扩增结果

M 为 Marker,标准片段由下至上为 100bp、250bp、500bp、750bp、1000bp、2000bp;
1~7 号为长白落叶松,8~13 号兴安落叶松,14~19 号为日本落叶松

用 SC16s/SC16a 对 4 种杂交组合的落叶松进行扩增,兴×长杂种 6 个个体全部扩增出目的谱带,其他三种杂种落叶松共 17 个个体有 3 个扩增出目的谱带。电泳结果如图 6-30 所示。

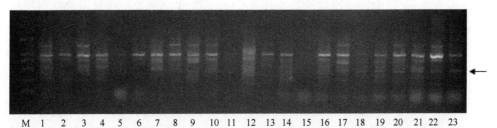

图 6-30 SC16s/SC16a 对落叶松杂交组合的扩增结果

M 为 Marker,标准片段由下至上为 100bp、250bp、500bp、750bp、1000bp、2000bp;
1~6 号为日×兴,7~12 号兴×日,13~17 号为日×长,18~23 号为兴×长

用 SC19s/SC19a 对 4 种杂交组合的落叶松进行扩增，日×长杂种没有扩增谱带出现，其他三种落叶松共 18 个个体有 15 个扩增出目的条带，电泳结果如图 6-31 所示。

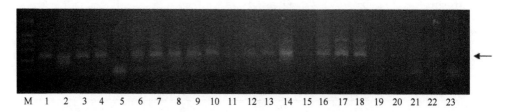

图 6-31　SC19s/SC19a 对落叶松杂交组合的扩增结果

M 为 Marker，标准片段由下至上为 100bp、250bp、500bp、750bp、1000bp、2000bp；
1~6 号为日×兴，7~12 号兴×日，13~18 号为兴×长，19~23 号为日×长

6.5　本章小结

本研究以中国北方地区的主要代表树种落叶松种的三种落叶松——兴安落叶松、长白落叶松、日本落叶松的无性系及其相互杂交产生的不同杂种家系子代的针叶为研究材料，采用 ISSR 分子标记对其进行物种特异性检测，将其转化成稳定的 SCAR 标记，目的是提供落叶松种间、无性系间及杂种家系间的分子鉴定方法。

1）以落叶松针叶二倍体 DNA 为模板进行引物筛选，从 488 个引物中共挑选出扩增谱带清晰、差异明显、结果稳定且重复性好的 49 个 ISSR 引物。利用这些引物对落叶松进行鉴别，得到了鉴定种间和杂交组合间的 ISSR 特异引物。①5 个能够鉴别落叶松种的 ISSR 引物是 ISSR12、ISSR18、ISSR32、ISSR38、ISSR41，其中鉴别日本落叶松的 ISSR 引物 2 个，分别是 ISSR12 和 ISSR32；鉴别兴安落叶松的引物 1 个，为 ISSR18；鉴别长白落叶松的引物 2 个，分别是 ISSR38 和 ISSR41，可利用本研究得到的落叶松种间 ISSR 特异引物进行 ISSR-PCR 扩增，根据物种特异片段有无将 3 个落叶松物种鉴别开来。②有 2 个能够鉴别杂交组合的引物是 ISSR16 和 ISSR19，其中鉴定兴安落叶松×长白落叶松杂种的 ISSR 引物是 1 个，为 ISSR16，鉴定日本落叶松×长白落叶松的引物是 1 个，为 ISSR19，鉴定方法参照落叶松杂交组合检测结果。

2）利用 ISSR 分子标记对所有 35 个无性系进行扩增，有 9 引物对 22 个无性系分别扩增出特异片段，使这些无性系可以直接得到鉴别，其余 13 个无性系可以利用多个引物扩增谱带的差异进行区别。将 49 个引物对无性系 ISSR-PCR 扩增结果记录成 0-1 数据，分析结果显示在 0.52 的遗传距离上，34 个无性系可以被分为 3 种，分别是日本落叶松、长白落叶松和兴安落叶松。

3）利用 ISSR 分子标记对杂种家系进行鉴别，本研究从杂种鉴定、正反交家系鉴定和亲本之一相同的不同家系的鉴定三个不同方面对落叶松杂种家系进行了鉴别。①通过子代与亲本扩增谱带的差异，可以鉴别不同家系的杂种，子代扩增出亲本不具有的片段，并且扩增率达到 90% 以上，认为扩增出目的片段的即为杂种，但扩增不出目的片段不能判定其是亲本还是杂交子代。②目的片段的扩增率在正反交家系间的差异可以达到 80% 以上，通过扩增目的片段的有无，可以估算亲本正反交的比例。日 5 与兴 12 正反交家系用 ISSR36 扩增时出现 700bp 片段的一定为日 5×兴 12，没有出现时为兴 12×日 5 的可能性是 83.33%；日 5 与兴 6 正反交家系用 ISSR32 扩增时出现 350bp 片段的为日 5×兴 6 的可能性是 90%，远远大于其反交的可能性。③已知一种亲本时，可以通过扩增目的片段出现的概率计算另一种亲本及其可能性。日 5 为父本，用 ISSR38 扩增的 700bp 片段在以兴安落叶松不同无性系为母本的家系中出现的比例差别较大，出现此片段的为兴 6×日 5 的可能性是 88.89%；母本是日 3，父本是兴安落叶松不同无性系的子代在 ISSR36 的扩增条件下，出现 700bp 片段，则父本为兴 2 的可能性远大于父本是兴 8 或兴 9，其父本为兴 2 的可能性为 64.52%，其父本为兴 8 的可能性为 35.48%，父本为兴 9 的家系的子代均没有扩增出 700bp 片段。④根据遗传距离分析进一步验证，在 0.4 的遗传距离上可以将家系分成 4 类，即日×兴、日×长、兴×长和兴×日 4 种杂交组合。

4）将 7 个 ISSR 引物扩增的物种和杂交组合的特异片段进行回收，经过连接载体、感受态细胞转化、蓝白斑筛选后，挑取阳性菌落，菌液进行 PCR 检测，收集菌液进行测序，得到了三种落叶松和两种杂交组合的特异片段的碱基序列。利用 Primer 5 软件对序列进行分析，设计特异性引物，然后用不同模板 DNA 对引物特异性进行检验，得到 3 对可以进一步应用的 SCAR 引物，分别是 SC18s/SC18a、SC16s/SC16a、SC19s/SC19a。用 SC18s/SC18a 扩增日本落叶松和长白落叶松时，有目的片段出现，但是扩增率不能达到 100%，兴安落叶松没有扩增谱带出现。兴×长在 SC16s/SC16a 的扩增下，100% 扩增出特异片段。用 SC19s/SC19a 对 4 种杂交组合落叶松进行扩增时，日×长没有扩增谱带出现，其余三种落叶松目的片段的扩增率在 80% 以上。

参 考 文 献

艾畅, 徐立安, 赖焕林, 等. 2006. 马尾松种子园的遗传多样性与父本分析. 林业科学, 42(11): 146-150.

陈德学. 2005. 马尾松种子园无性系遗传多样性研究. 南昌: 南昌大学硕士学位论文.

陈家宽, 杨继. 1994. 植物进化生物学. 武汉: 武汉大学出版社: 153-194.

陈建中. 2006. 基于状态数分析的种子园遗传管理策略与发展策略研究. 北京: 北京林业大学硕士学位论文.

陈金典, 毛玉琪. 1984. 兴安落叶松形态特征变异的研究. 林业科技, (2): 1-8.

陈灵芝. 1993. 中国的生物多样性现状及其保护对策. 北京: 科学出版社: 99-113.

陈少瑜. 2002. 分子标记及其在林木种质资源和遗传育种研究中的应用. 云南林业科技, 101(4): 63-70.

陈少瑜, 吴丽圆, 李江文, 等. 2001. 云南红豆杉天然种群遗传多样性研究. 林业科学, 5: 41-48.

陈玮. 2008. 马尾松亲本配合力与全同胞子代遗传分析. 南京: 南京林业大学硕士学位论文.

陈析丰, 查笑君, 范文杰, 等. 2007. 山茶花叶片 DNA 提取及 RAPD 反应体系的研究. 植物研究, 27(2): 218-223.

陈晓波, 王继志, 李福强, 等. 1991. 长白落叶松种子园优树无性系自然类型划分. 吉林林学院学报, 7(1): 35-39.

陈孝丑, 余荣卓. 2000. 杉木杂交种子园建园和管理技术. 林业科技通讯, (l): 39-40.

陈亦良. 2000. 庆元杉木种子园疏伐效果实验. 浙江林学院学报, 17(1): 5-8.

陈益泰. 1994. 林木早期研究新进展. 林业科学研究, 7: 11-22.

崔宝禄, 宋丽, 杨俊明, 等. 2006. 华北落叶松种子园杂种配合力的研究. 河北林果研究, 21(4): 367-369.

丁彪, 王军辉, 张守攻, 等. 2006. 日本落叶松无性系化学组成遗传变异的研究. 河北农业大学学报, 29(2): 50-54.

董霞. 2007. 落叶松繁育技术研究. 中国集体经济实用技术, 5: 162.

杜坤. 2006. 日本落叶松种源林试验调查分析. 甘肃林业科技, 31(2): 19-22.

杜平, 崔同祥, 许哲如. 1999. 华北落叶松杂交育种研究. 河北林业科技, 1: 1-3.

方海峰, 张崇天, 丁振芳, 等. 2006. 日本落叶松种子园同胞家系15a生时的观察分析. 吉林林业科技, 35(2): 12-15.

方乐金, 施季森. 2003. 杉木种子园种子产量及其主导影响因子的分析. 植物生态学报, 27(2): 235-239.

方宣钧, 吴为人, 唐纪良. 2001. 作物 DNA 标记辅助育种. 北京: 科学出版社.

冯富娟, 王凤友, 刘彤. 2004. 红松 ISSR-PCR 试验系统影响因素. 植物学通报, 21: 34-41.

冯健. 2008. 日本落叶松×长白落叶松无性系间生根差异的分子机制. 北京: 中国林业科学研究院博士学位论文.

冯夏莲, 何承忠, 张志毅, 等. 2006. 植物遗传多样性研究方法概述. 西南林学院学报, 2(1): 69-75.

傅辉恩, 刘建勋. 1987. 华北落叶松引种试验研究. 林业科学, 23(4): 406-414.

甘四明, 施季森. 1998. 林木分子标记研究进展. 林业科学研究, 11(1): 44-66.

高凤琴. 2008. 6 个油松种群遗传多样性的 RAPD 分析. 太原: 山西大学硕士学位论文.

高捍东, 沈水宝. 1995. 用过氧化物同工酶分析鉴定松属种子真实性. 中南林学院学报, 15(1): 30-33.

葛颂. 1994. 遗传多样性及其检测方法生物多样性研究的原理与方法. 北京: 科学技术出版社: 123-140.

葛颂. 1997. 植物群体遗传结构研究的回顾和展望//李承森. 植物科学进展(第 I 卷). 北京: 高等教育出版社: 1-15.

葛颂, 冯德元. 1994. 遗传多样性及其检测方法, 生物多样性研究的现状及发展趋势. 生物多样性研究的原理与方法. 北京: 中国科学技术出版社.

苟本富, 邹国林. 2002. AFLP 分子标记技术及其应用研究进展. 渝西学院学报, 15(1): 21-30.

古越隆信, 谷口纯平合, 贾斌. 1986. 落叶松材质育种. 辽宁林业科技, (1): 67.

关丽鹏, 王志刚, 赵清风. 2006. 杂种落叶松的识别技术. 防护林科技, 74(5): 89-90.

管玉霞. 2006. 落叶松部分 cpDNA、mtDNA 及 ITS 序列研究及其应用于落叶松种的鉴定的可行性. 北京: 北京林业大学硕士学位论文.

贯春雨, 张含国, 张磊, 等. 2010. 落叶松杂种 F1 代群体遗传多样性的 RAPD, SSR 分析. 经济林研究, 28(4): 8-14.

贯春雨, 张含国, 张磊, 等. 2011. 基于松科树种 EST 序列的落叶松 SSR 引物开发. 东北林业大学学报, 39(1): 20-23.

郭盛磊, 阎秀峰, 白冰, 等. 2005. 供氮水平对落叶松幼苗光合作用的影响. 生态学报, 25(6): 1291-1298.

郭振启. 2007. 华北落叶松种子园成本效益分析与建议. 河北林业科技, S1: 195-196.

郝雨. 2006. 大兴安岭北段天然山地樟子松分子生态学的研究. 哈尔滨: 东北林业大学硕士学位论文.

何小红, 徐辰武, 删建敏, 等. 2001. 数量性状基因作图精度的主要影响因子. 作物学报, 27: 469-475.

何祯祥, 施季森, 王明麻, 等. 2000. 杉木杂种群体分子框架遗传连锁图初报. 南京林业大学学报, 24(6): 22-26.

何正文, 刘运生, 陈立华, 等. 1998. 正交设计直观分析法优化 PCR 条件. 湖南医科大学学报, 23(4): 403-404.

贺义才. 2007. 日本落叶松无性系选择的研究. 山西林业科技, 3(1): 13-15.

侯义梅, 李时元, 杨年友. 2006. 日本落叶松自由授粉家系子代测定林研究. 湖北林业科技, 137(1): 4-7.

胡集瑞. 1999. 马尾松种子园建园亲本性状遗传变异及优质速生无性系选育. 福建林业科技, 35(2): 22.

胡建军. 2002. 美洲黑杨叶面积、生长量、酚类物质及抗虫性状基因定位. 北京: 北京林业大学博士学位论文.

胡立平, 毛辉. 2007. 长白落叶松第二代种子园子代测定技术. 森林工程, 23(4): 16-17.

胡守荣, 夏铭, 郭长英, 等. 2001. 林木遗传多样性研究方法概况. 东北林业大学学报, 29(3): 72-75.

胡新生, Richard A E, 王笑山. 1999. 论我国兴安落叶松、长白落叶松及华北落叶松种间遗传进化关系. 林业科学, 35(3): 84-96.

胡雅琴, 肖娅萍, 王孝安, 等. 2004. 几种松科植物基因组总 DNA 的提取. 西北植物学报, 24(3): 523-526.

黄秦军. 1996. 兴安落叶松种源遗传结构与生长变异的研究. 哈尔滨: 东北林业大学硕士学位论文.

黄秦军. 2003. 美洲黑杨×青杨连锁图构建及重要材性QTLs分析. 北京: 北京林业大学博士学位论文.

黄秦军, 丁明明, 张香华, 等. 2007. SSR 标记与欧洲黑杨材性性状的关联分析. 林业科学, 43(2): 43-47.

贾继增. 1996. 分子标记种质资源鉴定和分子标记育种. 中国农业科学, 29(4): 1-10.

姜静. 2003. 分子生物学实验原理与技术. 哈尔滨: 东北林业大学出版社: 104-119.

姜廷波, 李绍臣, 高福铃, 等. 2007. 白桦RAPD遗传连锁图谱的构建. 遗传, 29(7): 867-873.

解新明, 云锦凤. 2000. 植物遗传多样性及其检测方法. 中国草地, 6: 51-59.

兰士波. 2007. 落叶松杂交子代生长表现及遗传增益研究. 林业科技开发, 21(1): 22-25.

郎亚琴. 2000. 杉木RAPD分子标记连锁图谱的构建. 南京: 南京林业大学硕士学位论文.

雷泽勇. 2002. 章武松主要特性及起源的研究. 沈阳: 沈阳农业大学硕士学位论文.

李矗. 2009. 油松天然种群遗传多样性及系统地位分析. 太原: 山西大学博士学位论文.

李炟. 2007. 马尾松SSR引物的开发. 南京: 南京林业大学硕士学位论文.

李峰. 2006. 兴安落叶松林分布及生产力对气候变化的响应研究. 北京: 中国科学院硕士学位论文.

李福强, 王继志, 陈晓波, 等. 1990. 长白落叶松种子园自由授粉子代林测报. 吉林林学院学报, 6(2): 61-67.

李广军, 郭彩萍, 郭文娟. 2011. 广西古蓬种源马尾松遗传多样性的ISSR分析. 中南林业科技大学学报, 31(9): 42-45.

李竞雄, 宋同明. 1997. 植物细胞遗传学. 北京: 科学出版社.

李莉, 陆志华, 刘玉喜, 等. 1990. 组培法繁殖落叶松杂种的研究. 东北林业大学学报, 18: 115-121.

李齐发, 谢庄. 2001. 中国地方品种牛血液同工酶遗传多样性研究进展. 黄牛杂志, 27(4): 35-39.

李晓楠, 狄晓燕, 王孟本. 2011. 华北落叶松 AFLP 反应体系的建立和优化. 安徽农业科学, 43(2): 697-700.

李雪峰. 2009. 兴安落叶松种源、无性系遗传多样性的研究. 哈尔滨: 东北林业大学硕士学位论文.

李雪峰, 张含国, 贯春雨, 等. 2009. 利用正交设计优化兴安落叶松RAPD-PCR反应体系. 植物研究, 29(1): 80-85.

李岩. 2005. 天然红松遗传多样性在时间尺度上变化的 RAPD 和 ISSR 分析. 大连: 辽宁师范大学硕士学位论文.

李岩, 李洪杰, 倪柏春, 等. 2009. 西伯利亚落叶松引种试验初报. 黑龙江生态工程职业学院学报, 22(2): 37-38.

李艳霞, 李若林, 周显昌, 等. 2009. 杂种落叶松优良家系及优良单株的选择. 林业科技, 34(1): 5-7.

李悦, 沈熙环, 周世良. 2001. 去劣疏伐对油松种子园交配系统及遗传多样性影响的研究. 植物生态学报, 25(4): 483-487.

李悦, 张春晓. 2000. 油松育种系统遗传多样性研究. 北京林业大学学报, 22(1): 12-19.

李周岐. 2000. 鹅掌楸属种间杂种优势的研究. 南京: 南京林业大学博士学位论文.

林萍, 张含国, 谢运海. 2005. 正交设计优化落叶松 ISSR-PCR 反应体系. 生物技术, 15(5): 34-37.

刘博, 陈成彬, 李秀兰, 等. 2006. 部分落叶松属植物核型研究. 广西植物, 26(2): 187-191.

刘会英. 2003. 利用连锁不平衡信息精细定位 QTL. 北京: 中国农业大学博士学位论文.

刘录, 金月平, 王奉吉, 等. 1997. 兴安落叶松种子园无性系结实特性初探. 辽宁林业科技, 4: 6-7.

刘孟军. 1998. RAPD 标记在苹果属种间杂交一代的分离方式. 园艺学报, 25(3): 214-219.

卢开伦, 王灵宇. 2002. 落叶松种子的品种鉴别. 现代化农业, 271(2): 25-26.

卢圣栋. 1999. 现代分子生物学实验技术. 北京: 中国协和医科大学出版社: 45-47.

吕志华. 2006. DNA 分子标记在林木遗传育种中的应用及进展. 楚雄师范学院学报, 21(9): 68-76.

罗建勋. 1995. 杂交落叶松体细胞胚胎发生的初步研究. 四川林业科技, 16(1): 1-6.

罗建勋. 1997. 英国西加云杉和落叶松的无性繁殖. 世界林业研究, 3: 60-65.

罗建勋. 2004. 云杉天然群体遗传多样性研究. 北京: 中国林业科学研究院博士学位论文.

马常耕. 1992a. 从世界落叶松遗传改良现状论我国落叶松良种化的对策. 世界林业研究, (1): 57-65.

马常耕. 1992b. 落叶松种和种源选择. 北京: 北京农业大学出版社.

马常耕, 王建华. 1990. 我国发展日本落叶松区域的探讨. 林业科技通讯, 4: 26-28.

马克臣. 1989. 长白山主要树种造林技术. 延边: 人民出版社: 73.

马克平, 钱迎倩, 王晨. 1994. 生物多样性研究的现状及发展趋势. 北京: 中国科学技术出版社.

马顺兴. 2006. 日本落叶松无性系遗传变异及早期选择的研究. 郑州: 河南农业大学硕士学位论文.

马顺兴, 王军辉, 张守攻, 等. 2006. 日本落叶松无性系微纤丝角遗传变异的研究. 林业科学研究, 19(2): 188-191.

马友平. 2007. 日本落叶松人工林林分结构与生长量预测研究. 北京: 北京林业大学博士学位论文.

马友平, 冯仲科, 刘永清. 2006. 日本落叶松人工林直径分布规律的研究. 林业资源管理, 5: 40-44.

毛健民, 李俐俐. 2001. DNA 分子标记及其在作物遗传育种中的应用. 周口师范高等专科学校学报, 18(5): 49-51.

那冬晨. 2005. 兴安落叶松地理种源遗传多样性与利用研究. 哈尔滨: 东北林业大学博士学位论文.

那冬晨, 杨传平, 姜静, 等. 2006. 利用 ISSR 标记分析兴安落叶松种源的遗传多样性. 林业科技, 31(1): 1-4.

倪柏春, 倪薇, 栾连航. 2009. 欧洲落叶松引种研究. 林业科技, 34(3): 5-7.

潘本立, 艾正明, 韩承伟, 等. 1981. 落叶松立木杂交方法及育种优势的研究. 林业科学, 3: 325-330.

潘本立, 刘凤君, 袁桂华, 等. 1996. 落叶松遗传改良程序. 林业科技, 21(6): 13-14.

潘本立, 张含国, 周显昌. 1998. 杂种落叶松的增产能力及生产应用前景. 林业科技开发, 2: 18-20.

潘本立, 周显昌, 张含国, 等. 1993. 落叶松种子园经济效益的探讨. 林业科技, 18(5): 8-10.

彭文和, 向润平, 钟少伟. 2007. 日本落叶松高山引种栽培技术. 湖南林业科技, 34(2): 52-53.

齐力旺, 张守攻, 韩素英, 等. 2005. 2,4-D、BA 对杂种落叶松(日×华)体细胞胚胎发生过程中原胚发育与子叶胚形成关系的研究. 中国生物工程学会会员代表大会暨学术讨论会.

乔辰, 包玉莲, 雀德文. 1995. 十五个产地兴安落叶松种子同工酶的研究. 科学技术与工程, 17(4): 5-8.

乔辰, 弓彩霞. 1996. 十八个产地兴安落叶松种皮微形态的研究. 植物研究, 16(4): 467-470.

曲丽娜. 2006. 兴安、长白及华北落叶松 RAPD 和 ISSR 分子标记的物种特异性鉴定. 哈尔滨: 东北林业大学硕士学位论文.

曲丽娜, 王秋玉, 杨传平. 2007. 兴安、长白及华北落叶松 RAPD 分子标记的物种特异性鉴定. 植物学通报, 24(4): 498-504.

沙伟, 李晶, 曹同, 等. 2004. 藓类植物 RAPD 反应体系的建立. 植物研究, 24(4): 482-485.

邵丹. 2007. 凉水国家自然保护区天然红松种群遗传多样性在时间尺度上变化的 cpSSR 分析. 大连: 辽宁师范大学硕士学位论文.

沈熙环. 1990. 林木育种学. 北京: 中国林业出版社.

沈熙环. 1992. 种子园技术. 北京: 北京科学技术出版社.

施季森, 童春发. 2006. 林木遗传图谱构建和 QTL 定位统计分析. 北京: 科学出版社.

石福臣, 木佐贯博光, 铃木和夫. 1998. 中国东北落叶松属植物亲缘关系的研究. 植物研究, 18(1): 55-62.

宋顺华, 郑晓鹰. 2006. 甘蓝品种的 AFLP 指纹鉴别图谱分析. 分子植物育种, 4(3(S))期: 51-54.

苏晓华. 1998. 美洲黑杨(*Populus deltoides* Marsh.)×青杨(*P. cathayana* Rehd.)杂种分子连锁图谱的构建研究. 南京: 南京林业大学博士学位论文.

苏晓华, 张绮纹, 郑先武, 等. 1998. 美洲黑杨(*Populus deltoides* Marsh.)×青杨(*P. cathayana* Rehd.)分子连锁图谱的构建. 林业科学, 34(6): 29-37.

隋娟娟. 2006. 日本落叶松种子园散粉特性与种子播种品质的研究. 武汉: 华中农业大学硕士学位论文.

隋心. 2009. 红松无性系种子园子代的父本分析及遗传多样性研究. 哈尔滨: 东北林业大学硕士学位论文.

孙丰胜, 张秋梅, 张立忠, 等. 1997. 提高日本落叶松种子园种子质量的研究. 山东林业科技, S1: 1-3.

孙瑞英. 1996. 落叶松杂交种子园的营建方法. 国外林业, 26(2): 23-26.

孙晓梅, 张守攻, 王笑山, 等. 2008. 日本落叶松×长白落叶松杂种组合间生根性状及幼林生长的遗传变异. 林业科学, 44(4): 41-47.

覃永贤. 2007. 濒危植物元宝山冷杉的保护遗传学研究. 桂林: 广西师范大学硕士学位论文.

唐谦, Ennos R. 1994. 利用同功酶标记测定落叶松杂种种子园杂种率的研究. 林业通讯科技, 2: 6-8.

唐荣华, 张君诚, 吴为人. 2002. SSR 分子标记的开发技术研究进展. 西南农业学报, 15(4): 106-109.

万爱华, 徐有明, 管兰华, 等. 2008. 马尾松无性系种子园遗传结构的 RAPD 分析. 东北林业大学学报, 36(1): 18-20.

万海清, 梁明山, 许介眉. 1998. 分子生物学手段在植物系统与进化研究中的应用. 植物学报, 15(4): 8-17.

万贤崇, 林永启. 1994. 林木遗传多样性研究中的 DNA 标记. 辽宁林业科技, 5: 3-6.

汪小雄, 卢龙斗, 李明军, 等. 2009. 日本落叶松胚性愈伤组织蛋白组分双向电泳分析. 河南师范大学学报(自然科学版), 37(1): 116-122.

王伯荪, 彭少麟. 1997. 植被生态学——群落与生态系统. 北京: 中国环境科学出版社.

王洪新. 1996. 植物繁育系统、遗传结构和遗传多样性的保护. 生物多样性, 2: 92-96.

王洪新, 胡志昂, 钟敏. 1996. 盐渍条件下野大豆群体的遗传分化和生理适应. 植物学报, 39: 29-34.

王家麟, 孙佳莹, 于清岩, 等. 2006. EST-SSRs 的开发及应用研究进展. 生物信息学, 3(5): 140-142.

王建波. 2002. ISSR 分子标记及其在植物遗传学中的研究及应用. 遗传, 24(5): 613-616.

王菁, 张勤, 张沅. 2000. 孙女设计中标记密度对 QTL 定位精确性的影响. 遗传学报, 27: 590-598.

王军辉, 张守攻, 张建国, 等. 2008. Pilodyn 在日本落叶松材性育种中应用的初步研究. 林业科学研究, 21(6): 808-812.

王力华, 贺美凤, 邓正正, 等. 2004. 日本落叶松微体繁殖及植株再生. 东北林业大学学报, 32(6): 19-21.

王林生, 宋忠利, 李毓珍, 等. 2006. 植物数量性状的 QTL 定位分析. 安徽农业科学, 34(18): 4527-4529.

王玲, 卓丽环, 杨传平, 等. 2009. 兴安落叶松等位酶水平的遗传多样性. 林业科学, 45(8): 170-174.

王明麻. 2001. 林木遗传育种学. 北京: 中国林业出版社.

王秋玉, 杨书文, 许忠志, 等. 1996. 长白落叶松硬枝和嫩枝的扦插繁殖. 东北林业大学学报, 24(1): 9-16.

王锐, 王思恭, 田建华, 等. 2004. 落叶松二代实生种子园营建技术. 陕西林业科技, 2: 1-4.

王润辉, 吴惠姗, 赵奋成. 2007. 湿地松、加勒比松改进的 SSR-PCR 实验方法. 广东林业科技, 23(1): 18-21.

王润辉, 赵奋成. 2006. 湿地松、加勒比松及其杂交种 DNA 的提取与微卫星 PCR 反应体系的优化. 广东林业科技, 22(1): 1-4.

王若森, 倪柏春. 2009. 日本杂交落叶松引种研究. 林业勘查设计, 152(4): 58-60.

王顺安, 向金莲. 2009. 日本落叶松子代测定林调查分析. 湖北民族学院学报, 27(3): 275-278.

王鑫, 敖红, 王秋玉. 2008. 红皮云杉与嫩江云杉 RAPD 和 ISSR 分子标记反应体系优化和特异性检测. 植物研究, 28(4): 417-421.

王秀良. 2004. RAPD 和 ISSR 标记在海带种质及其遗传多样性研究中的应用. 北京: 中国科学院博士学位论文.

王义录, 曹福庆, 李升, 等. 1997. 日本落叶松种子园种用价值测试初析. 河南林业科技, 17(2): 12-15.

王有才, 董晓光, 王笑山, 等. 2000. 日本落叶松种子园种子产量及结实规律研究. 林业科学, 36(2): 53-59.

王芋华. 2006. 粗枝云杉(Picea asperata Mast.)天然群体的遗传变异. 北京: 中国科学院博士学位论文.

王跃进, Lamikanra O. 1997. 葡萄 RAPD 分析影响因子的研究. 农业与生物技术学报, 5(4): 387-391.

王战. 1992. 中国落叶松林. 北京: 中国林业出版社: 3-63.

王志林, 吴新荣, 赵树进. 2002. 分子标记技术及其进展. 生物技术, 12(3): 封 2.

王中仁. 1994. 植物遗传多样性和系统学研究中等位酶分析. 应用生态学报, 2(2): 38-43.

王中仁. 1996. 植物等位酶分析. 北京: 科学出版社.

魏利. 2004. 应用 ISSR 分子标记对西伯利亚红松(Pinus sibirica Du Tour)遗传多样性研究. 哈尔滨: 东北林业大学硕士论文.

吴隆坤, 李岩. 2005. 凉水、丰林国家自然保护区红松多样性的 ISSR 分析. 沈阳师范大学学报(自然科学版), 23(2): 204-206.

吴曼颖, 刘昆玉, 方芳, 等. 2009. EST-SSR 标记的开发及在果树上的应用研究进展. 江西农业学报, 21(5): 59-62.

吴敏生, 戴景瑞. 1998. AFLP——一种新的分子标记技术. 植物学通报, 15(4): 68-74.

夏德安, 黄秦军. 1997. 兴安落叶松优良种源遗传结构的研究(Ⅰ)——MDH 和 GOT 同工酶位点的连锁遗传关系. 东北林业大学学报, 25(2): 5.

辛业芸. 2002. 分子标记技术在植物学研究中的应用. 湖南农业科学, 4: 9-12.

邢晶晶. 2002. 分子遗传标记及其技术在水产生物中的研究与应用. 水产学杂志, 15(1): 61-70.

徐进, 陈天华, 王章荣. 2001. 马尾松不同种源染色体荧光带型的研究. 南京林业大学学报(自然科学版), 25(5): 11-16.

徐莉, 赵桂仿. 2002. 微卫星 DNA 标记技术及其在遗传多样性研究中的应用. 西北植物学报, 22(3): 714-722.

徐立安, 李新军, 潘惠新, 等. 2001. 用 SSR 研究栲树群体遗传结构. 植物学报, 43(4): 409-412.

徐小林. 2003. 栓皮栎群体遗传结构研究. 南京: 南京林业大学硕士学位论文.

徐云碧, 朱立煌. 1994. 分子数量遗传学. 北京: 中国农业出版社.

薛艳芳. 2004. QTL 定位方法和有关因素对定位效果的影响. 太谷: 山西农业大学硕士学位论文.

严华军, 吴乃虎. 1996. DNA 分子标记技术及其在植物遗传多样性研究中的应用. 生命科学, 8(3): 32-36.

杨传平. 1994. 落叶松的遗传改良. 哈尔滨: 东北林业大学出版社.

杨传平. 1997. 兴安落叶松优良种源遗传结构. 东北林业大学学报, 25(3): 1-5.

杨传平. 2011. 长白落叶松种群遗传变异与利用. 哈尔滨: 东北林业大学出版社.

杨传平, 秦泗华, 张维, 等. 1990. 中国兴安落叶松种源试验的研究(Ⅱ)——种源初步区划. 东北林业人学学报, 18(8): 17-23.

杨传平, 王艳敏, 魏志刚. 2006. 利用正交设计优化白桦的 SSR-PCR 反应体系. 东北林业大学学报, 34(6): 1-3.

杨传平, 魏利, 姜静, 等. 2005. 应用 ISSR-PCR 对西伯利亚红松 19 个种源的遗传多样性分析. 东北林业大学学报, 33(1): 1-3.

杨传平, 杨书文, 夏德安, 等. 1991. 兴安落叶松种源试验研究(III)——种源区划. 东北林业大学学报, 19(5): 77-82.

杨俊明, 李盼威. 2004. 华北落叶松无性系结实能力变异与无性系再选择. 河北科技师范学院学报, 18(2): 32-35.

杨丽君, 张传静, 李长河, 等. 2006. 兴安落叶松优良家系的早期选择. 防护林科技, 73(4): 35-37.

杨书文, 鞠永贵, 张世英, 等. 1985. 落叶松杂种优势的研究. 东北林业大学学报, 13(1): 30-36.

杨书文, 王秋玉, 夏得安. 1994. 落叶松的遗传改良. 哈尔滨: 东北林业大学出版社.

杨书文, 杨传平, 张世英, 等. 1990. 中国兴安落叶松分布区外种源试验研究(Ⅰ)——地理变异规律与最佳种源的选择. 东北林业人学学报, 19: 1-8.

杨秀艳, 孙晓梅, 张守攻, 等. 2011. 日本落叶松 EST-SSR 标记开发及二代优树遗传多样性分析. 林业科学, 47(11): 52-58.

杨秀艳, 张守攻, 孙晓梅, 等. 2010. 北亚热带高山区日本落叶松自由授粉家系遗传测定与二代优树选择. 林业科学, 46(8): 45-50.

杨玉玲. 2006. 杉木种质资源遗传分析及无性系、杂交种 ISSR 指纹鉴定. 福州: 福建农林大学硕士学位论文.

易能君, 尹佟明, 黄敏仁, 等. 1998. 林木数量性状基因定位中的若干问题. 生物工程进展, 18(3): 19-24.

尹佟明, 韩正敏, 黄敏仁, 等. 1999. 林木 RAPD 分析及实验条件的优化. 南京林业大学学报, 23(4): 7- 12.

尹佟明, 黄敏仁. 1996. 利用显性分子标记和 F1 群体进行林木遗传连锁图谱的构建. 生物工程进展, 4(16): 12-16.

应正河. 2006. RAPD、SRAP 和 ISSR 标记在香菇种质资源的应用及其 SCAR 标记的建立. 福州: 福建农林大学硕士学位论文.

于海中, 田艳丽, 牛永杰, 等. 1999. 兴安、长白、华北落叶松种子形态的研究. 林业科技, 24(6): 1-4.

于世权, 张署旭, 胡尔贤, 等. 1996. 长白落叶松优良基因型选择改良及开发利用的研究. 辽宁林业科技, 6: 1-5.

俞晓敏. 2004. 太白红杉胚胎学及其遗传多样性研究. 西安: 西北大学硕士学位论文.

詹静, 杨传平. 1989. 兴安落叶松种源试验的研究. 东北林业大学学报, 17(6): 22-30.

张博, 朱立煌. 2002. 美洲黑杨抗黑斑病基因的 RAPD 标记筛选和连锁分析. 遗传, 24(5): 543-547.

张彩红. 2007. 华北落叶松与日本落叶松杂交试验. 山西林业科技, 6(2): 9-11.

张传军. 2007. 太白红杉 FISH-AFLP 体系的建立. 武汉植物学研究, 6: 619-623.

张德强. 2002. 毛白杨遗传连锁图谱的构建及重要性状的分子标记. 北京: 北京林业大学博士学位论文.

张德强, 张志毅. 2002. 林木遗传图谱构建研究进展. 世界林业研究, 15(6): 1-6.

张峰. 1999. AFLP-银染法检测植物基因组多态性. 细胞生物学杂志, 21(2): 98-100.

张广荣. 2008. 梵净山冷杉的保护遗传学研究. 桂林: 广西师范大学硕士学位论文.

张含国. 2006. 落叶松 F2 代杂种优势的稳定性研究. 林业科学, 42(1): 49-55.

张含国, 高士新, 张敏莉, 等. 1995. 长白落叶松天然群体遗传结构的研究. 东北林业大学学报, 23(6): 21-30.

张含国, 潘立本. 1997. 我国兴安、长白落叶松遗传育种研究进展. 面向 21 世纪的中国林木遗传育种——中国林学会林木遗传育种第四届年会文集.

张含国, 袁桂华, 李希才, 等. 1998. 落叶松生长和材性杂种优势的研究. 东北林业大学学报, 26(3): 25-28.

张含国, 张成林, 兰士波, 等. 2005. 落叶松杂种优势分析及家系选择. 南京林业大学学报(自然科学版), 29(3): 69-72.

张惠娟, 贾昆峰. 2003. 林木遗传多样性与现代林业. 内蒙古科技与经济, 3: 26-28.

张景林, 毛玉琪, 王福森, 等. 1994. 兴安落叶松、长白落叶松子代测定及优良家系选择. 防护林科技, 20(3): 22-26.

张静, 徐永波, 刘光. 1995. 兴安落叶松种子园结实研究初报. 面向 21 世纪的中国林木遗传育种——中国林学会林木遗传育种第四届年会文集.

张蕾. 2008. 日本落叶松×华北落叶松体细胞胚胎发生的生化机制和分子机理研究. 北京: 中国林业科学研究院博士学位论文.

张培杲. 1989. 兴安落叶松种子区区划. 北京: 中国林业出版社.

张茜. 2008. 祁连圆柏的分子谱系地理学研究. 兰州: 兰州大学博士学位论文.

张日清, 谭晓风, 吕芳德. 2001. 林木 RAPD 标记技术研究进展. 吉首大学学报, 22(3): 16-21.

张胜利. 1997. 利用遗传标记信息进行QTL定位和标记辅助遗传评定效果的研究. 北京: 中国农业大学博士学位论文.

张颂云. 1982. 落叶松类型选择育种的研究. 林业科技通讯, (7): 3-5.

张薇, 龚佳, 季孔庶. 2008. 马尾松实生种子园遗传多样性分析. 分子植物育种, 6(4): 717-723.

张薇, 龚佳, 季孔庶. 2009. 马尾松实生种子园交配系统分析. 林业科学, 45(6): 22-26.

张晓放, 董茜, 罗明哲, 等. 2005. 日本落叶松育种研究现状及趋势. 林业科技, 30(3): 10-11.

张敦方, 卓丽环, 李懋学. 1985. 五种落叶松的核型研究. 遗传, 7(3): 9-11.

张新波, 任建茹, 张旦儿. 2001. 华北落叶松初级种子园物候观测的研究. Journal of Forestry Research, 12(3): 201-204.

张新叶. 2004. 秃杉种内遗传多样性的 RAPD 分析. 湖北林业科技, 6: 1-4.

张新叶, 白石进, 黄敏仁. 2004. 日本落叶松群体的叶绿体 SSR 分析. 遗传, 26(4): 486-490.

张学科, 毛子军, 宋红, 等. 2002. 五种落叶松遗传关系的等位酶分析. 植物研究, 2(2): 224-230.

张彦萍, 刘海河. 2005. 西瓜 RAPD-PCR 体系的正交优化研究. 河北农业大学学报, 28(4): 51-53.

张蕴哲, 刘红霞, 邬荣领, 等. 2003. 毛新杨×毛白杨 AFLP 分子遗传图谱. 林业科学研究, 16(5): 595-603.

张正刚. 2008. 落叶松家系苗期生长性状遗传变异及家系选择研究. 杨凌: 西北农林科技大学硕士学位论文.

赵阿风. 2005. 马尾松无性系指纹图谱的构建. 南京: 南京林业大学硕士学位论文.

赵国军, 达来, 陈学津. 2000. 华北落叶松种子园选育的研究. 内蒙古林业调查设计, (4): 39-40.

赵利锋. 2001. 华山新麦草自然居群沿海拔梯度的遗传分化. 西北植物学报, 3: 391-400.

赵淑清, 武维华. 1998. DNA 分子标记和基因定位. 生物技术通报, 18(4): 14-16.

赵溪竹, 姜海凤, 毛子军. 2007. 长白落叶松、日本落叶松和兴安落叶松幼苗光合作用特性比较研究. 植物研究, 26(3): 361-366.

周显昌, 潘本立, 周广君, 等. 1999. 日本落叶松遗传资源的引进和利用. 东北林业大学学报, 27(1): 15-19.

周延清. 2005. DNA 分子标记技术在植物研究中的应用. 北京: 化学工业出版社: 143-161.

周以良, 董世林, 聂绍荃. 1986. 黑龙江树木志. 哈尔滨: 黑龙江科学技术出版社.

周奕华, 陈正华. 1999. 分子标记在植物学中的应用及前景. 武汉植物学研究, 17(1): 75-86.

周玉芝, 韩桂云, 齐玉臣, 等. 1994. 落叶松外生菌根真菌优良菌株筛选及其在造林中的应用. 林业科学研究, 7(2): 206-209.

朱其卫, 李火根. 2010. 鹅掌楸不同交配组合子代遗传多样性分析. 遗传, 32(2): 183.

卓丽环. 2002. 兴安落叶松种内红材型与变异类型-白材型的比较研究. 哈尔滨: 东北林业大学博士学位论文.

Acheré V, Faivre P R, Pâques L E, et al. 2004. Chloroplast and mitochondrial molecular tests identify European×Japanese larch hybrids. Theor Appl Genet, 108: 1643-1649.

Arcade A, Anselin F, Rampant P F, et al. 2000. Application of AFLP, RAPD and ISSR markers to genetic mapping of European and Japanese larch. Theoretical & Applied Genetics, 100(2): 299-307.

Aslam M, Awan F S, Khan I A, et al. 2009. Estimation of genetic distance between 10 maize accessions with varying response to different levels of soil moisture. Genetics & Molecular Research, 8(4): 1459.

Bennett M D, Smith J B. 1976. Nuclear DNA amounts in angiosperms. Philosophical Transactions of the Royal Society of London, 274(933): 227.

Bradshaw Jr B H, Stettler R F. 1993. Molecular genetics of growth and development in *Populus*. i. Triploidy in hybrid poplars. Theoretical & Applied Genetics, 86(2-3): 301-307.

Bradshaw Jr B H, Stettler R F. 1995. Molecular genetics of growth and development in *Populus*. iv. Mapping QTLs with large effects on growth, form, and phenology traits in a forest tree. Genetics, 139(2): 963.

Bradshaw Jr B H, Villar M, Watson B D, et al. 1994. Molecular genetics of growth and development in *Populus*. iii. A genetic linkage map of a hybrid poplar composed of RFLP, STS, and RAPD markers. Theoretical & Applied Genetics, 89(2-3): 167.

Brochmann C, Soltis P S, Soltis D E. 1992. Recurrent formation and polyphyly of Nordic polyploids in *Draba* (Brassicaceae). American Journal of Botany, 79(6): 673-688.

Brummer E C, Bouton J H, Kochert G. 1995. Analysis of annual medicago species using RAPD markers. Genome, 38(2): 362-367.

Bucci G, Vendramin G G, Lelli L, et al. 1997. Assessing the genetic divergence of *Pinus leucodermis* Ant. endangered populations: use of molecular markers for conservation purposes. Theoretical & Applied Genetics, 95(7): 1138-1146.

Budahn H, Peterka H, Mousa M A, et al. 2009. Molecular mapping in oil radish (*Raphanus sativus* L.) and QTL analysis of resistance against beet cyst nematode (*Heterodera schachtii*). Theoretical & Applied Genetics, 118(4): 775-782.

Burbridge A, Lindhout P, Grieve T M, et al. 2001. Re-orientation and integration of the classical and interspecific linkage maps of the long arm of tomato chromosome 7. Theoretical & Applied Genetics, 103(2-3): 443-454.

Byrne M, Murrell J C, Allen B, et al. 1995. An integrated genetic linkage map for eucalypts using RFLP, RAPD and isozyme markers. Theoretical & Applied Genetics, 91(6-7): 869-875.

Carlson J E, Tulsieram L K, Glaubitz J C, et al. 1991. Segregation of random amplified DNA markers in F1, progeny of conifers. Theoretical & Applied Genetics, 83(2): 194-200.

Chakravarti A, Lasher L K, Reefer J E. 1991. A maximum likelihood method for estimating genome length using genetic linkage data. Genetics, 128(1): 175-182.

Chang S W, Jung G. 2008. The first linkage map of the plant-pathogenic basidiomycete *Typhula ishikariensis*. Genome, 51(2): 128-136.

Chen C, Liewlaksaneeyanawin C, Funda T, et al. 2009. Development and characterization of microsatellite loci in western larch (*Larix occidentalis* Nutt.). Molecular Ecology Resources, 9(3): 843-845.

Christopher J B, Bruce S W, Zhao-Bang Z. 2003. QTL Cartographer, Version 1.17. Department of Statistics. Raleigh: North Carolina State University.

Costa P, Pot D, Dubos C, et al. 2000. A genetic map of maritime pine based on AFLP, RAPD and protein markers. Theoretical & Applied Genetics, 100(1): 39-48.

Crespel L, Chirollet M, Durel E, et al. 2002. Mapping of qualitative and quantitative phenotypic traits in *Rosa* using AFLP markers. Theoretical & Applied Genetics, 105(8): 1207-1214.

Dale G, Teasdale B. 1995. Analysis of growth, form and branching traits in an F2 population of the *Pinus elliottii* × *Pinus caribaea* interspecific hybrid using RAPD markers. Proceedings of the 25th Southern Forest Tree Improvement Conference: 242-253.

Dettori M T, Quarta R, Verde I. 2001. A peach linkage map integrating RFLPs, SSRs, RAPDs, and morphological markers. Genome, 44(5): 783.

Devey M E, Bell J C, Smith D N, et al. 1996. A genetic linkage map for *Pinus* radiata based on RFLP, RAPD, and microsatellite markers. Theoretical & Applied Genetics, 92(6): 673.

Devey M E, Delfinomix A, Jr K B, et al. 1995. Random amplified polymorphic DNA markers tightly linked to a gene for resistance to white pine blister rust in sugar pine. Proc Natl Acad Sci U S A, 92(6): 2066-2070.

Devey M E, Fiddler T A, Liu B H, et al. 1994. An RFLP linkage map for loblolly pine based on a three-generation outbred pedigree. Theoretical & Applied Genetics, 88(3-4): 273.

Devey M E, Sewell M M, Uren T L, et al. 1999. Comparative mapping in loblolly and radiata pine, using RFLP and microsatellite markers. Theoretical & Applied Genetics, 99(4): 656-662.

Echt C S, Nelson C D. 1997. Linkage mapping and genome length in eastern white pine (*Pinus strobus* L.). Theoretical & Applied Genetics, 94(8): 1031-1037.

Edwards D, Batley J. 2010. Plant genome sequencing: applications for crop improvement. Plant Biotechnology Journal, 8(1): 2.

Emebiri L C, Devey M E, Matheson A C, et al. 1997. Linkage of RAPD markers to NESTUR, a stem growth index in radiata pine seedlings. Theoretical & Applied Genetics, 95(1-2): 119-124.

Estelle L, Plomion C H, Andersson B. 2000. AFLP mapping and detection of quantitative trait loci (QTLs) for economically important traits in *Pinus sylvestris*: a preliminary study. Molecular Breeding, 6(5): 451-458.

Fauré S, Noyer J L, Horry J P, et al. 1993. A molecular marker-based linkage map of diploid bananas (*Musa acuminata*). Theoretical & Applied Genetics, 87(4): 517-526.

Finkeldey R, Leinemann L, Gailing O. 2010. Molecular genetic tools to infer the origin of forest plants and wood. Applied Microbiology & Biotechnology, 85(5): 1251-1258.

Frewen B E, Chen T H, Howe G T, et al. 2000. Quantitative trait loci and candidate gene mapping of bud set and bud flush in *Populus*. Genetics, 154(2): 837-845.

Gerber S, Rodolphe F, Bahrman N, et al. 1993. Seed-protein variation in maritime pine (*Pinus pinaster* Ait.)revealed by two-dimensional electrophoresis: genetic determinism and construction of a linkage map. Theoretical & Applied Genetics, 85(5): 521.

Gocmen B, Jermstad K D, Neale D B, et al. 1996. Development of random amplified polymorphic DNA markers for genetic mapping in Pacific yew (*Taxus brevifolia*). Can J For Res, 26: 497-503.

Gonzalez M A, Baraloto C, Engel J, et al. 2009. Identification of amazonian trees with DNA barcodes. PLoS One, 4(10): e7483.

Gosselin I, Zhou Y, Bousquet J, et al. 2002. Megagametophyte-derived linkage maps of white spruce (*Picea glauca*) based on RAPD, SCAR and ESTP markers. Theoretical & Applied Genetics, 104(6-7): 987.

Grattapaglia D, Sederoff R. 1994. Genetic linkage maps of *Eucalyptus grandis* and *Eucalyptus urophylla* using a pseudo-testcross: mapping strategy and RAPD markers. Genetics, 137(4): 1121-1137.

Groover A, Devey M, Fiddler T, et al. 1994. Identification of quantitative trait loci influencing wood specific gravity in an outbred pedigree of loblolly pine. Genetics, 138(4): 1293-1300.

Gros-Louis M C, Bousquet J, Pâques L E, et al. 2005. Species-diagnostic markers in *Larix* spp. based on RAPDs and nuclear, cpDNA, and mtDNA gene sequences, and their phylogenetic implications. Tree Genetics & Genomes, 1(2): 50-63.

Gupta M, Sarin N B. 2009. Heavy metal induced DNA changes in aquatic macrophytes: random amplified polymorphic DNA analysis and identification of sequence characterized amplified region marker. J Environ Sci(China), 21(5): 686-690.

Gupta R, Modgil M, Chakrabarti S K. 2009. Assessment of genetic fidelity of micropropagated apple rootstock plants, EMLA 111, using RAPD markers. Indian Journal of Experimental Biology, 47(11): 925-928.

Guries R P, Ledig F T. 1982. Genetic diversity and population structure in pitch pine (*Pinus rigida* Mill.). Evolution, 36(2): 387-402.

Hartl D L, Clark A G. 1989. Principles of Population Genetics. 2nd ed. MA: Sinauer Associates Inc.

Hayashi E, Kondo T, Terada K, et al. 2001. Linkage map of Japanese black pine based on AFLP and RAPD markers including markers linked to resistance against the pine needle gall midge. Theoretical & Applied Genetics, 102(6-7): 871-875.

Heun M, Helentjaris T. 1993. Inheritance of RAPDs in F1, hybrids of corn. Theoretical & Applied Genetics, 85(8): 961.

Hurme P, Sillanpaa M E, Repo T, et al. 2000. Genetic basis of climatic adaptation in scots pine by Bayesian quantitative trait locus analysis. Genetics, 156(3): 1309-1322.

Jermstad K D, Bassoni D L, Wheeler N C, et al. 2001. Mapping of quantitative trait loci controlling adaptive traits in coastal douglas-fir. ii. Spring and fall cold-hardiness. Theoretical & Applied Genetics, 102(8): 1152-1158.

Jules J. 1997. Quantitative trait loci: separating, pyramiding, and cloning. Plant Breeding Reviews, 15: 85-139.

Kaya Z, Neale D B. 1995. Linkage mapping in Turkish red pine (*Pinus brutia* Ten.) using random amplified polymorphic DNA (RAPD) genetic markers. Silvae Genetica, 44: 110-116.

King R C. 1985. A Dictionary of Genetics. Oxford: Oxford University Press.

Kosambi D D. 1944. The estimation of map distance from recombination values. Ann Eugen, 12(1): 172-175.

Kour G, Kour B, Kaul S, et al. 2009. Genetic and epigenetic instability of amplification-prone sequences of a novel B chromosome induced by tissue culture in *Plantago lagopus* L. Plant Cell Reports, 28(12): 1857.

Kozyvenko M M, Artyukova E V, Reunova G D, et al. 2004. Genetic diversity and relationships among siberian and far eastern larches inferred from RAPD analysis. Russian Journal of Genetics, 40(4): 401-409.

Krutovsky K V, Troggio M, Brown G R, et al. 2004. Comparative mapping in the Pinaceae. Genetics, 168(1): 447.

Kubisiak T L, Nelson C D, Nance W L, et al. 1995. RAPD linkage mapping in a Longleaf pine × Slash pine F1 family. Theoretical & Applied Genetics, 90(8): 1119-1127.

Kyu-Suk K Y, El-Kassaby A, Su H, et al. 2005. Genetic gain and diversity under different thinning scenarios in a breeding seed orchard of *Quercus accutissima*. Forest Ecology and Management, 212: 405-410.

La R R, Angiolillo A, Guerrero C, et al. 2003. A first linkage map of olive (*Olea europaea* L.) cultivars using RAPD, AFLP, RFLP and SSR markers. Theoretical & Applied Genetics, 106(7): 1273-1282.

Labonne J D, Vaisman A, Shore J S. 2008. Construction of a first genetic map of distylous *Turnera* and a fine-scale map of the S-locus region. Genome, 51(7): 471-478.

Lander E S, Botstein D. 1988. Mapping mendelian factors underlying quantitative traits using RFLP linkage maps. Genetics, 121(1): 185-199.

Lanham P G. 1996. Estimation of heterozygosity in *Ribes nigrum* L. Using RAPD markers. Genetica, 98(2): 193-197.

Larionova A Y, Yakhneva N V, Abaimov A P. 2004. Genetic diversity and differentiation of Gmelin larch *Larix gmelinii*, populations from Evenkia (Central Siberia). Russian Journal of Genetics, 40(10): 1370.

Lawung R, Thammapiwan S, Mungniponpan T, et al. 2010. Antibiograms and randomly amplified polymorphic DNA-polymerase chain reactions (RAPD-PCR) as epidemiological markers of gonorrhea. Journal of Clinical Laboratory Analysis, 24(1): 31.

Leal A A, Mangolin C A, Amaral Júnior A T D, et al. 2010. Efficiency of RAPD versus SSR markers for determining genetic diversity among popcorn lines. Genetics & Molecular Research, 9(1): 9-18.

Lee S H, Neate S M. 2007. Molecular mapping of *rsp1*, *rsp2*, and *rsp3* genes conferring resistance to septoria speckled leaf blotch in barley. Phytopathology, 97(2): 155-161.

Lerceteau E, Plomion C, Andersson B. 2000. AFLP mapping and detection of quantitative trait loci (QTLs)for economically important traits in *Pinus sylvestris*: a preliminary study. Molecular Breeding, 6(5): 451-458.

Lewandowski A. 1997. Genetic relationships between European and Siberian larch, *Larix* spp. (Pinaceae), studied by allozymes. Is the Polish larch a hybrid between these two species? Plant Systematics and Evolution, 204(1-2): 65-73.

Lewontin R C. 1972. The Apportionment of Human Diversity. NY: Springer: 381-398.

Li P, Adams W T. 1989. Range-wide patterns of allozyme variation in douglas-fir (*Pseudotsu gamenziesii*). Canadian Journal of Forest Research, 19(2): 149-161.

Lindgren D Y, El-Kassaky A. 1989. Genetic consequences of combining selective cone harvesting and genetic thinning in clonal seed orchard. Silvae Genetica, 38(2): 65-70.

Liu G F, Dong J X, Jiang Y, et al. 2005. Analysis of genetic relationship in 12 species of section strobus, with ISSR markers. Journal of Forestry Research, 16(3): 213-215.

Lorenzana R E, Bernardo R. 2009. Accuracy of genotypic value predictions for marker-based selection in biparental plant populations. Theoretical & Applied Genetics, 120(1): 151-161.

Lu C R, Yu S X, Yu J W, et al. 2008. Development and appraisement of functional molecular marker: intron sequence amplified polymorphism (ISAP). Zhongguo Yi Chuan Xue Hui Bian Ji, 30(9): 1207.

Maiti B, Shekar M, Khushiramani R, et al. 2009. Evaluation of RAPD-PCR and protein profile analysis to differentiate *Vibrio harveyi* strains prevalent along the southwest coast of India. Journal of Genetics, 88(3): 273-279.

Margarido G R A, Souza A P, Garcia A A F. 2007. OneMap: software for genetic mapping in outcrossing species. Hereditas, 144(3): 78-79.

Masao N, Hiroaki S. 2011. Homogeneous genetic structure and variation in tree architecture of *Larix kaempferi* along altitudinal gradients on Mt. Fuji. J Plant Res, 124(2): 253-263.

Meffe G K, Carroll C R. 1994. Principles of conservation biology. Sinauer Associates, 48(3):171.

Mehes M S, Nkongolo K K, Michael P. 2007. Genetic analysis of *Pinus strobus* and *Pinus monticola* populations from Canada using ISSR and RAPD markers: development of genome-species SCAR markers. Pl Syst Evol, 267: 47-63.

Millar C I, Libby W J, Falk D A, et al. 1991. Strategies for conserving clinal, ecotypic, and disjunct population diversity in widespread species. *In*: Falk D, Holsinger K E. Genetics and Conservation of Rare Plants. New York: Oxford University Press.

Mollinari M, Margarido G R A, Vencovsky R, et al. 2009. Evaluation of algorithms used to order markers on genetic maps. Heredity, 103(6): 494-502.

Morton N E. 1991. Parameters of the human genome. Proceedings of the National Academy of Sciences of the United States of America, 88(17): 7474-7476.

Nei M. 1978. Estimation of average heterozygosity and genetic distance from a small number of individuals. Genetics, 89(3): 583-590.

Nei M. 1987. Molecular evolutionary genetics. Columbia Univ, 237(4788): 599.

Nei M, Li W H. 1973. Linkage disequilibrium in subdivided populations. Genetics, 75(1): 213-219.

Nei M, Maruyama T, Chakraborty R. 1975. The Bottleneck effect and genetic variability in populations. Evolution, 29(1): 1.

Nelson C D, Kubisiak T L, Stine M, et al. 1994. A genetic linkage map of longleaf pine (*Pinus palustris* Mill.) based on random amplified polymorphic DNAs. Journal of Heredity, 85(6): 433-439.

Nelson C D, Nance W L, Doudrick R L. 1993. A partial genetic linkage map of slash pine (*Pinus elliottii* Engelm. var. *elliottii*) based on random amplified polymorphic DNAs. Theoretical & Applied Genetics, 87(1-2): 145-151.

O'Leary M, Boyle T. 1998. Segregation distortion at isozyme locus lap-1 in *Schlumbergera* (Cactaceae) is caused by linkage with the gametophytic self-incompatibility(s)locus. Journal of Heredity, 89(3): 206-210.

Pavy N, Pelgas B, Beauseigle S, et al. 2008. Enhancing genetic mapping of complex genomes through the design of highly-multiplexed SNP arrays: application to the large and unsequenced genomes of white spruce and black spruce. BMC Genomics, 9(1): 21.

Pearl H M, Nagai C, Moore P H, et al. 2004. Construction of a genetic map for Arabica coffee. Theoretical & Applied Genetics, 108(5): 829-835.

Plomion C, Durel C E, Verhaegen D. 1996. Marker-assisted selection in forest tree breeding programs as illustrated by two examples: maritime pine and *Eucalyptus*. NBER Working Papers, 53(4):

819-848.

Plomion C, Hurme P, Frigerio J M, et al. 1999. Developing SSCP markers in two *Pinus* species. Molecular Breeding, 5(1): 21-31.

Plomion C, O'Malley D M, Durel C E. 1995. Genomic analysis in maritime pine (*Pinus pinaster*). comparison of two RAPD maps using selfed and open-pollinated seeds of the same individual. Theoretical & Applied Genetics, 90(7-8): 1028.

Qin H, Guo W, Zhang Y M, et al. 2008. QTL mapping of yield and fiber traits based on a four-way cross population in *Gossypium hirsutum* L. Theoretical & Applied Genetics, 117(6): 883.

Remington D L, Whetten R W, Liu B H, et al. 1999. Construction of an AFLP genetic map with nearly complete genome coverage in *Pinus taeda*. Theoretical & Applied Genetics, 98(8): 1279-1292.

Ripley V L, Roslinsky V. 2005. Identification of an ISSR marker for 2-propenyl glucosinolate content in *Brassica juncea* L. and conversion to a SCAR marker. Molecular Breeding, 16(1): 57-66.

Roberds J H, Conkle M T. 1984. Genetic structure in loblolly pine stands: allozyme variation in parents and progeny. Forest Science, 30(30): 319-329.

Sax H J, Sax K. 1933. Chromosome number and morphology in the conifers. Journal of the Arnold Arboretum, 14(4): 356-375.

Scalfi M, Troggio M, Piovani P, et al. 2004. A RAPD, AFLP and SSR linkage map, and QTL analysis in european beech (*Fagus sylvatica* L.). Theoretical & Applied Genetics, 108(3): 433-441.

Scheepers D, Eloy M C, Briquet M. 2000. Identification of larch species (*Larix decidua*, *Larix kaempferi* and, *Larix×eurolepis*) and estimation of hybrid fraction in seed lots by RAPD fingerprints. Theoretical & Applied Genetics, 100(1): 71-74.

Schrag T A, Möhring J, Melchinger A E, et al. 2010. Prediction of hybrid performance in maize using molecular markers and joint analyses of hybrids and parental inbreds. Theoretical & Applied Genetics, 120(2): 451-461.

Sewell M M, Bassoni D L, Megraw R A, et al. 2000. Identification of qtls influencing wood property traits in loblolly pine (*Pinus taeda* L.). i. Physical wood properties. Theoretical & Applied Genetics, 101(8): 1273-1281.

Sewell M M, Sherman B K, Neale D B. 1999. A consensus map for loblolly pine (*Pinus taeda* L.). i. Construction and integration of individual linkage maps from two outbred three-generation pedigrees. Genetics, 151(1): 321.

Sniezko R A, Zobel B J, Silvae G 1988. Seedling height and diameter variation of various degrees of inbred and outcross progenies of loblolly pine. Silvae Genet, 37(1): 50-60.

Taguchi K, Ogata N, Kubo T, et al. 2009. Quantitative trait locus responsible for resistance to *Aphanomyces* root rot (black root) caused by *Aphanomyces cochlioides* Drechs. in sugar beet. Theoretical & Applied Genetics, 118(2): 227-234.

Tautz D. 1989. Hypervariability of simple sequences as a general source for polymorphic DNA markers. Nucleic Acids Research, 17(16): 6463-6471.

Thomas B R, Macdonald S E, Hicks M, et al. 1999. Effects of reforestation methods on genetic diversity of lodgepole pine: an assessment using microsatellite and randomly amplified polymorphic DNA markers. Theoretical & Applied Genetics, 98(5): 793-801.

Tinker N A, Fortin M G, Mather D E. 1993. Random amplified polymorphic DNA and pedigree relationships in spring barley. Theoretical & Applied Genetics, 85(8): 976-984.

Ulloa M, Jr W R M, Shappley Z W, et al. 2002. RFLP genetic linkage maps from four F2. 3 populations and a joinmap of *Gossypium hirsutum* L. Theoretical & Applied Genetics, 104(2-3):

200-208.

Vaillancourt A, Nkongolo K K, Michael P, et al. 2008. Identification, characterisation, and chromosome locations of rye and wheat specific ISSR and SCAR markers useful for breeding purposes. Euphytica, 159(3): 297-306.

van Ooijen J W, Voorips R E. 2001. Software for the Calculation of Genetic Linkage Maps. Wageningen: Plant Research International.

Verhaegen D, Plomion C. 1996. Genetic mapping in *Eucalyptus urophylla* and *Eucalyptus grandis* using RAPD markers. Genome National Research Council Canada, 39(6): 1051.

Villar M, LeféVre F, Bradshaw Jr H D, et al. 1996. Molecular genetics of rust resistance in poplars (*Melampsora larici-populina* Kleb/*Populus* sp.) by bulked segregant analysis in a 2 × 2 factorial mating design. Genetics, 143(1): 531-536.

Virk P S, Ford-Lloyd B V. 1998. Mapping AFLP markers associated with subspecific differentiation of *Oryza sativa*, (rice) and an investigation of segregation distortion. Heredity, 81(6): 613-620.

Weir B S. 1990. Genetic Data Analysis: Methods for Discrete Population Genetic Data. MA: Sinauer Associates Inc.

Welsh J, Mcclelland M. 1990. Fingerprinting genomes using PCR with arbitrary primers. Nucleic Acids Research, 18(24): 7213-7218.

Williams J G, Kubelik A R, Livak K J, et al. 1990. DNA polymorphisms amplified by arbitrary primers are useful as genetic markers. Nucleic Acids Research, 18(22): 6531-6535.

Wright S. 1931. Hereditary and familial diabetes Mellitus. American Journal of the Medical Sciences, 182(4): 484-496.

Wright S. 1978. Variability Within and Among Natural Populations. Vol. 4. Chicago: The Univ of Chicago Press.

Wu D Y, Ugozzoli L, Pal B K, et al. 1989. Allele-specific enzymatic amplification of beta-globin genomic DNA for diagnosis of sickle cell anemia. Proceedings of the National Academy of Sciences of the United States of America, 86(8): 2757-2760.

Wu R, Stettler R F. 1996. The genetic resolution of juvenile canopy structure and function in a three-generation pedigree of *Populus*. Trees, 11(2): 99-108.

Xu Y B. 1997. Quantitative trait loci: separating, pyramiding, and cloning. Plant Breeding Reviews, 15: 85-139.

Yan W, Shi H M, Zhong B, et al. 2010. Application of molecular markers in predicting production quality of cultivated *Cistanche deserticola*. Biological & Pharmaceutical Bulletin, 33(2): 334.

Yazdani R, Yeh F C, Rimsha J. 1995. Genomic mapping of *Pinus sylvestris* (L.) using random amplified polymorphic DNA markers. Forest Genetics, 109-116.

Zhang X L, Zhang Z Y, Zhang X X, et al. 2010. Effects of Yangtze River source water on genomic polymorphisms of male mice detected by RAPD. Human & Experimental Toxicology, 29(2): 113-120.